KARL LUDWIG SCHWEISFURTH

# Wenn's um die Wurst geht

*Buch*

»Herta – wenn's um die Wurst geht«. Wie kein anderer personifizierte K. L. Schweisfurth mit dem Herta-Fleischimperium das Konzept der Massentierhaltung und -vermarktung. Er übernahm das Unternehmen vom Vater und machte es innerhalb von 20 Jahren zum erfolgreichsten Fleischkonzern Europas. 5000 Mitarbeiter und ein Jahresumsatz von 1,6 Milliarden standen zur Disposition, als er Herta 1984 an Nestlé verkaufte. In der vorliegenden Autobiographie schildert K. L. Schweisfurth seinen Lebensweg: die Geschichte des Mannes, der wißbegierig auszog in ferne Lande, der sich begeisterte für die Produktionsmechanismen der Neuen Welt, diese in Deutschland einführte, um schließlich erkennen zu müssen, daß Erfolg, erkauft durch das Leiden zahlloser Tiere, nicht glücklich macht. Statt sich resignierend zurückzuziehen, sucht Schweisfurth nach Alternativen zur landläufig praktizierten Landwirtschaft, Tierhaltung und -vermarktung.

Mit dem Bio-Hof Hermannsdorf bei Glonn (südöstlich von München) realisiert er unter großem materiellen Einsatz seine Vision einer ganzheitlichen Landwirtschaft. Die Hofanlage beherbergt eine eigene Käserei, Metzgerei, Bäckerei, Gaststätte (16 Punkte im Gault-Millau) und Brauerei, die alle nach Schweisfurths Maxime wirtschaften: Nur Tiere und Pflanzen, die artgerecht und würdevoll wachsen, verdienen die Klassifizierung »Lebensmittel«, nur sie können als »lebendige Nahrung« bezeichnet werden. Mit Hilfe einer von ihm ins Leben gerufenen Stiftung setzt Schweisfurth sich ein für »Wege zu ganzheitlichem und erfülltem Leben, in dem Arbeit und Technik wieder in besseren Einklang mit der Natur gebracht werden«.

*Autor*

Karl Ludwig Schweisfurth, Jahrgang 1930, wurde nach Metzgerlehre und Betriebswirtschaftsstudium mit 34 Jahren alleiniger Geschäftsführer des Fleischwaren-Herta-Unternehmens dem er zu außerordentlichem wirtschaftlichen Erfolg verhalf. Von 1966 bis 1979 war er Präsident des Bundesverbandes der deutschen Fleischwarenindustrie. 1984 verkaufte Schweisfurth sein Unternehmen, stieg aus der herkömmlichen Fleischproduktion aus und orientierte sich an ganzheitlichen, ökologischen Konzepten. Ab 1988 baute er die Hermannsdorfer Landwerkstätten auf, die das Schweisfurth'sche Grundanliegen verkörpern: den achtsamen Umgang mit allem Leben zum Maßstab unseres Handelns zu machen.

Karl Ludwig
Schweisfurth

# Wenn's um die Wurst geht

Mein Weg von der
Fleischindustrie
zur ökologischen
Landwirtschaft

Autobiographie

GOLDMANN

Alle bedruckten Materialien dieses Taschenbuches
sind chlorfrei und umweltschonend.

Der Goldmann Verlag
ist ein Unternehmen der Verlagsgruppe Bertelsmann

Vollständige Taschenbuchausgabe März 2001
Wilhelm Goldmann Verlag, München,
in der Verlagsgruppe Bertelsmann GmbH

Umschlaggestaltung: Design Team München
Umschlagabbildung: Hermannsdorfer Landwerkstätten
Druck: Presse-Druck Augsburg
Verlagsnummer: 15150
KF · Herstellung: Sebastian Strohmaier
Made in Germany
ISBN 3-442-15150-3
www.goldmann-verlag.de

1 3 5 7 9 10 8 6 4 2

# Inhalt

# Kindheit und Jugend

## *Prägungen*

Meine Vorfahren waren arme Bauersleute, die sich im Siegerland über Wasser hielten und kaum das Brot im Schrank hatten und nicht das Salz im Kasten. Wir sind Westfalen und zwar die von der ganz dickköpfigen Sorte: Siegerländer, die angeblich noch dickköpfiger sein sollen als Münsterländer oder Ostwestfalen. Vielleicht ist das schon ein Charakterzug, der in meinem Leben den roten Faden darstellt.

Einem von den Bauersleuten war das alles zu dürftig und zu arm. Er machte sich auf und ging in die Stadt nach Gelsenkirchen. Das war damals eine große Entfernung, und es gehörten Mut und viel innovativer Elan dazu, sich vom heimatlichen Boden zu trennen. Oft war es die schiere Not, die die Menschen dazu zwang, und das mag auch bei meinem Urgroßvater so gewesen sein. Sein Sohn, mein Großvater Ludwig, verließ Gelsenkirchen und kam in das damals noch kleine, verschlafene Nest Herten. Das war im Jahr 1897.

Aber dieser kleine Ort begann gerade eine größere Bedeutung zu bekommen. Es herrschte Aufbruchsstimmung: Mit dem Zechenbau begann ein wahrer Boom, zwei große Schachtanlagen waren gerade abgeteuft worden, die Zechen Ewald und König Ludwig.

Mein Großvater war der erste in der Familie, der das Metzgerhandwerk erlernte, und weil er Weitblick besaß und ahnte, wie sich der Bergbau weiterentwickeln würde, kam er nach Herten mit dem festen Willen, dort ein Geschäft aufzumachen, ein Metzgergeschäft. Er war der erste Schweisfurth, der in Herten als Metzger auftrat.

So haben wir in dieser Stadt ein ganzes Jahrhundert verbracht, und ich bin stolz auf diese hundertjährige Tradition, auf meine Vorfahren, und dankbar, daß sie mir das bereitet haben, womit ich heute arbeiten kann.

Fast scheint es mir ein wenig anmaßend, wenn ich meine Geschichte erzählen soll. Ich bin nicht alt genug, um mein Leben endgültig zu beschreiben, und vielleicht auch nicht bedeutend genug. Aber ich will gerne berichten, wie es zu dem gekommen ist, was ich heute erreicht habe, und aus welchen Wurzeln alles wuchs. Vor allem hoffe ich, daß ich vielleicht manchen Leser nachdenklich machen und ihn dann überzeugen kann, daß wir auf unsere Erde achtgeben müssen.

Wenn man Ziele erreichen will, ist der Weg immer steinig und häufig auch entmutigend. Ich habe viele Fehler gemacht, ehe ich begriffen habe, daß wir nur in der Ganzheitlichkeit des Denkens und Handelns zu einem versöhnlichen Miteinander von Natur, Technik und Leben kommen können. Immer wieder habe ich mich geirrt, aber es hat auch immer wieder Menschen gegeben, die mir geholfen und meinen Weg begleitet haben, und davon will ich berichten. Ich bin es meinen klugen und tüchtigen Vorfahren schuldig, ihnen meinen Dank abzustatten, und ich weiß, daß man nur durch Reflexion, die manchmal bittere Erkenntnisse mit sich bringen kann, zu neuen Einsichten und Veränderungen imstande ist.

Kehren wir also zurück in das Jahr 1897, zu meinem Großvater Ludwig und seiner jungen Frau Minna, die er sich aus

Aachen geholt hatte. Sie hatte die Idee, ein Feinkostgeschäft in Herten aufzumachen. Ihre Tüchtigkeit hatte sie schon bei ihrer Arbeit in Kaiser's Kaffeegeschäft bewiesen, und sie überredete ihren Liebsten einfach, so ein schönes Geschäft aufzumachen: wo es feine Sachen in der Auslage zu bewundern gab und wohin die feinen Leute kommen würden, um all die guten Dinge mit nach Hause zu nehmen, nicht nur die Metzgerwaren.

Aber da hatte sich Großmutter Minna doch ein wenig vertan. Denn Herten war bevölkert von »Pohlbürgern«, westfälisch »Pöhle« genannt, das waren die Alten, die schon lange in der Stadt lebten, die schon eingebürgert waren, im Gegensatz zu den Polen und Tschechen, die neu eingewandert waren und schlecht Deutsch sprachen. Arm waren sie aber alle mehr oder weniger, und von Feinkost hatten sie ohnehin noch nie was gehört.

Trotzdem eröffneten Minna und ihr Metzgerehemann am 13. Dezember 1897 in Herten ihr Geschäft. Doch die Kundschaft blieb aus. Wer sich überhaupt etwas leisten konnte, kaufte Schweinebraten und Speck. Die Leute waren arm und gaben ihr Geld lieber für Speck als für mageres Fleisch aus, und darum kostete das Kilo Speck genausoviel wie das Kilo mageres Fleisch. So konnte der schöne Gedanke von Minna mit ihrem Feinkostgeschäft nicht realisiert werden, und es kam zur großen Pleite. Die Leute waren zwar neugierig, kamen und drückten sich die Nasen platt am Schaufenster – aber sie kauften nicht. Als Weihnachten vorbei war, mußten meine Großeltern das ganze übriggebliebene Zeug selber essen, und am 31. Dezember machten sie ihr Geschäft wieder zu. Das Geld war verpulvert, sie waren wohl noch einmal satt geworden, aber guter Rat war nun teuer im wörtlichsten Sinn. Und da mag der Großvater sich wohl besonnen haben auf sein Handwerk, das er gelernt hatte. Vielleicht mußte er seiner Frau ein bißchen zureden, sie vielleicht auch trösten, denn die schönen Träume waren ja zunächst ausgeträumt, und die beiden mußten einfach wieder ganz von vorne anfangen.

Das bißchen Geld, das sie noch auftreiben konnten, steckten sie in einen Bollerwagen, einen kleinen Leiterwagen mit einem Bernhardiner davor. Für einen größeren Wagen mit Pferd hätte das Geld nicht mehr gereicht. Mit diesem Gespann fuhr mein Großvater unverdrossen durch die Bergarbeitersiedlung.

Es wird berichtet, daß Großvater Ludwig morgens in die Tschechensiedlung fuhr, dort ein Schwein holte, es auf den Leiterwagen lud, das Schwein dann in eine kleine Werkstatt fuhr – die es heute noch gibt –, dort verwurstete, was das Tier hergab, und abends dann mit dem Bollerwagen wieder zurückfuhr und seine Ware auslieferte.

Darum hat das Unternehmen Schweisfurth auch das Jahr 1897 als Gründungsjahr, denn da lagen die Ursprünge, so klein und kümmerlich sie auch gewesen sein mögen. Im selben Jahr wurde auch Vater Karl geboren, und es ist schön, daß so das hundertjährige Bestehen der Firma zusammen mit dem hundertsten Geburtstag meines Vaters gefeiert werden konnte.

Tüchtig muß er gewesen sein, der Großvater, und die Großmutter Minna nicht minder. Sie stand ihm immer zur Seite und half, wo sie konnte, trotz der größer gewordenen Familie, zu der sich drei Jahre später noch eine Tochter gesellte, Alwine, die immer einen besonderen Ruf in unserer Familie genoß.

So brachten es die beiden durch Fleiß und gewaltigen Ein-

*Das Metzgergeschäft in Herten*

satz, mit Ausdauer und Zähigkeit zu einem bescheidenen Wohlstand. Bald war aus der kleinen Werkstatt mit dem Bollerwagen und den abgeholten Schweinen eine richtige Metzgerei geworden. Es ist überliefert, daß mein Großvater ein neugieriger und fortschrittlicher Mann war. Er hatte als erster in Herten eine elektrische Dampfmaschine und elektrisches Licht, und er fuhr als erster in dem kleinen Ort ein Auto! Er muß also recht tüchtig gewesen sein und erfolgreich dazu, sonst hätte er sich dies alles nicht leisten können.

Es war die Zeit vor dem Ersten Weltkrieg, als noch alles ruhig war und in festgefügten Bahnen verlief. Schnell hatte der Großvater sich ein eigenes Haus erarbeitet, und sein Betrieb war ansehnlich und wuchs. Er selbst war bald ein gemachter Mann, Vorsitzender in Vereinen und Verbänden, zu allen möglichen Ehren gekommen, immer unterwegs und sehr beschäftigt. Die Großmutter war es, die auf die kleinen, aber wichtigen Dinge sah, die morgens um fünf Uhr aufstand, die Werkstatt aufschloß und darüber wachte, daß alles seine Ordnung hatte.

Da blieb natürlich kaum Zeit für Kindererziehung, und so kamen die beiden Kinder Karl und Alwine in ein Internat. Alwine war für ihre Zeit anscheinend eine besonders kesse junge Dame, die nichts davon hielt, in einer muffigen Institution zu versauern. Sie nahm bald Reißaus, ging nach Berlin und führte dort ein ziemlich selbständiges Leben, wohl nicht unbedingt immer zur Freude ihrer Eltern.

Mein Vater Karl allerdings muß viel Glück gehabt haben mit seinem Internat. Er ging in Solingen-Ohligs zur Schule, das war noch vor dem Ersten Weltkrieg, und noch sehr spät in seinem Leben hat er immer wieder davon berichtet. Der Leiter des Internats war eine Art Ersatzvater für ihn, der ihn an die Hand nahm und sich sehr um ihn kümmerte. Aus kleinbürgerlichen Verhältnissen kommend, traf mein Vater dort auf jemanden, der ihm neue Sichtweisen eröffnete und ihn ein wenig aus der Enge herausführte, die zu Hause geherrscht haben mochte.

Sicher waren diese prägenden Erlebnisse auch entscheidend dafür, daß mein Vater sich später soviel mit mir beschäftigt hat. Er kümmerte sich sehr um meine Ausbildung, ließ mich aber von früh an Dinge, die wichtig waren, immer selbst entscheiden. Bei ihm selbst lief das alles noch völlig anders. Nicht nur, daß man zu dieser Zeit ohnehin anders mit Kindern umging, mein Großvater hatte auch gar nicht das entsprechende Zutrauen und war viel voreingenommener gegenüber seinem

Sohn. Daher konnte er ihn nicht so fördern oder an ihn glauben, wie das glücklicherweise dann mit mir geschehen ist.

Erstaunlich ist, daß mein Großvater, nachdem er seinen Metzgerbetrieb wahrlich aus kleinen Anfängen aufgebaut hatte, relativ rasch zu Wohlstand und Ansehen gekommen war, kurzerhand beschloß, zu privatisieren und Rentier zu werden. Das war zu jener Zeit durchaus ein Beruf. Großvater Ludwig verpachtete also seinen Betrieb, nahm seine Frau Minna am Arm und zog in die Großstadt nach Essen. Er hatte bei aller Tüchtigkeit auch eine Tendenz zum Wohlleben und verhielt sich so, daß man meinen konnte, er sei ein reicher Müßiggänger. Ihm schien dieses Leben zu gefallen, seiner Angetrauten, meiner Großmutter Minna, aber keineswegs. Sie langweilte sich zu Tode, während er jagen ging, sich auf der Trabrennbahn herumtrieb und abends auch wohl gerne im Wirtshaus saß.

Großmutter muß sich ziemlich geärgert haben, vielleicht waren auch andere Damen im Spiel, wer weiß. Ganz ohne Einfluß kann sie nicht gewesen sein, denn sie packte den tüchtigen Metzgermeister Ludwig Schweisfurth genau an seiner empfindlichsten Stelle: Sie erzählte ihrem Mann, was sie alles an Schlechtigkeiten über den Pächter des Betriebes in Herten hörte, und stachelte ihn regelrecht auf, damit er nicht in seinem bequemen und üppigen Rentnerdasein versank.

Minna wußte immer wieder Neues zu berichten über die Pflichtvergessenheit des Pächters, Kleinigkeiten und größere Dinge. In ihrer Langeweile in der Großstadt Essen – bei einem Leben, mit dem sie gar nichts anfangen konnte, denn sie wollte einfach etwas tun und bewegen – fiel Minna genug ein, um ihren Mann schließlich so weit zu kriegen, daß er selbst ärgerlich wurde über die vielen Versäumnisse des Hertener Pächters.

Jedenfalls ist das die Familiensaga, an der durchaus einiges geschönt oder falsch sein mag, die dennoch ein charakteristisches und in vielen Teilen zutreffendes Bild meiner Großeltern Schweisfurth zeichnet. Kurzum – der Großvater ging zurück nach Herten, übernahm wieder selbst den Metzgerbetrieb und führte ihn auch durch die schwierigen Zeiten des Ersten Weltkrieges. Auffallend ist, daß keine Schreckensmeldungen oder besonderen Geschehnisse aus diesen wirren und schweren Zeiten berichtet werden, sie scheinen für unsere Familie relativ glimpflich verlaufen zu sein.

Das Verhältnis zwischen dem alten Ludwig Schweisfurth und meinem Vater Karl war kein besonders gutes. Die beiden waren sehr verschieden, der Großvater, einerseits autoritär, liebte andererseits das gute Leben und scherte sich nicht allzusehr um die Gefühle anderer Menschen. Tüchtig war er, aber seine Vorstellungen vom Leben differierten sehr von denen seiner Frau und damit auch von denen seines Sohns.

Die Tochter Alwine war ein ganz anderer Typ als ihr Bruder Karl, mein Vater. Sie war ähnlich lebenslustig wie ihr Vater, hatte eine gewisse Tendenz zur Leichtlebigkeit und interessierte sich ohnehin nicht für die Probleme im engen Herten. Sie war nach Berlin gegangen, führte ein munteres Leben, liebte die Männer und war immer fröhlich und ausgelassen. Ich erinnere mich an viele Erzählungen, mit denen sie mich weit in ihr Alter hinein köstlich unterhielt. So fing sie etwa in Berlin als Verkäuferin in einem Pelzgeschäft zu arbeiten an, ich weiß noch heute, wie sie davon erzählt hat. Das schlechte Verhältnis von Bruder und Vater kümmerte sie auch nicht länger, sie hielt sich aus diesem Streit heraus, der schließlich dazu führte, daß die Familie fast auseinanderbrach.

Die Großmutter Minna hielt zu ihrem Sohn, während der Großvater Ludwig der Meinung war, sein Sohn Karl, mein Vater, tauge nicht viel. Trotzdem übernahm mein Vater etwa im Jahre 1924 den Betrieb, obwohl der Großvater ihn für untüchtig hielt und glaubte, daß er es nie schaffen würde, diesen Betrieb erfolgreich zu führen.

Wie das alles genau ablief, weiß ich nicht. Ich weiß nur, daß damals ein veritables Familiendrama begann und das schlechte Verhältnis sich erst viel später wieder auflöste. Damit einher ging auch das Ende der Ehe meiner Großeltern, die zwar nicht offiziell gelöst wurde, aber schließlich nur noch auf dem Papier weiterbestand.

Einige Jahre später ging der Großvater Ludwig dann nach Düsseldorf, baute sich in Gerresheim ein sehr schönes Haus und führte dort auch ein sehr schönes Leben – ohne seine Frau Minna, die in Herten blieb und in einem kleinen, düsteren Haus in der Nimrodstraße wohnte.

Trotz aller Bedenken seines Vaters, der ihm nicht genug Durchsetzungsfähigkeit und Weitblick zutraute, wuchs mein Vater Karl in das übernommene Geschäft hinein und wurde auch bald sehr erfolgreich.

Er heiratete im Jahre 1922. Seine Frau Erna brachte ein neues Element in die Familie der ehrbaren Metzgerhandwerker, sie stammte nämlich aus einem sehr angesehenen Beamtenhaushalt in Herten. Verlobt haben sich meine Eltern in Hiddesen in Lippe-Detmold. Das war damals schon ziemlich weit von zu

Hause entfernt, sehr viel weiter kam man als anständiges junges Mädchen wohl nicht. Eine befremdliche Vorstellung für unsere heutigen Verhältnisse, daß man sich nur in einem ganz bestimmten, sehr engen Radius bewegen konnte, wollte man nicht als verwegen oder unseriös gelten – jedenfalls als junges, behütetes Mädchen.

Der Vater der jungen Verlobten, Herr Heckmann, war Erster Beigeordneter der Stadt Herten, und damit stellte er schon etwas dar. Man könnte das heute mit dem Posten eines Stadtdirektors vergleichen. Dieser mütterliche Großvater war zugleich Leiter der Stadtwerke Herten.

Aber auch mit dem vielleicht etwas verwöhnten Beamtenkind Erna ging niemand besonders zimperlich um. Mein Vater steckte sie jedenfalls gleich in den Laden des Fleischerbetriebs Schweisfurth, und da sollte sie zunächst hinter der Theke verkaufen und kassieren. Sicherlich eine etwas ungewohnte Tätigkeit für die junge Erna, aber das war eben so in einem Handwerkerhaushalt, und man wird sie kaum nach ihrer Befindlichkeit gefragt haben.

Die Urzelle des Betriebs war ein Laden in der Feldhege Nr. 4 in Herten. An dieser Stelle hat mein Großvater den florierenden Laden eröffnet, und dort ist er auch – mitsamt späteren Erweiterungen – bis in die späten Herta-Zeiten hinein immer geblieben. Man muß sich den Laden zunächst als einen einfachen Raum vorstellen, hinter dem die Werkstatt war, in der geschlachtet und gearbeitet wurde. Am Anfang, vor dem Ersten Weltkrieg, waren etwa zehn bis fünfzehn Gesellen und Verkäuferinnen im Geschäft tätig, die zusammen mit den Inhabern vom frühen Morgen an bis in die späten Abendstunden dort fleißig bei der Arbeit waren. Selbstverständlich wurde

*Feldhege Nr. 4 in Herten, die Urzelle des Unternehmens*

damals auch samstags gearbeitet, und es war üblich, daß Großvater und Großmutter immer gemeinsam mit ihren Kindern und den Arbeitern am Tisch saßen und ihre Mahlzeiten zusammen einnahmen. Auf diese Weise wurde schon eine Art der Zusammengehörigkeit gepflegt, zu der auch der Chef und die Chefin gehörten.

Meine Mutter also mußte sich an diese Geschäftsregeln gewöhnen und noch an ein paar Dinge mehr, die ihr vorher nicht so auf den Leib geschrieben waren. Aber sie ist wohl schnell in ihre neue Rolle hineingewachsen.

Unterstützt von meiner Großmutter, die ohnehin immer an ihren Sohn geglaubt hat. Es wird erzählt, daß sie sehr liebevoll mit ihrer Schwiegertochter umgegangen sei und sie nach der Hochzeit im wörtlichsten Sinn an die Hand genommen hat, sie eingewiesen und ihr bei allem Neuen beigestanden hat.

Sämtliche Mitarbeiter – früher auch mit dem Wort Gesinde bezeichnet – wurden stets von den Frauen eingestellt, denn sie waren für Dinge dieser Art zuständig.

Von der besagten Großmutter Minna ist eine wunderbare Geschichte überliefert. Immer wenn eine neue Verkäuferin gesucht wurde, sollte die jeweilige Aspirantin zum Essen kommen und am Tisch mit allen anderen Platz nehmen – vermutlich ein eher einschüchternder Vorgang. Der Zweck der Einladung war aber ein ganz konkreter: Aß die Bewerberin schnell, wurde sie eingestellt. Aß sie langsam, dann konnte sie wieder nach Hause gehen. Die Begründung lag in dem populären Spruch »Wie die Backen, so die Hacken«, was schlicht bedeutete, daß diejenige, die schnell aß, auch schnell arbeiten würde. Eine eher wunderliche Erklärung, aber bei näherem Überlegen vielleicht kein so schlechtes Verfahren. Das Geschäft oder der Laden überstand alle Fährnisse jener unruhigen Zeiten, also die Nachkriegszeit und die Inflation, und das unter der Führung meines Vaters, dem niemand das alles zugetraut hatte.

Hier möchte ich noch eine Familienanekdote einfügen, die in ihrer Auswirkung ganz erheblich war und wieder mit dem nicht allzu stark ausgeprägten Glauben an das kaufmännische Geschick meines Vaters zu tun hat. Der Großvater überredete die schon mehrfach erwähnte Tante, die flotte Alwine in Berlin, sich nach der Geschäftsübergabe aus der ganzen Angelegenheit herauszuziehen, da es damit nicht gutgehen könne. Sie solle am besten ihr Erbteil gleich verkaufen, sich ausbezahlen lassen und sich damit den Erlös sichern. Die Tante tat, wie man ihr geraten hatte, war heilfroh über das bißchen Geld, das sie für ihren Anteil bekam – und grämte sich für diese Dummheit bis in ihr Alter.

Mein Vater war eben doch ein ganz tüchtiger Kaufmann, ganz gegen die Vorstellung des mißtrauischen Großvaters, und hätte seiner Schwester später sicher mehr geben können, so aber wurde er für eine relativ geringe Summe Alleineigentümer des kleinen Unternehmens.

Ich selbst habe drei Schwestern, Elisabeth und Beate sind einige Jahre älter als ich, Christa, auch Bibi genannt, ist jünger. Natürlich haben meine Schwestern immer behauptet, ich sei unglaublich verwöhnt und wie ein Prinz behandelt worden, und natürlich halte ich das für eine gewaltige Übertreibung, wie das eben so ist unter Geschwistern. Aber ein Stückchen davon wird schon wahr sein, und ich glaube gerne, daß der einzige Sohn unter vier Kindern wohl ein wenig anders behandelt worden ist als die Mädchen. Trotz der ausgewiesenen Tüchtigkeit meiner weiblichen Vorfahren, meiner Großmutter und meiner Mutter, war das alte Denken doch noch tief verwurzelt, daß der männliche Erbe der eigentlich wichtige sei.

Wie auch immer – geschenkt wurde mir bestimmt nichts, weder von meinem Vater noch von meiner Mutter. Wenn ich an meine Kindheit und an mein Heranwachsen denke, kehrt die Erinnerung an viele Details sehr lebhaft und plastisch zurück. Das schließt sogar Gerüche mit ein – in dem Haus an der Feldhege 4 hatte ja schon der Großvater gelebt, und dort war mein Vater Kind gewesen, und die Metzgerei war ebenso lange an dieser Stelle. Ich sehe folgendes Bild vor mir: der Laden im Parterre, der Metzgerladen, und gegenüber gab es eine Bäckerei, die Bäckerei Heisterkamp. Das Haus war ein typisches Gebäude aus der Gründerzeit, das ziemlich allein dastand. Herten war eine sehr kleine Stadt, und dennoch war unser Haus eher außerhalb der eigentlichen Stadt gelegen.

Ich habe so wunderbare Erinnerungen, wie ich als Kind in das Haus hineingehe, die Treppen hoch, immer den Geruch der Metzgerei in der Nase. Allein die Tür zum Haus war schon etwas Besonderes: Sie war aus Glas, in das wunderbare Gravuren eingezeichnet waren, die mich als Kind immer faszinierten, und der Türgriff war aus Messing. Das Ganze kam mir sehr elegant vor. Wenn ich von der Schule kam, umfing mich immer der vertraute Geruch der Metzgerei, ich bin einfach damit groß geworden und fühlte mich zu Hause, wenn ich ihn roch. Auf dem ersten Treppenabsatz war eine Toilette – alles sehr einfach und für heutige Vorstellungen eher primitiv, aber mir kam es wunderschön vor. Oben wurde gewohnt, und unten wurde gearbeitet.

Es gab einen schönen Garten, in dem man allerlei anpflanzen konnte. Aber das eigentliche Herz war die Werkstätte, wo gearbeitet wurde. In meiner Kindheit lief das Schlachten und Verarbeiten noch sehr einfach ab, jedenfalls an unseren heutigen Maßstäben gemessen. Ohne meine spätere Entwicklung und meine Erkenntnisse vorwegzunehmen, möchte ich an dieser Stelle doch erwähnen, daß der Fortschritt aber auch Fehlentwicklungen mit sich brachte.

Zunächst muß von ganz einfachen Sachen erzählt werden, die damals ein Problem darstellten. Es gab kaum eine vernünftige Kühlung. Die Tiere wurden vom Bauern gebracht, geschlachtet und schlachtwarm zerlegt. Dann schnitt man die Knochen heraus und hängte die Stücke, die verkauft werden sollten – als Braten oder als Suppenfleisch etwa –, zum Kühlen in einen gut gelüfteten, zugigen Raum. So einfach war das

*Meine ersten Gehversuche, geführt von Großvater und Vater*

damals noch: Die Fleischteile wurden an der frischen Luft ausgekühlt.

Das Hauptnahrungsmittel der Bergleute war die berühmte Fleischwurst im Ring, mit oder ohne Knoblauch, und diese sehr beliebte Wurst – südlich des Mains würde man sie Lyoner nennen – wurde aus dem noch schlachtwarmen Fleisch gemacht. Ganz früher kühlte man mit großen Eisstangen, die angeliefert wurden, man konnte so die Räume ein wenig kälter machen.

Ich kann mich allerdings erinnern, wie die ersten Linde-Kältekompressoren in die Werkstatt geliefert wurden. Das war dann sehr modern und brachte neue und bessere Möglichkeiten der Fleischverwertung mit sich. Aber zu Beginn meiner Metzgerlehre, 1945, habe ich noch gelernt, auf die altmodische Weise zu schlachten und Würste herzustellen.

Natürlich sind es diese Erfahrungen, die mich später bewegt haben und die mich heute so vehement für Frische und Lebendigkeit der Lebensmittel kämpfen lassen. Dazwischen liegt ein langer Weg, den ich gegangen bin – zukunftsgläubig, technikgläubig und immer der Meinung, daß alles, was der Mensch an Neuem und Innovativem erfunden hat, ihm zum Segen gereichen wird.

Ich vergesse dabei nicht, daß es auch einiges gab, was nicht nostalgisch schöngeredet werden darf. Der Begriff Hygiene etwa existierte damals kaum. Da haben wir wahrlich eine Menge dazugelernt. Würde eine Metzgerei so geführt wie vor sechzig Jahren, mit diesem Minimalmaß an Sauberkeit und Hygiene, es gäbe einen Aufschrei in unserem hochzivilisierten Land.

Bei diesem Thema fallen mir die Bilder von Georg Grosz ein,

der 1930 eine Berliner Metzgerei malte, in der er zu Hause war. Unvorstellbar, wie das damals aussah.

Die Sauberkeit bestand darin, daß zum Feierabend alles mit Wasser und Soda geschrubbt werden mußte, dann galt es als reinlich. Wenn Fleisch anfing, grau zu werden und peinlich zu riechen, wurde es abgewaschen, mit Salz überstreut und verarbeitet. Über Bakterien, die sich hätten ausbreiten können, machte sich kaum jemand Gedanken, weil die damit verbundenen Gesundheitsrisiken noch ziemlich unbekannt waren; manchmal bekam man halt Bauchschmerzen. Aber dafür – und damit bin ich bei meinem später lebensbestimmenden Thema – gab es natürlich den absoluten Zwang zur Frische. Denn mit den sehr beschränkten Mitteln, die man zum Kühlen, zum Konservieren oder Aufbewahren über längere Zeiträume hatte, konnte man eigentlich nur frisches Fleisch verarbeiten.

Erst sehr viel später habe ich mich mit Themen wie artgerechter Tierhaltung, entsprechendem menschenwürdigem Umgang beim Töten der Tiere und Eßkultur beschäftigt. Auf mancher Reise, gerade nach Asien, habe ich mich später gefragt, ob wir nicht mit unserer durchorganisierten Hygiene etwas übertrieben. Der Zwang zur Frische führte dort dazu, daß das geschlachtete Tier am selben Tag gegessen wurde. In China auf dem Land ist es noch heute so, daß der Bauer sein geschlachtetes Schwein auf dem Fahrrad zum nächsten Markt transportiert und es dort auf einen Holztisch legt, der noch nie mit Soda gescheuert worden ist. Daneben liegen die Kohlköpfe, und der Kunde kauft das Fleisch und Gemüse und wirft alles in seinen Einkaufskorb – und das lebende Huhn noch obendrauf.

Ich glaube, auf solche Verhältnisse sind unsere Vorstellungen von Hygiene einfach nicht anwendbar. Wir würden das alles nicht mehr ertragen, weil wir so verbildet sind und unseren Körper verwöhnt haben. Ich greife hier vor, um zu zeigen, welch starke Wirkung meine Kindheitseindrücke – die Unmittelbarkeit, mit der alles vor meinen Augen ablief – auf mich gehabt haben. Diese Zeit war prägend für mein späteres Credo, Unmittelbarkeit wiederherzustellen, Lebendigkeit und Frische zu erhalten.

Meine Kindheit fiel in schwierige Zeiten. 1930 geboren, wuchs ich mitten hinein in eine Zeit der politischen Unruhe, von der ich allerdings nicht viel bemerkte. Ich wurde in die lutherische Volksschule eingeschult, wo ein Frieden herrschte, den ich im nachhinein als Scheinfrieden bezeichnen möchte.

Die Eltern waren beschäftigt, mein Vater hatte schon Ende der zwanziger Jahre angefangen, Filialen seines Geschäftes aufzubauen. Alles florierte über die Maßen gut, und so gab es bald Schweisfurth-Filialen im Süden von Herten, in Wanne-Eickel, Wattenscheid, Bochum, Herne und Gelsenkirchen. Meine Mutter war für die Filialen zuständig, und das kostete natürlich viel Zeit und sehr viel Fleiß und Einsatz. Immerhin hatte sie vier Kinder, aber sie war von ihrem ganzen Wesen her ohnehin nicht die Frau, die sich ausschließlich um ihre Kinder kümmern wollte. Ich erinnere mich, daß immer Personal im Haus war, so daß es stets jemanden gab, der sich um uns Kinder gekümmert und gekocht hat.

Meine Mutter war in vieler Hinsicht eine ungewöhnliche Frau. 1900 geboren, direkt an der Schwelle des Jahrhunderts, war sie nur drei Jahre jünger als mein Vater, kam aber aus einem ziemlich gegensätzlichen familiären Hintergrund und wurde doch mit Leib und Seele Unternehmerin, zusammen mit meinem Vater. Sie wuchs regelrecht in die Rolle einer Unternehmerin hinein, was für ihre Generation noch eher ungewöhnlich war.

Als Beamtentochter muß es ihr schwergefallen sein, plötzlich hinter einer Theke zu stehen und zu verkaufen. Aber sie hat das mit sehr viel Bewußtheit und einem sehr klaren Willen erlernt und bewältigt.

Meine Eltern waren auch in ihrer Mentalität gänzlich verschieden. Bei meinem Vater war die rheinische Mutter stark zu spüren; in seiner Lust am Fröhlichsein war er durch dieses Erbe geprägt. Er konnte sehr heiter sein und hatte immer eine gewisse Leichtigkeit. Meine Mutter blieb dagegen immer streng und diszipliniert, damit natürlich auch ein wenig kühl. Sie stammte aus einer protestantischen Enklave, aus einem extrem protestantischen Milieu. Diese Menschen waren mit sich und anderen hart und unnachgiebig, streng in der Lebensführung und mit nicht allzuviel Frohsinn begabt. Freude galt da nicht viel, und es wurde kaum gelacht. Es wurde gut gekocht, aber über Essen sprach man nicht und schon gar nicht darüber, daß es ein großer sinnlicher Genuß sein könnte. Ein seltsamer Hintergrund für eine Frau, die später als Unternehmerin in der Hauptsache mit dem Essen zu tun haben würde.

Ich glaube, daß die Mischung des immer lachbereiten, aber eben auch tüchtig zupackenden Vaters und der stets pflichtbewußten, auf Disziplin und Ordnung bedachten Mutter kein schlechtes Erbteil für uns Kinder war. Warum sich mein fröhlicher Vater in die strenge Erna verliebt hat – wer weiß es und wer will darüber befinden? Sie werden sich auf ihre Weise angezogen und ergänzt haben. Als Mutter war die strenge Erna natürlich auch etwas schwierig. Denn sie blieb so, wie sie war, bis zu ihrem Ende.

Meine Mutter hat praktisch bis an ihr Lebensende in der Firma mitgearbeitet, auch als es schon den großen Herta-Betrieb gab, und es konnte vorkommen, daß sie Spesenabrechnungen durchsah, alles überprüfte und dann einen Mitarbeiter kommen ließ, der ihrer Meinung nach auf irgendeiner Geschäftsreise viel zu üppig mit dem Geld umgegangen war. Sie gab dann zum Beispiel den Rat, daß es schließlich auch öffentliche Verkehrsmittel und nicht nur Taxis gäbe. Ob ihre Ratschläge immer erwünscht waren und auch später immer so ernst genommen wurden, sei dahingestellt.

Wenn ich über meine Kindheit reflektiere, erinnere ich mich viel mehr an meinen Vater als an meine Mutter. Das hängt sicher damit zusammen, daß sie eine eher kühle Person war, die nicht unbedingt dazu neigte, ihre Kinder in den Arm zu nehmen und zu herzen. Ich kann mich gar nicht an so etwas erinnern. Allerdings weiß ich noch, daß ich irgendwann, als ich in dem schwierigen Alter von zwölf oder dreizehn Jahren war, einmal abends im Bett schrecklich heulte – natürlich habe ich keine Ahnung mehr, warum. Ich erinnere mich aber noch an den ziemlich unbrauchbaren Rat meiner Mutter, daß ein »deutscher Junge« nicht weinen sollte. Das war keineswegs eine politische Aussage, sondern entsprach einfach ihren Vorstellungen von Disziplin und Härte, die sie auch auf sich selber anwandte. Aber als Kind oder Jugendlicher konnte man mit dieser Strenge herzlich wenig anfangen.

Die Ehe meiner Eltern lief vermutlich auch deswegen relativ gut, weil die Mutter so war, wie sie war. Ich halte es für eine

Folge der Disziplin (was würden denn die Leute sagen!), daß das Ehepaar bis zum Ende zusammengeblieben ist, nicht für eine Folge der Liebe und Wärme. Man schätzte und achtete sich. Wenn es Ärger und Streit gab, dann waren es meist die Probleme von außen, mit Menschen, mit denen man lebte und arbeitete, über die man verschiedener Meinung war. Es gab auch eine Menge Krach im Haus, denn mein Vater trank ganz gerne seinen Schnaps und sein kühles Bier und war dann lustig; und manchmal ging es mit ihm durch, und er fand kein Ende, was so gar nicht zu den strengen Lebensmaßstäben der Mutter paßte.

Natürlich bin ich von beiden Elternteilen geprägt worden. Das zeigt sich schon in der Gestalt: Ich habe nämlich nicht die kleine, rundliche Figur meines Vaters, sondern bin meiner großen Mutter nachgeraten, die einen ganzen Kopf größer als mein Vater war.

Der Vater war ein großer Geschichtenerzähler, der am Abend vor dem Einschlafen wunderschöne, frei erfundene Märchen erzählen konnte, vor allem über Enten. Das war ein guter Ausgleich zur strengeren Mutter. Mit dem Vater war ich tiefer verbunden durch den Beruf, mit dem er mich von früh an vertraut gemacht hat, durch das Handwerk, das er liebte und das er mir in seinen schwierigen und schönen Seiten beigebracht hat. Sein Glaube an mich und sein immer wieder bewiesenes Vertrauen in mich haben mir sehr geholfen, selbständig zu werden, eigene Entscheidungen zu fällen und später zu grundlegenden neuen Gedanken zu kommen.

Gerechterweise muß ich allerdings auch erwähnen, daß meine Mutter für viele Angestellte eine ganz wichtige Bezugsperson war. Kam irgend jemand in Nöte, dann war sie da mit Rat und Tat, half bei Problemen und war dabei recht angesehen. Wahrscheinlich war eine positive Seite ihrer Strenge auch ein ausgeprägter Sinn für Gerechtigkeit. Sicherlich war sie auch streng, wenn die Arbeit nicht so getan wurde, wie sie es sich vorstellte. Hierbei schob sie gern ihren Mann vor. Ich habe erlebt, daß sie dem Vater etwas auf den Tisch knallte, bekundete, daß das nicht in Ordnung sei, und in einem Ton, der keinen Widerspruch duldete, befand, es müsse eingeschritten werden. Das tat meine Mutter später, als mein Vater gestorben war, auch bei mir.

Wenn ich von meiner Familie und dem wachsenden Schweisfurth-Unternehmen erzähle, dann ist damit auch ein Stück Geschichte aus dem Ruhrgebiet verbunden. Es tauchen Namen auf, die viel zur Prägung dieses enormen Industriegebiets beigetragen haben. So stammt meine Mutter nicht nur aus einem Beamtenhaushalt, sondern kommt mütterlicherseits aus der berühmten und angesehenen Familie Tengelmann, die zu den großen alten Familien wie Krupp oder Thyssen zählt – Namen, die mit dem Beginn des Industriezeitalters zu tun haben und Industrialisierung, Aufschwung und Tüchtigkeit signalisieren. Die späteren, weniger erfreulichen Komponenten gehören nicht zu dieser Geschichte und sollen hier nicht erörtert werden.

Bei dem Namen Tengelmann werden viele Leser als erstes an das gleichnamige Lebensmittelunternehmen denken, und doch ist Ernst Tengelmann durch etwas anderes berühmt geworden. Er war mein Großonkel, ich habe ihn noch gut gekannt, und er hat in meinem Leben eine ganz wichtige Rolle gespielt. Ernst Tengelmann war am Ende seines Lebens Generaldirektor der Essener Steinkohle, ein hochangesehener und allseits geachteter Mann. Angefangen hatte dieser Mann aber als ganz einfacher Steiger, der Zechen abteufte und ein guter Bergmann war. Er war der Bruder meiner mütterlichen Großmutter, und vielleicht sollte man das auch wissen, wenn ich schon so streng mit meiner Mutter ins Gericht gehe, was ihre Disziplin und Härte betrifft. Er wurde zur Galionsfigur der ganzen Familie.

Dieser große Onkel Ernst hatte einen Bruder, der bei einem Lebensmittelunternehmen in Mülheim/Ruhr Geschäftsführer war, das den Namen Schmitt-Scholl hatte. Nun läßt sich das nicht schnell und flüssig aussprechen. Daher fragte man ihn, ob er dem Geschäft nicht seinen Namen geben wollte. So kam das Geschäft, das so ähnlich wie Kaiser's Kaffeegeschäft aufgebaut war, zu dem Namen Tengelmann, und die Geschäfte heißen bis zum heutigen Tag so – eine originelle Geschichte, mit der meine Familie aber nur indirekt zu tun hat. Heute wäre es undenkbar, auf diese Weise einen Firmennamen zu ändern, allein die rechtlichen Fragen und Konsequenzen wären endlos und kaum zu bewältigen.

In meiner Kindheit ist mir und meinen Schwestern nichts besonders Böses, Schwieriges oder gar Bedrohliches im täglichen Leben aufgefallen oder gar widerfahren. In scheinbarer Ruhe und mit einem wohlgeordneten täglichen Ablauf wuchs ich heran, bekam den üblichen Ärger, wenn ich etwas ausgefressen hatte, und fühlte mich ganz aufgehoben in meinem Zuhause.

Es wäre zu berichten, daß ich zweimal von meinem Vater verhauen worden bin und daß mir das in unauslöschlicher Erinnerung ist; das eine Mal, weil es so ungerecht und für mich nicht einsichtig war, und das andere Mal, weil es trotz meiner heutigen Erkenntnis, daß Schläge mit Sicherheit kein geeignetes Erziehungsmittel sind, sicher eine nachhaltige erzieherische Wirkung hatte. Ich komme gleich darauf zurück.

Zunächst will ich beschreiben, wie das Büro aussah, in dem mein Vater, seine Bürohilfe, Trudchen Dunschen, und andere Mitarbeiter saßen. In einem sehr dunklen Raum waren etliche Stehpulte, an denen geschrieben wurde, und davor gab es eine Art Schranke, die man hochklappen konnte. Es sollte doch einen geziemenden Abstand geben zwischen dem Arbeiter, der sich dort auch seinen Lohn abholte, und dem Chef und seiner Mitarbeiterin. So eine Barriere machte auch ziemlich deutlich, wer das Sagen hatte. Trudchen Dunschen war ganze fünfzig Jahre im Unternehmen tätig und arbeitete sogar noch für mich. Sie war das, was man die Seele eines Geschäfts nennt, war Bürovorsteherin und wußte einfach alles.

Eines Tages, als ich von der Schule nach Hause kam und an dem Büro vorbeiging, sang ich vergnügt ein Lied, das ich eben von einem Freund gelernt hatte und das mir unglaublich gut gefiel. Ich fand es furchtbar lustig und wollte es gerne gleich zum Besten geben. Der Refrain lautete sehr eingängig: »Alle Möpse beißen, alle Möpse scheißen, nur der kleine Rollmops nicht.« Das war wohl zuviel für die Nerven meines Vaters und Trudchens. Er raste hinter seiner Barriere hervor, packte mich am Kragen und verdrosch mich vor versammelter Mannschaft. Ich habe nie herausgefunden, was ihn an diesem harmlosen Lied so geärgert hat. Mir hat es furchtbar weh getan, und außerdem war ich natürlich unsagbar blamiert.

Die zweite Tracht Prügel hatte schon etwas mehr Grund und läßt sich rasch erzählen. Ich roch ganz einfach, und zwar nach

Rauch und Tabak, was einem der Hausmädchen wohl aufgefallen war. Ich war noch ziemlich klein, nämlich neun oder zehn Jahre, und dies war nicht die rechte Art der Duftentwicklung für einen kleinen Jungen. Als mein Vater wie jeden Abend scherzend zu den Mädchen in die Küche kam und dort ein wenig herumflirtete, tuschelte eine etwas in sein Ohr. Sein Gesicht wurde ausgesprochen düster, und er befragte mich streng, ob ich etwa geraucht hätte. Natürlich leugnete ich das, denn wer wollte in diesem Alter schon zugeben, heimlich etwas streng Verbotenes getan zu haben. Schon packte mich mein Vater – seine ganze fröhliche Stimmung war wie weggeblasen –, er schrie mich an und verhaute mich. Mir ist lebhaft im Gedächtnis geblieben, wie aus einer heiteren und fröhlichen Stimmung heraus ein derartiges Unglück über mich hereinbrach, daß alles mit einem Schlag vorbei war und ich mit Schimpf und Schande ins Bett gejagt wurde. Ich will diese Kindheitserinnerung nicht überbewerten, aber mit Sicherheit war mir das Lügen erst einmal gründlich ausgetrieben worden – ich denke sogar bis auf den heutigen Tag.

Mein Vater Karl ist mir in äußerst liebevoller Erinnerung, noch heute – nach so vielen Jahren und als erwachsener Mann – wärmt es mir das Herz, von ihm zu sprechen. Ich will neben diesen sehr persönlichen Erinnerungen natürlich auch berichten, wie das ständig wachsende Schweisfurth-Unternehmen durch diese Zeit gekommen ist und wie die Entwicklung weiterging. Im privaten Kreis wurde über Politik gar nicht gesprochen, meine Familie verhielt sich wohl ähnlich indifferent wie Millionen andere Menschen und versuchte, irgendwie mit den Bedrohlichkeiten fertig zu werden.

Ich erinnere mich, daß meine Aufnahme in das »Jungvolk« daran scheiterte, daß ich mir den erforderlichen Spruch um alles in der Welt nicht merken konnte – dafür weiß ich ihn noch heute, nach sechzig Jahren, und ich frage mich, was so ein Gedächtnis wohl mit einem anstellt, daß es Unnötiges auf lange Zeit speichert, statt selektiv vorzugehen und den »Schrott« auszusortieren. Ich war jedenfalls immer der Kleinste bei den Sportfesten, die damals stattfanden, und deshalb konnte ich mich oft ganz gut drücken, wenn es im Gleichschritt zum Sportplatz ging. Ich fand den Drill und das militärische Gehabe furchtbar, und Sport war für mich gräßlich. Es merkten eigentlich alle, daß ich meist im nächsten Torbogen auszubüxen versuchte, und einmal kam auch ernsthaft eine Beschwerde an meine Eltern. Ärger gab es dafür zu Hause nicht: Die Mutter war viel zu christlich, als daß sie mit den Nazis etwas hätte anfangen können, und mein Vater fand die Sache an sich zu banal. Ich wurde von klein auf auch immer in meiner eigenen Verantwortung gelassen.

Die politische Haltung meines Vaters war nicht so gelassen. Die Firma Schweisfurth war seit Bestehen der Wehrmacht Fleischkonservenlieferant, und damit wuchs natürlich der Druck auf meinen Vater, Parteimitglied zu werden und sich überhaupt entsprechend zu verhalten. Seine fröhlich-unbekümmerte Art einerseits und sein absoluter Wille zum Ausbau des Fleischwarenbetriebs andererseits ließen ihn weniger zu einem politisch nachdenklichen Menschen werden als zu dem, was Unzählige wurden und waren: einem Mitläufer. Irgendwann wurde er Parteimitglied, ist dann bei einer NS-Reiterstaffel aktiv geworden und hatte wohl nicht vor, sich ernsthaft zu engagieren.

Daß auch er nicht unbeeindruckt blieb, sei hier nicht verschwiegen. Ich weiß, daß ich als junger Mann nach dem Krieg eine Karte von einem Reichsparteitag aus Nürnberg zerrissen habe, auf der mein Vater begeistert beschrieb, wie großartig alles sei, wie toll inszeniert, wie sehr er beeindruckt sei und daß es für ihn eine große Ehre sei, dabeisein zu können.

Kann ich über ihn richten, weil er einem Gefühl erlegen ist, das er für bedeutend hielt und dessen äußerer Schein ihn geblendet hat? Es wird noch zu berichten sein, was der Vater seinem erwachsen werdenden Sohn über diese Zeit gesagt hat, nachdem alles vorbei war.

Jedenfalls nahmen die Aufträge für die Unternehmung Schweisfurth zu, die Firma hatte mittlerweile bereits vierzehn Filialen im ganzen Ruhrgebiet. Das Fleisch, das an die Wehrmacht geliefert wurde, wurde in Dosen produziert. Das war etwas grundlegend Neues und damals noch gar nicht so weit verbreitet. Darum hatte die Firma wohl auch so großen Erfolg, weil mit einem besonderen Verfahren eine relativ große Menge rasch produziert werden konnte. Diese Art des Fleischwarenbetriebes war durchaus schon als Fabrik zu bezeichnen, eigentlich schon seit Anfang der dreißiger Jahre. Zu dieser Zeit arbeiteten bereits sehr viele Menschen für meinen Vater und meine Mutter. Allerdings war zunächst noch keine Rede von industrieller Fertigung; das war damals reines Handwerk, eine sogenannte Meisterwirtschaft. Die Arbeitsabläufe waren handwerklich orientiert, obwohl es bereits die ersten Maschinen gab.

Die Eindoserei – vor allem für die Lieferungen an die Wehrmacht – machte dann aus der ganzen Unternehmung schon einen eher technisch orientierten Betrieb, bei dem das reine

Handwerk allmählich in den Hintergrund trat. Aber bis zu meiner eigenen Lehrzeit am Ende des Zweiten Weltkrieges gab es das Schlachthaus und die Abteilungen, in denen Fleisch zerlegt, zerkleinert und gewürzt wurde und die Würste gemacht wurden. Den Vorgang des Eindosens muß man sich zunächst sehr einfach vorstellen, fast so wie das Einkochen im privaten Haushalt: In großen Kesseln, in sogenannten Autoklaven, wurde gekocht, unter Überdruck bei Temperaturen von 120 Grad, und damit war das Fleisch haltbar gemacht. So konnte das Fleisch aufbewahrt werden, ob in Hitze oder Kälte, jahrelang.

Mit Sicherheit hat sich mein Vater in Friedenszeiten darum beworben, diese Fleischversorgung übernehmen zu können. Während des Krieges mußte dann jeder fleischverarbeitende Betrieb für die Armee produzieren, ob er wollte oder nicht. In diesem schrecklichen System gab es kein Entkommen, wenn man Einschlägiges anzubieten hatte. Es herrschte eine sehr strenge, kontrollierte Wirtschaft. Es wurde genau kalkuliert, wieviel Fleisch aus dem zugewiesenen Anteil Rind, Kalb oder Schwein zu produzieren war – und wehe dem, der dieses Soll nicht erfüllt hätte. Vaterlandsverrat wäre das Mindeste gewesen, dessen man angeklagt worden wäre. Irgend etwas auf die Seite zu schaffen wäre in Kriegszeiten ein Ding der Unmöglichkeit gewesen.

Ich möchte in diesem Buch vor allem von mir selbst und meinem Werdegang erzählen. Bekanntlich eignen sich Kindheitserinnerungen nicht sehr gut, um politische Geschehnisse erklärbar zu machen. Trotzdem werde ich versuchen zu berichten, was die Chronik hergibt. Dazu gehört auch, daß der Firma Schweisfurth das Prädikat »Nationalsozialistischer

Deutscher Musterbetrieb« verliehen wurde. Mein Vater reiste extra nach Berlin, um dort eine entsprechende Urkunde entgegenzunehmen und eine goldene Fahne dazu. Mit Sicherheit war man in Herten stolz auf diese Auszeichnung, und ebenso sicher bin ich, daß das nicht Ausdruck einer politischen Haltung war, sondern eher Stolz auf das Handwerk. Es sei dahingestellt, ob es unbedingt solch zweifelhafter Ehrungen bedurft hätte. Mein Vater war sein ganzes Leben lang ein zutiefst sozial eingestellter Mensch, und er hätte vor allem eine Auszeichnung für seinen Einsatz und seine Sorge um die Mitarbeiter verdient. Einer seiner wichtigsten Grundsätze war, daß Menschen wichtiger als Maschinen sind, und darum hat er von Anfang an dafür gesorgt, daß Aufenthaltsräume, Kantinen oder Umkleidekabinen nicht nur ordentlich waren, sondern auch so, daß sich die Menschen dort wohl fühlen konnten.

Bei Kriegsausbruch war ich neun Jahre alt, und ich habe zu meinem eigenen Erstaunen überhaupt keine Erinnerung daran. Meine eigenen Bilder von Krieg und Zerstörung beginnen erst in der Zeit, als ich anfing, meine Mutter auf ihren Inspektionsfahrten zu den Filialen zu begleiten. Damals war ich zwölf – alt genug, um einen Eindruck von zerbombten Städten zu bekommen oder um zu verstehen, wenn plötzlich ein Geschäft nicht mehr vorhanden war, statt dessen aber Trümmer und rauchende Häuser die Straßen säumten. Ich weiß nicht mehr, ob ich freiwillig diese Fahrten mit meiner Mutter mitmachte oder ob es mir aufgetragen wurde. Aber in jedem Fall sind mir die Bilder sehr präsent, wie meine Mutter die Filialen aufsuchte, in die Läden hineinging, die Theken inspizierte, überall kontrollierte und nach der rechten Ordnung forschte, bis hin zur Prüfung, ob der Anschnitt der Wurst auch frisch genug war. Ich fand das wohl ganz kurzweilig und interessant, und außerdem war es etwas Besonderes, in einem kleinen Auto durch die Gegend fahren zu können.

Mein Vater war einer der wenigen Väter in meiner Umgebung, die nicht in den Krieg ziehen mußten. Er war wegen der kriegswichtigen Produktion freigestellt vom Kriegsdienst. Da er zusätzlich noch Vorsitzender der Fleischwarenhersteller Deutschlands war, hatte er viel mit den ganzen Verbandsfragen zu tun und war neben seiner Aufgabe zu Hause auch viel auf Reisen.

Es mag seltsam klingen, daß ich zunächst so wenig vom Krieg mitbekam, aber ich glaube, daß Kinder ganz anders damit umgingen. Für mich und meine jüngere Schwester war das, was sich uns bot, eben das normale Leben. Erst als nachts der Feuerschein der brennenden Städte des Ruhrgebiets zu sehen war und wir regelrecht ausgesiedelt und zur Sicherheit zu einer Tante aufs Land geschickt werden sollten, fing auch ich, der kleine Junge, an, den Schrecken und das Elend zu spüren. Eine der letzten Inspektionsfahrten, auf denen ich meine Mutter begleitete, ging nach Bochum. Als wir dort ankamen, war die Filiale einfach weg, und es war nichts mehr zu sehen außer rauchenden Trümmern. Dieses Bild werde ich nie vergessen.

Mein Zwangsaufenthalt auf dem Land, in einem kleinen Dorf an der Weser, brachte es mit sich, daß ich wieder in einer scheinbar heilen Welt leben konnte, in der es den Krieg kaum oder nur von ferne gab. Die Bauern bestellten weiter ihre Felder, die Kühe standen in den Ställen, und ich fuhr vergnügt mit dem Fahrrad durch die Gegend. Seltsam, daß ich diese zwei letzten Kriegsjahre in so schöner Erinnerung habe. Ich konnte Kind sein, und man ließ mich das auch sein. Ich entsinne mich an einen Garten, in dem alles wuchs, was man brauchte, und in dem ich gerne mitarbeitete. Nichts schien diese Idylle zu trüben. Erst ganz am Ende des Krieges kamen Tiefflieger, die die Bauern beschossen, was uns Kinder ziemlich schnell die Räder wegwerfen und in den nächsten Straßengraben flüchten ließ.

Die Tante, bei der meine Schwester und ich wohnten, hatte einen Nazi-Mann, und als die ersten amerikanischen Panzer in das Dorf einrollten, verschwand er fluchtartig in Richtung Osten. Man hat später keine Spur mehr von diesem Menschen gefunden und nie herausbekommen, was aus ihm geworden ist. Meine Tante hatte schreckliche Angst vor den einrückenden fremden Soldaten und hielt uns im Keller versteckt, was mir überhaupt nicht gefiel. Ich versuchte immer wieder aus dem Versteck zu entwischen, um möglichst einen der Soldaten aus der Nähe sehen zu können oder sogar mit ihm zu sprechen. Das ist mir nicht gelungen, aber ein unglaubliches Erlebnis bescherte mir doch noch einen Amerikaner aus allernächster Nähe. Ich war wieder einmal trotz der Verbote und Warnungen herumgestrolcht und fand dabei im Schlafzimmer meiner Tante einen baumlangen Kerl, einen amerikanischen Soldaten, der auf der hochglanzpolierten Bettkante herumrutschte und mit seiner Maschinenpistole durch das offenstehende Fenster zielte – einfach so, vielleicht langweilte er sich, ich habe nie herausgefunden, was sein eigentliches Ziel war. Ich stand da, ein schmächtiger Junge, dünn wie ein Hering, und war fasziniert. Ich sehe dieses unglaubliche Bild noch heute vor mir und weiß noch genau, daß trotz der merkwürdigen Umstände keine Angst und keine Panik in mir waren. Der Amerikaner, mein erster fremder Soldat, hatte für mich nichts Bedrohliches, und als er mir einen Kaugummi schenkte, war ich begeistert. Reden konnten wir nicht miteinander – aber für mich war das das sichtbare Ende des Krieges.

Daß das alles tatsächlich nicht ungefährlich war und meine arme Tante sicherlich mit Recht Angst um uns Kinder hatte, hat mich nicht sonderlich interessiert. Ich hätte es auch nicht begriffen; ich hatte jedenfalls keine Angst, und das ist so geblieben in meinem Leben. Ich hatte nie Angst vor einer physischen Bedrohung. Wie ein roter Faden zieht sich das durch mein ganzes Leben – es muß ein »Geburtsfehler« sein.

An dieser Stelle kann ich gleich gestehen, daß ich noch einen anderen seltsamen Fehler habe – wenn es überhaupt einer ist, denn er hat mir im Leben schon oft sehr geholfen: Ich kenne keinen Hunger. In Notzeiten kann das eine hervorragende Hilfe sein, aber alle meine Freunde halten mich für ein wenig seltsam. Die allgemeine Vorstellung ist, daß ein Mensch des Jahrgangs 1930 den Hunger einfach kennen muß. Für mich trifft das nicht zu. Vielleicht hat es etwas damit zu tun, daß ich tatsächlich in einem großen Haus groß geworden bin, in dem einfach immer alles da war. Wir hatten immer etwas zu essen, wir hatten einen Garten, in dem alles wuchs, selbst in Kriegszeiten mußte ich nie hungern. Sicherlich bin ich besonders gesegnet, daß mir solche Erfahrungen erspart geblieben sind. Ebenso wie für mich das Ende des Krieges so harmlos daherkam und eher Neugier erweckte als ein Gefühl für grundlegendes Neues, Umbruch oder gar aufkommende Not. Die Schließung der Schule kurz vor Kriegsende blieb mir in schönster Erinnerung, die ungebremste Freude, dem Lernzwang entgehen zu können. Wir Jungen sollten damals doch noch ein wenig zur Vaterlandsverteidigung beitragen und das Weserbergland durch den Bau unterirdischer Gänge erretten, in denen man dann wohl irgend etwas sehr Wichtiges produzieren oder lagern wollte.

Der Betrieb in Herten und die Filialen kamen in den beiden letzten Kriegsjahren mühsam über die Runden. Zwangswirtschaft machte es nicht gerade leicht, vernünftig zu wirtschaften, alles war vorgeschrieben bis ins letzte Detail. Als dieser Krieg nun zu Ende ging, veränderte sich natürlich auch für den Fleischereibetrieb Schweisfurth Erhebliches. Denn schließlich war jahrelang ein großer Teil der Produktion an die Wehrmacht gegangen, und selbst unter schwierigsten Bedingungen wurden Konserven hergestellt. Der Auftraggeber existierte nun nicht mehr, und der Krieg war gottlob zu Ende. Nun aber mußte einfach ein neuer Markt, ein neuer Abnehmer gefunden werden.

Als Anekdote sei vermerkt, daß bei Kriegsende noch unzählige Konserven am Bahnhof gelagert waren, die nicht mehr transportiert werden konnten. Die Hertener haben sich diese Restkonserven alle geholt. Innerhalb kürzester Zeit waren sie unter die Leute gekommen, und es mag sich so manche Familie mit Hilfe der Dosen über die ärgste Hungersnot hinweggerettet haben. Eigentlich ein beruhigender Gedanke.

Erstaunlicherweise ist die Stadt Herten im Krieg von Bomben verschont geblieben, obwohl dort zwei riesengroße Schachtanlagen waren, die größten des Ruhrgebiets sogar. Herten war also gar nicht zerstört, und alles war wie vor dem Krieg, als ich nach langer, umständlicher Fahrt mit meiner Schwester wieder nach Hause zurückkam.

Das war noch einmal, wie mir schien, ein wunderbares Abenteuer, diese Heimreise. Natürlich war es etwas schwierig, Transporte zu organisieren, aber man hatte für meine Schwester und mich einen Lastwagen mit Holzvergaser gefunden, wir saßen unter und neben irgendwelchen Säcken und fanden es hauptsächlich komisch. Die Papiere stimmten nicht, und wir mußten uns zum Teil verstecken, um durch alle Sperren und Kontrollen sicher nach Herten zurückzugelangen.

Dann waren wir wieder zu Hause. Wir alle mußten nun ein neues Leben anfangen. Mir war bis zu diesem Zeitpunkt ein Leben in Frieden und in Freiheit nahezu unbekannt. Ich war gerade fünfzehn Jahre alt.

# Lehre und Studium

## *Entwicklungen*

Nach Kriegsende übernahmen die Engländer in unserer Region die Verwaltung, und mein Vater bekam rasch den Auftrag, die Bergarbeiterverpflegung zu organisieren. Man hatte begriffen, daß zwei Dinge ganz wichtig waren und gefördert werden mußten: die Landwirtschaft und der Bergbau. Und so gab es in unserem kleinen Unternehmen kaum einen Stillstand, wir waren in der angenehmen Lage weiter produzieren zu dürfen – wir hatten wieder einmal Glück.

Ich selbst hatte in diesem Sommer das Gefühl unendlicher Freiheit. Alles schien im Aufbruch zu sein, und ich war mit meinen fünfzehn Jahren der Meinung, daß es das Leben gut mit mir meinte. Das tat es auch, allerdings etwas anders, als ich mir es vorgestellt hatte. Mein Vater fand, daß bloßer Müßiggang nicht ideal für meine Entwicklung sei. Die Schule hatte noch nicht wieder angefangen, und es war ungewiß, wann alles wieder so weit in geordnete Bahnen kommen würde, daß ich ein Gymnasium besuchen und mein Abitur machen konnte.

Mein Vater, korrekt wie immer, kam eines Tages zu mir und hielt mir wahrhaftig einen Lehrvertrag der Fleischwarenfabrik Schweisfurth unter die Nase. Er teilte mir mit, ich könne am nächsten Morgen meine Lehre beginnen. Damit alles seine Ordnung hatte, sollte ich den Vertrag auch unterschreiben.

Meinem eher verträumten Leben und Treiben war damit ein Ende gesetzt.

Einspruch wäre zwecklos gewesen, und es war auch keine Frage für mich, daß ich selbstverständlich das Metzgerhandwerk zu erlernen hatte, aber natürlich schluckte ich doch etwas. Das Ende der Freiheit kam doch sehr abrupt, und es war typisch für meinen Vater, mich vor vollendete Tatsachen zu stellen. Der schöne Traum von der großen Freiheit ohne Schule war vorbei.

Ich hatte also sofort am nächsten Tag um sechs Uhr morgens zur Arbeit anzutreten, man gab mir meine Betriebskleidung und Gummistiefel dazu, und ich begann meine Metzgerlehre. Ich hatte mich bei einem Metzgermeister zu melden, der mir meine erste Arbeit zuwies. Das war Knochenputzen. Ich gestehe, daß ich einen ziemlichen Widerwillen dabei empfand und das alles überhaupt nicht lustig fand.

Ich entsinne mich ganz genau, daß Wurst produziert wurde, und zwar Fleischwurst in ziemlich großen Mengen. Denn die Bergarbeiter bekamen eine Sonderration, die dreifache Menge der normalen Zuteilung. Das Rationieren von Lebensmitteln war in diesem ersten Friedenswinter noch gang und gäbe, das Land lag ja brach, die Versorgungslage war schwierig.

Ich glaube, daß aus diesen Zeiten bis zum heutigen Tag ein tiefer Graben zwischen der Stadt- und der Landbevölkerung herrührt. Damals tauschten die Städter bei den Bauern ihren Schmuck, ihre Teppiche oder ihr Silber ein, um dafür etwas zu essen zu bekommen. Die Bauern ihrerseits kungelten gerne und gaben beispielsweise etwas Speck für schönes Porzellan her. Manche Bauern sind dick und fett dabei geworden, das Schwarzmarktgeschäft blühte, und trotz Lebensmittelkarten und Rationierung hatten die Menschen in den Städten oft nichts zu essen. Freilich muß man auch sehen, daß die Bauern manche Menschen buchstäblich vor dem Verhungern bewahrt haben. Aber alles in allem war es eine schwierige Zeit, in der die Menschen keineswegs nur freundlich miteinander umgingen.

Neben der ziemlich abgesicherten Verpflegung der Bergarbeiter gab es auch die Schulverpflegung, mit der man versuchte, die Kinder durch ein paar Sonderrationen zu versorgen. Sobald die Schulen wieder ihren normalen Betrieb aufgenommen hatten, gab es eine Art Schulspeisung, bei der die Kinder mit warmer Suppe verköstigt wurden. Die Initiative dazu kam aus Amerika. Auch in unserem Betrieb wurde Suppe gekocht und in großen Thermosbehältern in die Schulen transportiert.

Mein Vater hat die vielen Vorschriften, die uns von der englischen Verwaltung auferlegt wurden, immer wieder mit der Zwangswirtschaft aus Kriegszeiten verglichen. Ihm schien, daß die eine Bevormundung nur durch eine andere, nicht minder störende ersetzt wurde. Ein nicht ganz zutreffender Vergleich – aber es war tatsächlich außerordentlich schwierig, den Vorschriften nachzukommen und alles entsprechend herbeizuschaffen und organisatorisch zu lösen.

Nach dem Ende des Dritten Reiches mußte sich auch mein Vater entnazifizieren lassen. Ich habe meinen Vater nie als einen politischen Menschen erlebt, und er war ganz gewiß kein Nationalsozialist im ideologischen Sinne. Die Tatsachen, daß das Schweisfurth-Unternehmen ein anerkannter nationalsozialistischer Musterbetrieb gewesen war, für die Wehrmacht das Essen in Konserven geliefert hatte und mein Vater außerdem als Reichsfachgruppenleiter fungiert hatte, waren alle zusammen allerdings ein bißchen viel, als daß er ohne genaue Nachprüfung nahtlos hätte weiterarbeiten können. Jedenfalls wurde meinem Vater das Betreten seines Betriebes für die Dauer des Entnazifizierungsverfahrens strikt untersagt. Ein Treuhänder wurde eingesetzt, der die Geschäfte leitete. Und mich gab es auch noch: Da ich aufgrund meines Alters – ich war damals knapp sechzehn Jahre alt – politisch unverdächtig war, durfte ich meine Lehre unbehelligt weitermachen. Das führte zu mancherlei seltsamen Umständen. Da Betrieb und Wohnbereich ohnehin eng beieinander lagen, wartete mein Vater abends immer an der Haustür auf mich, und dann gingen wir beide auf lange Spaziergänge in den Hertener Schloßpark, wo ich alles Wichtige vom Tage aus dem Unternehmen berichtete. Der Vater wollte natürlich ganz genau wissen, was im Betrieb passiert war, und ich erzählte ihm alle Details. Ich war noch sehr jung, und es erschien mir manchmal etwas sonderbar, den eigentlichen Firmeninhaber informieren zu müssen, wie der Laden lief, den er weder führen noch betreten durfte.

Dieser seltsame Zustand dauerte etwas länger als ein halbes Jahr, dann war alles vorbei, und mein Vater wurde – wie so viele andere im Land – als sogenannter Mitläufer eingestuft. Die Führung der Geschäfte lag nun wieder in der Hand von Karl Schweisfurth, während ich, sein Sohn Karl Ludwig, in ebendiesem Betrieb weiter das Metzgerhandwerk erlernen sollte.

Man mag sich fragen, ob meine zeitweilige Zwitterposition nicht zu inneren Konflikten führen mußte. Schließlich bediente ich sozusagen zwei Seiten und konnte in meinem Alter wirklich auch nicht ganz begreifen, was da vorging. Wie alle Jugendlichen, die im Krieg anfingen, erwachsen zu werden, war ich wohl reif genug, um vieles zu verstehen, aber sicher nicht erfahren und gelassen genug, um die ganze Tragweite dieser Entnazifizierungsprozedur zu erfassen. Die Mitarbeiter in der noch immer überschaubaren Fleischwarenfabrik L. Schweisfurth waren jedenfalls so auf den Chef fixiert, und die patriarchalische Führung des Unternehmens war derart selbstverständlich mit der Person meines Vaters verbunden, daß nie echte Konflikte entstanden. Im Bewußtsein der Menschen, die zum Teil schon lange mit unserer Familie verbunden waren, war es fest verankert, daß mein Vater der Chef war. So wurde auch ich immer kameradschaftlich und mit einem gewissen Respekt behandelt, den ich allein dem Vater zu verdanken hatte. Ich war immer der »Kleine«, und die älteren Mitarbeiter haben mich damals liebevoll an die Hand genommen, waren aber auch streng mit mir. Sie brachten mir viel bei und meinten aber auch, ich solle wissen, daß nach getaner Arbeit ein Schlückchen nicht schaden kann. So saßen wir also manchmal zusammen und tranken gemeinsam eine Flasche Schnaps, und ich mußte mithalten, ob ich wollte oder nicht. Tatsächlich wollte ich auch, es machte mich schließlich erwachsener in meinen Augen.

Ich möchte noch einmal betonen, daß wir bei alledem viel Glück hatten. Die Firma stand kaum einen Tag lang still, wir hatten zu tun und versuchten auch, uns mit der Mangelwirtschaft anzufreunden, indem wir fleischlose Produkte herstellten. Das mag grotesk klingen, war aber schlicht ein Erfordernis der Zeit. Wie hätten wir neben der uns auferlegten Versorgung der Bergarbeiter denn noch Wurst herstellen sollen, wenn die Zulieferung praktisch fehlte? So gab es einige Nachkriegsprodukte, wie etwa eine Art Maggiwürze. Knochen hatten wir ja, die waren gerade noch herbeizuschaffen. Maggiwürze ist nichts anderes als Eiweiß, und Knochen enthalten genügend Eiweiß. Wenn man das Ganze chemisch entsprechend behandelte, konnte man die Würze herstellen und hatte schon wieder ein bißchen Geschmack zum Essen dazugewonnen. Viel war es nicht, was man damals produzieren konnte, aber in dieser allgemeinen Not wurde man erfinderisch und war schon froh, das bloße Leben gerettet zu haben.

Durch die enge Nachbarschaft von Arbeits- und Wohnbereich waren in unserem Dasein Beruf und die heute so viel zitierte Freizeit auch nicht voneinander zu trennen. Man mag natürlich dankbar sein, daß wir heute ein unverbrüchliches Recht auf Freizeit und Erholung genießen, und das hat sicherlich sein Gutes. Es möge mir aber niemand als reaktionär ankreiden und mich für einen unverbesserlichen Ausbeuter halten, wenn ich darauf hinweise, daß dieses Zusammengehen von Arbeit und privatem Leben sicher auch manchen Vorteil hatte. Beispielsweise kamen in unserem Haus immer viele, viele Menschen am Tisch zu den Mahlzeiten zusammen, was eine sehr lebendige Atmosphäre schuf. Das hatte natürlich zur Folge, daß man als Kind oder Jugendlicher an allen Gesprächen beteiligt war, daß man Informationen bekam, die anderenfalls wohl nicht mitgeteilt worden wären, und daß man auch jederzeit seinen Senf dazugeben konnte. Wir Kinder konnten auch albern sein, durften Kommentare abgeben, machten Unsinn und nahmen damit sehr selbstverständlich an der Welt der

Erwachsenen teil. Sicher war das mehr als förderlich für unsere Entwicklung.

Natürlich bekamen wir gerade während der ersten Nachkriegsjahre eine Menge an Informationen, die wir keineswegs richtig einordnen konnten. Ich kann mich beispielsweise daran erinnern, daß ein junger Besatzungssoldat zu uns kam, der gut Deutsch sprach und sich lange mit den Eltern unterhielt – über Dinge, die ich nicht ganz verstand. Denn von den ganzen Greueln, von Konzentrationslagern, von den Verbrechen den Juden gegenüber wußten wir Kinder, meine Schwestern und ich, wahrlich nichts. Mit ungläubigem Staunen erfuhr ich nach und nach, was geschehen war, und dies war zu jener Zeit sicher noch nicht die ganze Wahrheit in ihrem scheußlichen Umfang.

Dieser Besatzungssoldat brachte seine Mutter zu uns nach Hause, eine alte Dame, die lange bei uns lebte. Später erfuhr ich, daß sie Theresienstadt überlebt hatte, daß ihr Sohn rechtzeitig ins Ausland gegangen war, als der Wahnsinn in Deutschland anfing, und daß der Vater, ein jüdischer Arzt, vor der Nazizeit mit seiner Familie im Haus gegenüber gelebt hatte. Dieser junge Soldat eröffnete mir eine neue Welt. Er erzählte von Dingen, die mir schier unfaßbar schienen, er verkörperte etwas Neues und ganz Unbekanntes. Aber durch seine Biografie wurde ich auch mit Fragen konfrontiert, die ich dann einige Jahre später wieder meinem Vater stellen mußte.

Über diesen Generationskonflikt kann hier nicht so ausführlich berichtet werden, wie es der Bedeutung des Themas entspräche. Aber ich möchte ohne Zögern von einem der Gespräche mit meinem Vater berichten, in dem ich auf meine entgeisterte Frage, ob er gewußt hätte, was um ihn herum alles geschehen war, und was er denn dagegen getan hätte, eine sehr schlichte Antwort bekam: Er gab zu, nichts getan zu haben, und er sagte ganz einfach, er hätte auch aus Angst geschwiegen. Ich glaubte ihm und glaube es bis heute, daß auch ihm das ganze Ausmaß des Entsetzlichen nicht bekannt war. Ich akzeptierte und verstand, daß er Angst gehabt hatte, und ich versuchte, dies zu respektieren.

Mir aber ist es bis zum heutigen Tag eine Lehre geblieben, daß man nie schweigen sollte, wenn man sieht, daß um einen herum etwas nicht stimmt. So weiß ich – und darauf werde ich noch oft zurückkommen –, daß auch meine Kinder und Enkel fragen werden, was wir mit dieser Erde gemacht haben und warum wir soviel Zerstörung zugelassen haben, die unseren Nachgeborenen das Leben schwermachen wird. Denn auch wir gehen fahrlässig mit dem Leben von Menschen um. Dabei behaupten wir gerne, wir könnten nichts von dem aufhalten, was andere anstellen. Wir halten uns selbst für hilflos und unschuldig. Wir alle können aber sehr viel gegen Vernichtung und gegen Gleichgültigkeit unternehmen.

Ich erzählte schon von den patriarchalischen Strukturen, die unser ganzes Unternehmen sehr geprägt haben – praktisch bis an das Lebensende meines Vaters. Dazu gehörte auch eine unbedingte Treue, die einzelne Mitarbeiter für ihren Chef empfanden und die in einer mehr als schwierigen Situation in einer Selbstlosigkeit gipfelte, die heute fast unglaublich scheint.

Ich möchte kurz über eine ganz spezielle Begebenheit berichten.

In Recklinghausen gab es nach dem Krieg ein Internierungslager, in dem Nazigrößen, Kriegsverbrecher, große und kleine

Ganoven untergebracht waren. Wieder einmal – man mag durchaus einen Schicksalsstrang in diesen Aufträgen sehen – mußte die Fleischfabrik Schweisfurth die Verpflegung übernehmen. Wir lieferten also, und irgendwann fing es wohl an, daß Kassiber herausgeschmuggelt wurden. Ich entsinne mich, daß eine meiner Schwestern sich besonders dabei hervortat, ja regelrecht zum Kurier wurde und Briefe schmuggelte, so daß wohl ein ziemlich reger Austausch vonstatten ging. Es kam, wie es kommen mußte, die Sache flog auf, und man wußte zunächst nur, daß jemand aus dem Schweisfurth-Unternehmen daran beteiligt gewesen war. Es gab einen Riesenärger, und die Situation war alles andere als angenehm. Mein Vater fand heraus, daß eine seiner Töchter darin verwickelt war, und gerade als diese Problematik die gesamte Familie schwer zu bedrücken begann, meldete sich ein Mitarbeiter der Firma und nahm die ganze Schuld auf sich. Dieser Mann hieß Heinz Rüger, und ich weiß noch heute, wie er aussah: Er war klein, ein sehr quirliger Mann und voller Tatendrang. Zu jener Zeit war er bereits jahrzehntelang in unserer Firma, und er wollte wohl einfach die Tochter des Chefs vor größeren Unannehmlichkeiten bewahren. Tatsache ist, daß er schließlich auch für meine Schwester ins Gefängnis ging, sicherlich nicht sehr lange, aber er tat es aus Treue und Zuneigung.

Wie schon mehrfach berichtet, war mein Vater ein für seine Zeit ungewöhnlich offener Mensch, stets bereit, Neues zu wagen, Ungewöhnliches zu unternehmen und vor allem Menschen zuzuhören, die ihm Unbekanntes nahebrachten. Durch dieses Zuhören, Aufnehmen und Weiterverarbeiten hat er bewußt viele Dinge geschaffen, die erst später zu Selbstverständlichkeiten geworden sind.

Im Jahre 1947, kurz vor der Währungsreform, tauchte ein alter Schulfreund meines Vaters aus den Internatszeiten bei uns in Herten auf, der lange in Amerika gewesen war und erst nach Kriegsende wieder nach Deutschland zurückgekehrt war. Dieser Mann, sein Name ist Brabender, war ein großer Erfinder geworden, den das Thema Ernährung sehr interessierte. Er forschte viel auf diesem Gebiet, besonders in Hinblick auf die Haltbarmachung und Lagerung von Nahrungsmitteln. Das war damals noch ein ziemlich unbekanntes Terrain, aber Brabender, der von der technischen Seite herkam und eigentlich Feinmechaniker war, hatte bereits sogenannte Klimaschränke konstruiert, die eine Sensation darstellten. Man konnte bei diesen Schränken Temperatur und Feuchtigkeit einstellen, und dies war wiederum wichtig für die sogenannten Brotanalysen, die Brabender sehr erfolgreich betrieb. Kurzum, er war durchaus wohlhabend, kannte mehr vom Leben als wir, und darüber hinaus hatte er in seinen Jahren in Amerika etwas von Marktwirtschaft gehört und vor allem gelernt, wie sie funktioniert. Verständlicherweise sah es bei uns diesbezüglich etwas finster aus, so daß selbst mein Vater in diesen schwierigen Nachkriegszeiten nicht genau wußte, wie er den fleischverarbeitenden Betrieb Schweisfurth weiterlenken sollte. Wie es eben seinem Naturell entsprach, hatte er aber bereits die ersten zaghaften Versuche gemacht, so etwas Ähnliches wie Werbung zu treiben. Er hatte Etiketten für seine fleischlosen Würzprodukte entworfen und selbst etwas zurechtgebastelt, was er für verkaufsfördernd hielt. Da gab es beispielsweise einen Schweinekopf und einen Ochsenschädel, die auf kommende, bessere Fleischzeiten hinschielend die Produkte der Firma verkörpern sollten.

Freund Brabender besah sich das bei einem seiner Besuche in Herten und fand, er müßte meinen Vater mit zwei ganz tüchtigen jungen Männern zusammenbringen. Die würden ihm noch ganz andere Dinge beibringen und außerdem seine Umsätze gewaltig steigern können. Auf die doch etwas zögerliche Reaktion meines Vaters hin erklärte er, daß auch in Deutschland einmal die Zwangswirtschaft wieder aufhören und daß Wettbewerb das neue Credo sein würde. Die Probleme mit der Währung würden ebenfalls ihr Ende finden und mit Sicherheit müßte bald eine Währungsumstellung stattfinden. Natürlich ahnten dies alle Menschen im Lande, aber Brabender stellte es meinem Vater so eindringlich dar und hatte auch die Gabe, so überzeugend zu wirken, daß wir beide, Vater und ich, der immer bei allen Gesprächen dabeisein durfte, den Besuch der beiden avisierten Männer gespannt erwarteten.

Diese sehr jungen Männer gingen damals in Essen einem Gewerbe nach, das heute kein Mensch mehr ungewöhnlich fände, das damals aber fast den Ruch des Unanständigen an sich hatte: Sie betrieben Werbung für Produkte anderer Menschen. Dies war keineswegs ein Zweig der Wirtschaft, dem damals irgendein vordringliches Interesse gegolten hätte, aber Brabender mit seiner Amerika-Erfahrung war einfach schon sehr viel weiter in seinem Denken und Handeln.

An dieser Stelle möchte ich noch eine lustige Begebenheit einflechten, die direkt mit der Nachkriegszeit zu tun hatte. Die englische Besatzung kontrollierte die Menschen immer noch häufig und recht streng, auch auf den Straßen. Außerdem gab es die schon mehrfach erwähnte Zwangsbewirtschaftung, die für Extrawürste nicht viel Raum und Platz übrigließ. In des Wortes ursprünglichstem Sinn hatte sich Freund Brabender allerdings doch die Gelegenheit für ein paar Extrawürste so zurecht gebastelt, daß er für einige Zeit ganz gut damit über die Runden kam. Sein Auto, das in den ersten Nachkriegsjahren, wie die meisten anderen auch, mit einem Holzvergaser fuhr, der hinten auf das Auto montiert war, fuhr weit über die Notzeiten mit dieser merkwürdigen Konstruktion weiter – ganz einfach deswegen, weil sich die Extrawürste, auch immer mal ein paar Knochen und ein Stückchen Fleisch, nirgendwo so gut und unauffindbar verstecken ließen wie dort. Ich hatte im übrigen zu dieser Zeit nach Absprache mit meinem Vater die Metzgerlehre im Betrieb unterbrochen und ging wieder zur Schule, ins Gymnasium, um doch noch das Abitur zu machen.

Nun also sollten die beiden jungen Herren Strauf und Weiß zu einem Gespräch nach Herten kommen, sich anschauen, was mein Vater schon selbst unternommen hatte, und vielleicht mit dem einen oder anderen Ratschlag der Firma Schweisfurth zur Seite stehen. Sich auf so etwas Neues einzulassen war trotz der immer vorhandenen Neugier meines Vaters schon ein gewaltiges Experiment und für die damalige Zeit unvorstellbar mutig und ungewöhnlich. Natürlich hatte man von Werbung gehört, natürlich gab es sie auch in diesen elenden Zeiten, und es existierte auch das, was man heute den Bekanntheitsgrad einer Marke nennen würde. Aber einfach so für eine Wurst- und Fleischfabrik Werbung zu machen, noch dazu in Zeiten, wo die Grundprodukte noch knapp waren, das schien schon ein sehr kühner Gedanke zu sein.

Wie immer durfte ich bei den Gesprächen dabeisein, und ich spitzte meine Ohren und staunte nicht schlecht, was die beiden Herren alles zu erzählen hatten, als sie endlich meinem Vater und mir gegenübersaßen. Ochsenschädel und Schweinekopf schoben sie mehr oder minder verächtlich zur Seite und fingen an, meinem Vater von Werbung in großem Stil zu erzählen. Ihm und mir brummte alsbald der Kopf, so recht glauben mochten wir auch nicht, was wir da alles zu hören bekamen, es klang sehr nach Zukunftsmusik und hatte noch keinen realistischen Hintergrund. Sie beschrieben dabei, daß die reine Angebotswirtschaft relativ bald einer Nachfragewirtschaft Platz machen würde und daß dann nicht mehr das reine Produzieren im Vordergrund stünde, sondern das richtige Verkaufen das Wichtigste würde.

Vor allem stellten die beiden sehr ungeniert fest, daß mit dem komischen Namen Schweisfurth, wie sie es nannten, kein Preis zu gewinnen sein würde und daß für das Ganze ein vollkommen anderer Name her müßte. Da schluckte mein Vater schon etwas, und noch mehr schluckte er, als die Herren hinzufügten, sie hätten auch schon einen passenden Namen parat: Dieser Name lautete Herta.

Allerdings war die Überlegung der beiden ganz klug, daß der vorgeschlagene Markenname Herta durchaus einen Bezug zum Stadtnamen Herten hatte. Sie gingen sogar noch weiter, studierten die Stadtgeschichte und wurden dabei mit einer anderen Sache fündig. Auf dem Paschenberg oberhalb der Stadt Herten gibt es eine Kuhle, von der Altertumsforscher schon lange glauben, daß sie ein Heiligtum der germanischen Göttin Hertha gewesen sein könnte. Nun weiß man zwar längst, daß der überlieferte Göttinnenname Hertha nur bei Tacitus falsch gelesen worden ist und die Göttin eigentlich Nerthus heißt, aber alle diese Geschichten und angeblichen Überlieferungen gefielen meinem Vater so gut, daß er in das Herta-Konzept einwilligte. Wir staunten ohnehin nur noch, was den beiden

Männern so alles einfiel. Aber mit der Idee allein, den Produkten der Firma Schweisfurth von nun an den Markennamen *Herta* zu geben, war es natürlich noch nicht getan.

Sie entwarfen auch Bilder zu dem Namen *Herta* und schlugen vor, man sollte im ganzen Ruhrgebiet nach einer Patin mit dem Namen Herta suchen und das Ganze öffentlich machen und werbewirksam aufziehen. Es muß nochmals daran erinnert werden, daß dies vor der Währungsreform im Jahre 1947 war und wirklich eine für diese Zeit ungewöhnliche Aktivität darstellte. Neben dem Werbeeffekt war dabei der bestimmende Gedanke, daß eine reale Person einfach das Bindeglied zwischen Produkt und Käufer verkörpern würde.

Mit einer Riesenausschreibung sollte also die Patin Herta gefunden werden. In allen Straßenbahnen hingen einfach gedruckte Plakate, auf denen nachzulesen war, daß die Fleischwarenfabrik Schweisfurth die Patin Herta suchte und daß sich jede interessierte Frau in der Firma Schweisfurth melden sollte. Hunderte von Frauen haben sich damals wohl beworben. Ich weiß nicht mehr präzise, wie die Endausscheidung dann abgelaufen ist. Aber jedenfalls haben wir am 13. Dezember 1947 das 50jährige Firmenjubiläum gefeiert – man erinnert sich, das war der Jahrestag, an dem der Großvater mit der Großmutter seinen Feinkostladen eröffnet hatte –, und da stand die leibhaftige Patin bereits mit dabei. Sie wurde der staunenden Öffentlichkeit vorgestellt, natürlich hat die Presse darüber berichtet, und bei einem großen Fest in Recklinghausen wurde die Marke Herta aus der Taufe gehoben. Wie weitblickend die jungen Werbeleute und natürlich auch mein Vater damals waren, läßt sich heute leicht feststellen, wo fast alle Verbraucher den Namen Herta kennen.

Ich werde später noch darauf zurückkommen, daß Herr Strauf mich mein ganzes Leben hindurch begleitet hat und daß mich diese erste große Werbeaktion nie ganz losgelassen hat, denn ohne die beiden Herren wäre aus der Firma Schweisfurth mit Sicherheit nie das geworden, wofür sie später berühmt wurde. Nun möchte ich weiter erzählen, was zum Zeitpunkt dieser ersten großen Jubiläumsfeier, ein halbes Jahr vor der Währungsreform, der Rat dieser beiden genialen Menschen war.

Obwohl sich mein Vater eigentlich nicht ins Geschäft hineinreden lassen wollte, hörte er sich mit einem gewissen Interesse den Ratschlag der – nennen wir es ruhig bereits so – Werbeagentur Strauf und Weiß an, nicht mehr ausschließlich in neue Maschinen zu investieren, sondern für ein ganz neues Geschäftsdenken gerüstet zu sein. Das ging über reine Werbemaßnahmen hinaus, aber damals gab es noch kein enges Schubladendenken, es zählte vielmehr das Gesamtganze. Und dazu gehörte nach Meinung der beiden Berater auch, daß sich Schweisfurth auf einen besonders cleveren und schnellen Vertrieb seiner Produkte einzustellen hatte. Das Hauptaugenmerk sollte auf dem Aufbau einer klug strukturierten Vertriebsorganisation liegen. Die beiden hatten Vorstellungen, daß es eine Art Schnelldienst geben sollte, der die einzelnen Geschäfte, wenn der Markt wieder funktionierte, jederzeit schnellstens mit frischer Ware belieferte. Dafür brauchte man natürlich Fahrzeuge, und die in größeren Mengen herbeizuschaffen schien ein Ding der Unmöglichkeit – zunächst jedenfalls.

So sollte beispielsweise ein Fahrer in Herten Ware auf seinen Wagen laden, die Würste und Schinken den Einzelhändlern vom Wagen verkaufen, das Geld gleich an Ort und Stelle kassieren – alles ganz einfach und für damalige Verhältnisse völlig ausreichend. Ganz langsam hatten die Einzelhändler – trotz zunächst leerer Schaufenster und Tresen – ja wieder angefangen, ihre Geschäfte in Gang zu bringen, zwar in bescheidenem Umfang, aber immerhin. Die Tatsache, daß exakt am Tage nach der Währungsreform vom 21. Juni 1948 die Läden wieder voll waren, soll hier nicht kommentiert werden. Fest steht, daß sich mein Vater von den Gedanken überzeugen ließ, möglichst schnell zur Stelle sein zu können, wenn es erforderlich wäre.

Das warf aber – wir sind immer noch in der Zeit vor der Währungsreform – die sehr schwierige Frage auf, wie man auf einen Schlag gleich an mehrere Autos kommen konnte, die dann die Lieferfahrten übernehmen sollten.

Mein immer für Überraschungen und ungewöhnliche Ideen offener Vater zauderte auch hier nicht lange und fuhr selbst zu Opel nach Rüsselsheim. Dort trug er den Firmenoberen vor, daß er gerne dreißig Opel Blitz erwerben wolle und diese auch möglichst schnell bräuchte. Man konnte diese kleinen Lastwagen, die es schon seit der Zeit vor dem Zweiten Weltkrieg gab, in einer ganz einfachen Version bestellen, die nur aus der Fahrerkabine und einem einfachen Aufbau hinten bestand. Das Erstaunen der Firmenleitung war groß, denn eine Bestellung in dieser Größenordnung war zu jener Zeit wohl nicht an der Tagesordnung. Außerdem war sie durch nichts und niemanden autorisiert. Um seinem Wunsch Nachdruck zu verleihen, zog mein Vater zwei Trümpfe aus dem Ärmel, die absolut unschlagbar waren. Zum einen verpflichtete er sich im Gegenzug, die Werksverpflegung der Firma Adam Opel ein Jahr lang mit Knochen zum Suppenkochen zu versorgen, ein Angebot, das mit Sicherheit auf größte Begeisterung stieß. Zum anderen konnte er darauf hinweisen, daß mein Großvater Ludwig bereits Abnehmer eines der ersten Opel-Autos gewesen war und es darüber auch eine entsprechende Korrespondenz aus dem Jahre 1906 gab, die noch vorlag.

Ehe ich den Ansturm unserer Fleischprodukte auf den Einzelhandel im Ruhrgebiet schildere, will ich noch kurz einschieben, wie so eine Autobestellung am Anfang dieses Jahrhunderts ausgesehen hat. Ich habe schon berichtet, daß mein Großvater relativ bald zu einem gewissen Wohlstand gekommen war, und infolgedessen wollte er sich zu einem sehr frühen Zeitpunkt eben auch ein Automobil leisten. Das wurde damals nur in Einzelanfertigung hergestellt. Mein Großvater schrieb nach Rüsselsheim, und die Firma Opel antwortete mit der Beilage einer Zeichnung, was sie dem möglichen Käufer bieten konnte. Der wiederum wollte da und dort eine kleine Änderung, bis schließlich eine Einigung über das Aussehen und die Kräfte dieses Autos erzielt wurde. Man muß sich vorstellen, wie lange man Autos auf diese Weise fabriziert hat – die Opelwerke waren nebenbei die ersten, die in Deutschland in Serienproduktion gingen, und das war erst im Jahr 1924.

Mit seinem Angebot und diesen alten Verbindungen wurde es meinem Vater nun also möglich, die dreißig bestellten Lieferwagen Blitz zu bekommen. Als nächstes wurden sämtliche Stellmacher im ganzen Ruhrgebiet aktiviert, damit sie die entsprechenden Aufbauten auf die Laster montieren konnten. Stellmacher sind Wagenbauer, wie man heute vielleicht nicht mehr weiß, und die Aufbauten, die sie konstruierten, waren aus Holz und sollten möglichst viel an Ware aufnehmen können.

So waren mein Vater und seine Fabrik also gut gerüstet für die Zeit nach dem Tag X, an dem die alte Reichsmark durch die Deutsche-Mark-Währung abgelöst wurde. Jeder Deutsche erhielt 40 DM. Die Lastwagenflotte stand bereit, Fahrer waren gefunden und schon so weit eingearbeitet, daß sie gleichzeitig zwei Jobs machen konnten, Fahren und Verkaufen.

Viele unserer ersten Verkäufer waren ehemalige Soldaten, die in ihrem Leben noch nie etwas Derartiges gemacht hatten. Aber zu jener Zeit behalf sich mancher mit Gelegenheitsjobs, viele Menschen waren bereit, Neues anzupacken, Ungewohntes zu tun und Hürden zu bewältigen. Die allgemeine Not war groß und der Erfindungsreichtum ebenfalls.

Dieser Herta-Schnelldienst war es, der das Unternehmen nach dem Krieg wirklich groß gemacht hat. Es war einfach eine geniale Idee, die uns Brabender und seine beiden jungen Männer eingegeben hatten und die wir dann realisierten. Daß diese weitblickenden Leute meinen Vater einfach aufgefordert hatten, vorauszudenken und schon ein paar Gedanken mehr an Vertrieb und Marketing zu wenden, bescherte unserer Firma letztlich den großen Erfolg der späteren Jahre. Diese Schnelldienst-Idee in der schwierigen Zeit nach dem Krieg brachte uns einen Vorsprung gegenüber unseren Konkurrenten von etwa zehn Jahren.

Man darf sich das Ganze auch ohne allzu große Hektik und – mit heutigen Verhältnissen verglichen – fast gemütlich im Ablauf vorstellen. Die Fahrer fuhren viele, meist sehr kleine Einzelhandelsgeschäfte an. Außer Kaiser's Kaffeegeschäft gab es kaum sogenannte Filialisten, große Ketten waren weithin unbekannt. Heute nennt man diese kleinen Geschäfte, in denen es alles gab, mehr ab- als beifällig Tante-Emma-Läden, wohl weil sie oft auch allein von Frauen geführt wurden, deren Männer einer anderen Arbeit nachgingen.

Unsere Fahrerverkäufer arbeiteten natürlich auf der enormen Vertrauensbasis, die ihnen von meinem Vater entgegengebracht wurde. Sie luden in Herten auf, dann schwärmten sie nach einem genau festgelegten Plan aus, verkauften, wogen ab, rechneten ab, zählten das Geld zusammen, kassierten und kamen abends wieder in Herten an. Wenn es jemand gewollt hätte, dann wären für Betrug Tür und Tor geöffnet gewesen. Das wird das eine oder andere Mal wohl auch in kleinerem Rahmen passiert sein. Die Zeiten waren aber auch von einem sehr bemerkenswerten Geist erfüllt und von einem intensiven Miteinander und Füreinander. Ich möchte hier keineswegs die Notzeiten idealisieren, und doch ist es in meiner Erinnerung fest verankert, daß man damals zusammenhielt und ganz beglückt und stolz war auf das Neue, das man gemeinsam zuwege brachte.

Das äußere Bild der Städte war schrecklich, furchtbar der Anblick der zerbombten Häuser, gewaltig die materielle Not – und doch, die Zeiten waren nicht trostlos. Das Entsetzliche der äußeren Umstände setzte sich nicht in einer Depression, in einem ebensolchen Gefühl im Inneren fort. Die Stimmung war im Gegenteil geprägt von Aufbruch, es gab Fröhlichkeit, und damals wurden ausgesprochen lustige und ausgelassene Feste gefeiert. Was den Menschen in Zeiten der äußeren Not dazu befähigt, sich über alles hinwegzusetzen und wieder etwas Neues anzufangen, ist ein weites und großes Thema. Ich war damals ein sehr junger Mann, und ich bin froh, so vieles bewußt miterlebt zu haben – den Aufbau, den Geist, der alles beherrschte, und die Lust am Neuen.

Die Schnelldienst-Idee war auch deshalb sehr gut und wichtig für unseren Betrieb, weil die vom Staat subventionierte Bergarbeiterverpflegung schlagartig aufhörte, uns der Leerlauf aber dennoch erspart blieb. Bergarbeiter verdienten bereits relativ gut zu dieser Zeit – wohl auch angemessen bei den unglaublichen Belastungen dieser Arbeit.

Man mag sich fragen, ob dieser rasche, neue Erfolg der Schweisfurth-Fleischwaren nicht auch zu Neid oder Mißgunst geführt hat. Denn allein durch die berühmte Herta-Aktion waren wir ja im ganzen Ruhrgebiet bekannt geworden wie die bunten Hunde. Aber auch hier muß ich wieder – wie so oft – sehr bewundernd und voller Hochachtung von meinem Vater sprechen. Er war und blieb immer bescheiden, vor allem in seinem äußeren Auftreten. Nie hätte er seinen Wohlstand, den ihm seine Tüchtigkeit ohne Zweifel rasch eingetragen hatte, in irgendeiner aufdringlichen Form zur Schau gestellt. Gerade in dieser Zeit des aufblühenden Wirtschaftswunders gab es schreckliche Fälle von Protzerei, was später auch im Ausland oft unangenehm auffiel. Dem allen war mein Vater mehr als abhold: Karl Schweisfurth war sein Leben lang ein bescheidener Mann, der sich an seinem Erfolg freuen konnte, aber der nie vordergründig wurde. Kunst hat ihn stets interessiert, und vielleicht ist manche meiner späteren Entscheidungen in diesem Bereich für mich so selbstverständlich gewesen, weil ich mit dem Kunstverständnis meines Vaters groß geworden war. Mein Vater lief immer in einem grünen Lodenmantel herum, hatte einen ebenso grünen Hut auf und ging so jeden Morgen mit seinem Hund an der Leine in sein Büro. Im übrigen hatte er sein Leben lang Dackel, und der Einfachheit halber hießen sie immer Schluck. Man mag darüber nachdenken, wie es zu dieser Vereinfachung kam und welche angenehme Gelüste oder Vorstellungen ihn bei der Namensgebung bewogen haben mögen.

Nachdem die jungen Werbeleute schon den großartigen Einfall mit den Namen Herta gehabt und wir mit dem großen Fest die Patin für unsere Produkte gefunden hatten, kam einer der beiden eines Tages mit einer weiteren neuen Idee. Er lud meine Eltern und mich zu einem Essen ein und kündigte schon vorher an, daß er sich noch etwas ganz Tolles und sehr Besonderes für unsere Wurst ausgedacht hatte. Wir rätselten, was das sein mochte, denn mit Herta meinten wir bereits den Gipfel der modernen Werbung erreicht zu haben.

So saßen wir also zusammen, als der junge Mann ein großes Stück Papier auf den Tisch legte, auf dem Herta stand – damals mit einem überdimensionierten »H« geschrieben –, und darunter war ein weiterführender Satz zu lesen, den wir noch nicht kannten: »Wenn's um die Wurst geht.«

Eine Legende war geboren. Leider haben die heutigen Besitzer von Herta diesen Slogan abgeschafft – warum, weiß ich nicht. Er ist so eingängig, daß er selbst heute noch vielen, vielen Hausfrauen geläufig ist, obwohl er seit über fünfzehn Jahren nicht mehr benutzt wird.

Es ist eine Binsenweisheit, daß die besten und auch die weitreichendsten Entscheidungen oft auf ganz banale Art gefällt werden. Eben dies trifft auch hier zu. Meine Familie und ich waren begeistert, wir haben uns die Augen gerieben vor Vergnügen und waren völlig spontan hingerissen von diesem sehr, sehr einfachen Werbesatz. Es waren damals auch noch nicht ganze Heerscharen von hochdotierten Textern, die an einem werbewirksamen Spruch herumbastelten, sondern es waren Einzelkämpfer wie Hubert Strauf, die sich so etwas ausdachten.

Schon wieder mußten wir ein Fest feiern, aber das tat mein Vater ohnehin gern, und der neue Slogan war ein willkommener Anlaß dazu. Hubert Strauf ist im übrigen in den fünfziger Jahren ein berühmter Mann in der Werbung geworden. Es mögen sich noch einige daran erinnern, daß Konrad Adenauer bei den Bundestagswahlen 1957 die absolute Mehrheit für die CDU mit dem Slogan »Keine Experimente.« gewann. Dies entsprach dem damaligen Zeitgeist. Und der Spruch stammte von unserem Freund Strauf, der dann eine riesige Agentur aufbaute, die bis weit in die siebziger Jahre hinein berühmt war. Es wird später noch zu erzählen sein, wie lange er mich begleitet hat und auf welche Weise wir in diesem Leben voneinander Abschied nahmen.

Das Unternehmen Schweisfurth florierte zu jener Zeit. Aus den ursprünglich dreißig Lieferautos für den Schnelldienst wurden etliche hundert, denn die Anforderungen wuchsen und der Fuhrpark damit auch. An der Fabrik veränderte sich wenig, wir produzierten immer noch an der alten Adresse, in der Feldhege Nr. 4. Trotz enormer Arbeitszunahme waren kaum neue Gebäude dazugekommen; auch hier blieb mein Vater einfach bescheiden und wollte nichts übertreiben oder überstürzen. Zuletzt war im Jahr 1936 gebaut worden, und es wurde wohl stets irgend etwas umfunktioniert, aber an der Grundfläche hatte sich seitdem nichts geändert.

Ich muß gestehen, daß meine sittliche Reife als Unternehmersohn nicht immer sehr ausgeprägt war. Ich bin beispielsweise nächtens mit der halben Schulklasse auf den Hof der Fabrik gegangen, wo all die Autos standen, und wir haben dummes Zeug angestellt. Das reichte von albernen Wettrennen über das typische Mädchen-Imponiergehabe mit aufheulenden Motoren bis hin zur nächtlichen Spritzfahrt. Gottlob ist nie etwas passiert, und anscheinend hat auch mein Vater nie etwas bemerkt, denn ich glaube nicht, daß unsere Streiche bei ihm gut angekommen wären. Geschadet hat es jedenfalls keinem, obwohl wir sicherlich höchst unachtsam waren und in mancherlei Gefahr geschwebt haben mögen. Aber ich denke, es ist das Vorrecht der Jugend, auch einmal nicht so klug zu sein. Da ich ohnehin immer in alles eingebunden war, was mein Vater machte, mußte ich mich schon von früh auf auch mit den entscheidenden Geschäftsüberlegungen beschäftigen. Also durfte es wohl zum Ausgleich auch etwas dummes Zeug geben.

Damals kam mir noch weiteres »dummes Zeug« in den Kopf, womit ich meinen Eltern wohl einige Sorge bereitet habe: Zwei Jahre vor meinem Abitur hatte ich auf einmal keine Lust mehr, in die Schule zu gehen. Wie das manchmal in diesem Alter wohl vorkommt, mochte ich die tägliche Fron nicht und wollte ganz einfach das Handwerk, das ich schon begonnen hatte, fertig erlernen. Außerdem durfte ich ja bei so vielen Geschäftsbesprechungen dabeisein, und wir hatten gerade die Herta-Aktion angefangen. Kurzum, ich stellte mir das Arbeiten in der Firma sehr viel interessanter und abwechslungsreicher vor, als die Schule zu beenden.

Ich tat sehr entschieden bei meinen Eltern, behauptete, es käme gar nicht mehr in Frage für mich, noch länger die Schule zu besuchen, und gab mich ganz unbeugsam. Wahrscheinlich haben sich die beiden arge Sorgen gemacht und sich lange überlegt, wie sie auf meine Vorstellungen reagieren sollten, und ich wundere mich, daß ich so felsenfest zu meinen Forderungen stehen konnte.

Jedenfalls packten mich meine Eltern an irgendeinem Sonntag ins Auto mit der Absicht, den allseits geachteten Großonkel Ernst Tengelmann in Essen zu besuchen. Ich habe schon von ihm erzählt. Mit den Jahren war er für die ganze Familie zu einer absoluten Respektsperson geworden. Er war nicht nur eine enorme Persönlichkeit im geistigen Sinn, sondern auch eine imposante Gestalt, von der mir vor allem die dicken, großen Augenbrauen und das schlohweiße Haar in Erinnerung sind. Eigentlich war er so bedeutend für uns alle, daß er in der Rangordnung gleich nach dem lieben Gott kam. Von seinem Familienrang abgesehen, gab ihm die Position eines Bergassessors, die er innehatte, auch hohes gesellschaftliches Ansehen. Bergassessoren im Ruhrgebiet standen im Staatsdienst, und sie waren in ihrer Funktion eine Art Kontrollbehörde des Bergbaus. Ernst Tengelmann wurde dann auch Generaldirektor und war sicherlich einer der berühmtesten in seiner Zeit.

Natürlich weiß ich heute, daß meine Mutter ihren Onkel »geimpft« hatte und er sich des bockigen Sohnes Karl Ludwig annehmen sollte. Aber wie auch immer, er nahm mich zur Seite, ging nach dem Essen mit mir in den Garten und sagte, er wolle sich einmal ausführlich mit mir unterhalten – wie ich alles beurteilte, welches meine Pläne wären nach der Schule, nach dem Abitur und wie ich mir meine Zukunft vorstellte. Da mußte ich wohl oder übel mit der Wahrheit herausrücken, daß ich vorhatte, die Schule ohne Abschluß zu beenden, und er gab zu, dies auch schon von meiner Mutter gehört zu haben. Er muß mich mit wenigen Worten so ins Gebet genommen haben, daß ich nur noch lammfromm mit »Jawohl, Onkel Ernst« und der festen Zusicherung antworten konnte, ich würde die restliche Schulzeit doch noch absolvieren und das Abitur machen. Ich entsinne mich, daß er mir deutlich machte, ich könne jederzeit nach dem bestandenen Abitur entscheiden und tun, was ich wollte, ich wäre dann ganz frei und unbeeinflußt. Das stimmte natürlich nicht, überzeugte mich aber. Jedenfalls hat er mich weich gekriegt, und wir alle wissen, daß Außenstehende oft mehr auszurichten vermögen als Nahestehende, wie beispielsweise Eltern. Das war meine einzige Klippe, die es in der ganzen Schulzeit zu überwinden galt. Gottlob habe ich sie geschafft, anderenfalls täte es mir wahrscheinlich bis zum heutigen Tag leid. Ich war ein mittelmäßiger und eher fauler Schüler, der gut in Deutsch, mangelhaft in Latein und ausreichend in Rechnen war – was immer solche Schulnoten auch bedeuten mögen.

Trotz des weiterlaufenden Schulbesuchs durfte und sollte ich, wenn es die Zeit erlaubte, bei Besprechungen in der Firma dabeisein. Mein Vater hatte das gerne, und mir machte es auch immer Spaß, vor allem wenn die beiden jungen Werbeleute kamen, die so viel Neues und Wegweisendes in unser Unternehmen gebracht hatten.

Ich entsinne mich auch an Begebenheiten, von denen ich meine, daß sie entscheidend und richtungsweisend für den Rest meines Lebens gewesen sind. Es hängt mit dem Prozeß des Älterwerdens zusammen, daß ich diese Erinnerungen erst jetzt in ihrer ganzen Bedeutung erkennen kann. In meinem jetzigen Alter weiß man recht präzise, wann Weichen gestellt worden sind, wann Entscheidendes in das Leben gekommen ist.

Eines Tages saßen wir wieder mit Hubert Strauf und Willi Weiß zusammen, ich sehe vor meinem Auge noch die Tischordnung: Mein Vater thronte ganz oben, die Mannschaft der Werber weiter unten, und dazwischen saßen Mitarbeiter der Firma und auch ich irgendwo eingequetscht, wir letzteren alle in der traditionellen Metzgerkluft, der gestreiften Bluse und der Schürze. Vermutlich waren gerade Schulferien. Jedenfalls fand ich die ganze Unterhaltung sehr anregend, als mich mein Vater plötzlich aufforderte, ich möge doch einmal kurz über ein Thema, das gerade diskutiert wurde, referieren und zu diesem Zweck aufstehen und meine Meinung kundtun. Ich hätte fünf Minuten Zeit, mich zu artikulieren. Ich kann noch heute alle meine Gefühle beschreiben, die mich damals überfielen. Ich fühlte mich unter enormem Zwang, hatte auch Angst vor dieser plötzlichen Selbstdarstellung und wußte ganz plötzlich gar nicht mehr, was ich eigentlich dachte, obwohl ich bis wenige Minuten zuvor durchaus lebhaft mitgeredet hatte. Es war typisch für meinen Vater, mich derart ins kalte Wasser zu stoßen. Er wollte mich in jeder Hinsicht fördern, und natürlich war es ganz vernünftig, den jungen Sohn aus seiner passiven Rolle herauszuholen und ihn in eine aktive hineinzuzwingen. Verstecken war nicht möglich, ich hätte es auch nie gewagt. So stand ich da und versuchte mich zum ersten Mal in freier Rede, ohne, wie in der Schule, darauf vorbereitet gewesen zu sein. Später habe ich immer wieder an diese Begebenheit gedacht, wenn ich als Chef des Hauses Schweisfurth oder in einer meiner vielen anderen Funktionen, eine Rede halten mußte. Es war in jedem Fall eine gute Übung für mich.

Man mag mir vorhalten, daß ich meinen Vater allzusehr idealisiere. Natürlich gab es auch Meinungsverschiedenheiten zwischen uns; wir hatten die ganz normalen Reibereien, die zwischen einem Vater und seinem Sohn entstehen müssen, und das vor allem, wenn sie gemeinsam arbeiten. Trotzdem – mein Vater hat mich vorausschauend immer gefördert, mich eingebunden und mir stets die Möglichkeit gegeben, bei Bedarf auch Fehler zu machen. Er hat mir Sicherheit vermittelt, und das ist unschätzbar, wenn man jung ist und noch alles lernen muß. Er war in jeder Hinsicht eine außergewöhnliche Gestalt, und während ich hier von ihm berichte, wird mir warm ums Herz. Ihn umgab eine Atmosphäre, in der Wärme und Sicherheit auf eine wunderbare Weise mit Klarheit und Unbestechlichkeit verbunden waren. Er muß auch ein großer Psychologe gewesen sein; er wußte um die enorme Wichtigkeit von Lob. Welcher Chef lobt seine Mitarbeiter denn genug? Natürlich ist Kritik nötig, aber mindestens so wichtig ist für den Lernenden oder den Arbeitenden das Lob. Und was richtig angebrachtes Lob bewirken kann, wissen wir. Mein Vater hat mich sehr früh als selbständigen, erwachsenen Menschen akzeptiert. Ich hoffe, das ist mir bei meinen Kindern auch einigermaßen gelungen, und wenn es mir vergönnt sein sollte, auch noch meine Enkel ermutigen und mit Lob fördern zu können, wäre das wunderbar für mich. Gleichzeitig hätte ich das Gefühl, ich könnte damit ein Stückchen Schuld an meinen Vater abbezahlen.

Kurzum – ich würde meinen Vater als einen lebensweisen Mann bezeichnen. Daß unsere Beziehung wirklich so konfliktfrei war und ich ihn so emphatisch beschreiben kann, hat sicher viel mit seinem Verhältnis zu seinem eigenen Vater zu tun. Ich habe schon erzählt, daß mein Großvater Ludwig öffentlich gar nichts von seinem zukünftigen Erben hielt, und das auszuhalten war sicher nicht ganz leicht für meinen Vater. Mein Großvater hat seinen Sohn einfach nicht respektiert und hat immer das Gegenteil dessen getan, was der Sohn vorgeschlagen hatte. Seine grundsätzliche Rede war, daß der »Junge« nichts tauge, nichts könne und sicherlich das ganze Unternehmen in Grund und Boden ruinieren würde.

Mein Großvater hat bis 1948 gelebt, aber hatte sich davor trotz seiner Bedenken schon längst aus dem Betrieb zurückgezogen und war, wie bereits berichtet, nach Düsseldorf gezogen. Meine väterliche Großmutter allerdings ist immer eine treue und große Stütze für meine Mutter und für uns Kinder geblieben.

Daß mein Vater Karl den Unkenrufen seines Vaters zum Trotz so erfolgreich geworden ist, mag zu psychologischen Spekulationen Anlaß geben: Vielleicht war die Herausforderung entsprechend groß. Jedenfalls war es auch eine Herausforderung für ihn, mit seinem eigenen Sohn anders umzugehen und ihm Vertrauen entgegenzubringen. Mein Vater war wahrlich kein Intellektueller, aber er hielt an einigen ehernen Weisheiten fest, an die er einfach glaubte. Eine dieser Weisheiten war, daß es zwei Grundeinstellungen zum Leben gäbe, wovon aber nur eine brauchbar wäre. Die unbrauchbare Haltung schilderte er als grundsätzliches Mißtrauen gegen alles und jeden, das erst durch den Beweis des Gegenteils abgestellt werden könnte. Die brauchbare Einstellung, nach der er wahrlich selbst gelebt hat, war, jedem Menschen offen und vertrauensvoll zu begegnen und ihm zunächst jeden Kredit zu geben – im geistigen Sinn. Mit dieser positiven Grundhaltung bin ich groß geworden, habe von ihr immer profitiert und sie mir bis zum heutigen Tag bewahrt. Es ist mir selten passiert, daß ich von einem Menschen oder von den Umständen enttäuscht wurde.

Im Jahre 1950 legte ich mein Abitur ab und war froh, die Schule endgültig hinter mir lassen zu können. Nun mußte ich noch die Lehre im väterlichen Betrieb, die ich im Alter von fünfzehn Jahren bei Kriegsende angefangen hatte, abschließen. Allerdings genehmigte mir mein Vater, daß ich vier Wochen lang gar nichts arbeitete und daß ich ein bißchen durch die Welt reisen durfte – was immer das hieß, fünf Jahre nach dem Krieg. Weit brachte mich das Reisen nicht, aber das war auch nicht wichtig. Mein Vater lieh mir ein Auto, und ich durfte nach Süddeutschland fahren. Es war einfach schön, ein bißchen frei zu sein und verreisen zu können nach Überwindung der ersten erreichten Hürde.

Danach beendete ich also im Betrieb des Vaters meine Metzgerlehre. Das dauerte noch mal ein Jahr. Es war nicht immer ganz einfach, als Abiturient in die Berufsschule zu gehen, aber es gehörte nun einmal dazu, und trotz diverser Widrigkeiten war ich einfach sehr froh, daß die Autorität meines Großonkels Ernst Tengelmann mich dazu gebracht hatte, das Abitur zu machen.

Gleich im Anschluß an die Lehre trat ich meine Lehr- und Wanderjahre an. Das ist fast im wörtlichen Sinn zu verstehen. Mein Vater wollte natürlich, daß ich noch ein wenig mehr sah als nur den Familienbetrieb, und schickte mich als erstes zu einer befreundeten Unternehmersfamilie nach Ostwestfalen. Dieser Betrieb war zwar um einiges kleiner als der unsere, aber er entsprach in der Arbeitsweise und der Grundhaltung wohl sehr dem unsrigen und den Prinzipien meines Vaters. Es handelte sich um die Firma Nölke in Versmold. Der junge Nölke hatte seinerseits bei uns ein Programm absolviert, man sah wohl darauf, daß die Söhne ihren Gesichtskreis ein bißchen erweiterten. Jedenfalls trat ich eine halbjährige Trainingszeit bei dieser Firma an und mußte nun wieder umlernen oder, besser gesagt, dazulernen. Dort wurde doch noch sehr viel mehr reinstes Handwerk betrieben, und das, was an Maschinen zur Verfügung stand, unterschied sich sehr von den unseren. Man mußte höllisch aufpassen, seine Finger nicht irgendwo hineinzukriegen. Anders als in unserem Betrieb wurden bei Nölke noch viel mehr Rohwürste gemacht, also Salami, Cervelat- und Schinkenplockwürste. Sehr viel wurde von Hand gemacht, das Fleisch ausgelöst und von Sehnen und Fett befreit. Meine handwerklichen Kenntnisse konnte ich dort erweitern, und das war auch sehr gut so.

Die Menschen in Ostwestfalen sind noch ein anderer Schlag als die Hertener; das ist bis auf den heutigen Tag so geblieben. Sie sind viel wortkarger und oft regelrecht schweigsam. Wenn ich morgens ans Tor von der Fabrik kam und recht artig meinen guten Morgen wünschte, bekam ich meistens keine Antwort, wahrscheinlich hat man mich für ziemlich geschwätzig gehalten. Etwas anderes habe ich damals auch sehr stark empfunden, und das war die Tatsache, daß ich als junger Mensch mit so vielen Männern zusammenarbeitete, die den Krieg überstanden hatten. Es waren große, stattliche Kerle, die dem Urbild des Metzgers entsprachen und die auch gelegentlich von ihren Erlebnissen erzählten. Denn man muß wissen, daß sich die Wortkargheit am Abend manchmal geben konnte, wenn man in den »Räuchen« – das ist die Stelle, wo die Wurst geräuchert wird – zusammensaß, auf Säcken von Sägemehl hockte und dabei die Schnapsflasche herumging. Dann hat man mir als jungem Mann manches gesteckt, und ich habe viel an Menschenkenntnis dazugewinnen können. Ob man viel oder wenig trank, war relativ gleichgültig, ein Auto hatte man nicht, Gefahren irgendwelcher Art drohten also nicht, man ging ohnehin zu Fuß nach Hause. Mich haben die Geschichten, gerade auch die Berichte aus dem Krieg, schon deswegen fasziniert, weil mein Vater ja kein Soldat war und mir diese Erzählungen eher fremd waren.

Wenn ich heute noch oft daran denke, mit welch bescheidenen technischen Mitteln damals gearbeitet wurde, dann kommt mir die ganze enorme technische Entwicklung erst wieder so recht zu Bewußtsein, die wir in den letzten fünfzig Jahren durchgemacht haben. Nicht immer zu unserem Segen, wie wir wissen. Der Betrieb Nölke hatte damals etwa 150 Mitarbeiter, während der unsere in Herten wohl schon einige mehr hatte.

Nach dieser Lehrzeit in Ostwestfalen hatte mein Vater bestimmt, daß ich ins Hessische nach Bad Homburg v. d. H. gehen sollte zu Freunden, die dort eine Metzgerei betrieben. Meine zweite Station war also die Metzgerei Huber, in deren kleinem Betrieb ich das nächste halbe Jahr verbrachte. Mein Vater schätzte die handwerkliche Kunst dieses Geschäfts und fand wohl, ich könnte dort eine Menge zur Verfeinerung meiner Kenntnisse lernen. Das konnte ich auch, und alles war sehr neu für mich, denn es arbeiteten nur fünf Mitarbeiter in diesem Geschäft, darunter Vater und Sohn. Der Sohn hatte die Sekretärin meines Vaters geheiratet, so war wohl die Verbindung entstanden. Das war nun wirklich reines Handwerk. Montagmorgens gingen wir auf den Schlachthof, da wurden die Rinder und Schweine geschlachtet. Sie wurden betäubt, dann abgestochen, indem das Messer in die Hauptschlagader gestoßen wurde, und danach entblutet. Dieser Ausdruck besagt, daß mit dem Blut das Leben entweicht. Selbst in dem Schlachthof von Bad Homburg gab es kaum Technik, alles wurde noch per Hand gemacht.

Mich hat immer fasziniert, wie die Schweine behandelt wurden, die nach dem Entbluten in einen Kessel mit heißem Wasser kamen, wo sie gebrüht wurden. Das Brühen ist beim Schwein so wichtig, weil man ja die Borsten tadellos aus dem Tier herausbekommen muß, und das zu schaffen bedeutete wirklich Feinarbeit. Eigentlich waren die Umstände dort damals wie bei einer Hausschlachtung. Man mußte neben dem Kessel mit dem Wasser stehenbleiben und überprüfte immer wieder, wann die Borsten so weit waren, daß man sie einfach herausziehen konnte. Denn das heiße Wasser macht Borsten und Schwarte weich, und nach einer Weile konnte man die Borsten ganz leicht herausziehen. Es war eine sehr anstrengende und auch schwierige Arbeit. Von dem ständigen Hineinfassen in das brühheiße Wasser hatte man schon bald kaum noch Haut und Fingernägel. Nachdem es gebrüht war, wurde das Schwein auf einen riesigen Tisch gelegt und dort weiterbearbeitet. Zu diesem Zweck gab es ein Instrument, das wie ein umgekehrtes Glas mit Haken daran aussah, auch einer Glocke vergleichbar, und damit kratzte man die Borsten herunter – einzeln! Das war Schwerstarbeit und dauerte auch ziemlich lang. Das Ganze fand unter dem Dampf der heißen Wasserkessel statt. Nach dem reinen Entborsten mußte auch noch nachrasiert werden, bis das Schwein zum Schluß sauber und rein wie ein – man verzeihe mir – Kinderpopo aussah und vor einem lag.

Harte Arbeit war das, etwa zwanzig Männer waren Montag morgen im Schlachthof mit dem Schlachten und Herrichten beschäftigt, und ich mußte das während der Lehrzeit in Bad Homburg auch regelmäßig mitmachen. Bis zum späten Frühstück waren wir meist mit der Knochenarbeit fertig, und dieses späte Frühstück war etwa gegen elf Uhr vormittags. Ich hatte noch nie davor soviel mit Schlachten zu tun gehabt und habe dabei viel gelernt, alles Dinge, die mir bis zum heutigen Tag eine Hilfe sind, wenn ich für mehr Handwerk und weniger kalte Technik plädiere, vor allem nur für den sinnvollen Einsatz von Technik dort, wo sie echte Hilfe und Erleichterung bietet.

Teil meiner Arbeit in der Metzgerei Huber war auch der Transport der Schweinehälften in das Geschäft und dort dann der Verkauf an die Kundschaft. Mein Vater hatte dabei wohl im Auge, daß ich auch lernen sollte, den Verbraucher richtig einzuschätzen und zu verstehen, was er wollte. Wo konnte ich das leichter lernen als in einem relativ überschaubaren Laden, wo Stammkundschaft kam und der Inhaber wissen mußte, was seine Kunden wollten.

Wie ich schon erzählte, gab es Vater und Sohn in diesem Geschäft. Der Juniormetzger war ein stiller, schon erfahrener Mann, ein großer Könner und sehr guter Wurstmacher, während der Senior Seele und Herz des kleinen Ladens war. Wenn er auftrat, war dies wie eine Vorstellung, und er zelebrierte das auch regelmäßig. Allerdings erwarteten das seine Kunden auch von ihm. Für ihn war es Unterhaltung und Lebenselixier zugleich, und niemand konnte ihm an Originalität das Wasser reichen. Einmal, ein einziges Mal wollte er an einem Samstag mit seiner Familie einen Ausflug machen und überließ mir den Laden zur Betreuung, was ein hoher Vertrauensbeweis war. Er hatte die Begabung, seine Kundschaft auch in materieller Hinsicht sofort richtig einschätzen zu können. Das hieß konkret, daß er die Preise äußerst variabel gestaltete, und er sagte mir, wenn jemand knapp bei Kasse sei, zahlte er eben etwas weniger, die anderen zahlten dafür ein wenig mehr. Auf meine bescheidene Frage, wie denn der Kilopreis für Koteletts wäre, nuschelte er etwas Schwerverständliches und meinte dann, ich sollte nur sehen, ich käme schon zurecht.

Als ich also am Samstagmorgen allein in dem Geschäft stand, hatte ich nicht nur das Problem, die meisterlich eleganten Handbewegungen des Seniorchefs imitieren zu wollen – keiner konnte so unnachahmlich elegant wie er Fleisch und Wurst auf die Waage legen, etwas murmeln und dann den Endpreis mit unglaublicher Geschwindigkeit herausbringen. Ich mußte auch noch mit dem Kopfrechnen anfangen und fühlte mich schnell total überfordert mit den Aufgaben, die an mich gestellt waren. Es kam auch, wie es kommen mußte: Als ich zum ersten Mal einer Kundschaft den Preis für ein Stück Fleisch nannte, meinte die Dame etwas gönnerhaft, ich sollte wohl mal ein bißchen besser rechnen lernen und mich dann wieder ins Geschäft stellen. Dazu muß man wissen, daß ich in nichts der Statur oder der Vorstellung eines Metzgers entsprach. Ich war groß, dünn und kriegte dann auch noch einen roten Kopf, als ich so deutlich gerügt wurde. Nie werde ich diese Geschichte vergessen und gleichzeitig meinen Zorn auf den Chef, der mich mit allem so allein gelassen hatte. Daß ich außerdem kein Verkaufsgenie war und die anwesenden Kunden weder glänzend unterhalten noch sie zu Extraeinkäufen animieren konnte oder kleine Geschichten zum Besten zu geben hatte, war noch nachzusehen. An das verkaufende, rechnende Unterhaltungsgenie meines Seniorchefs reichte ich aber um nichts in aller Welt auch nur annähernd heran.

Nun mag dies alles danach klingen, als ob es in der Hauptsache um gelungene Unterhaltung gegangen wäre, und dieser Eindruck ist natürlich falsch. Denn kaum einer beherrschte das Handwerk so wie dieser Metzger. Kaum ein Metzger von heute kann beim Wurstmachen noch so geschickt mit dem Messer umgehen, wie es damals die Regel war. Ich entsinne mich, daß der Chef selbst die Fleischwürfel für die Thüringer Rotwurst mit einem langen, abgerundeten Messer ganz exakt und gleichmäßig in unglaublicher Geschwindigkeit geschnitten hat. Alsbald trug er mir auf, es ihm nachzutun, genauso fein und präzise. Und ich habe stundenlang dagestanden und geschnitten. Danach wurde der Speck in gleicher Weise gewürfelt, und die Kunst dabei war, daß das Messer nie die Oberfläche des Tisches verlassen durfte. Man muß sich das nicht als Schneiden im herkömmlichen Sinn vorstellen, sondern mehr als ein Wiegen. Hatte man das erst einmal heraus, konnte man es fast blind machen. Man wußte, daß die Handhabung des Messers so präzise sein mußte, daß der Daumen der linken Hand die Führung übernehmen konnte, ohne daß man sich dabei verletzte.

Ich erzähle dies so ausführlich, weil es im Vergleich zu heute so unglaublich einfache Arbeitsweisen waren, mit denen man damals Nahrungsmittel herstellte. Ich weiß wohl, daß man dies nicht mehr auf unsere Zeit übertragen kann, aber wir haben leider vor lauter Technikgläubigkeit völlig vergessen, wie echtes Handwerk funktioniert. Ich bin sehr froh, daß ich das alles noch gelernt habe und heute auch meinen Mitarbeitern weitergeben kann. Denn vieles wird längst nicht mehr gelehrt und gerät so völlig in Vergessenheit.

Damit ich nicht in den Verdacht komme, alles zu idealisieren, müssen natürlich auch die Nachteile jener Zeit beschrieben werden. Man ging damals beispielsweise aus Unkenntnis äußerst sorglos mit chemischen Zusätzen um. Wir dürfen froh und sehr dankbar sein, daß wir heute eine informierte Gesellschaft sind, in der strenge Lebensmittelbestimmungen gelten. Niemand darf einfach Zusätze und Stoffe ins Essen geben, ohne kontrolliert und gegebenenfalls empfindlich bestraft zu werden.

Das war damals bei der Wurstbereitung anders. Wenn alles angerührt war, kam der alte Meister herbei und öffnete ein Silberdöschen, aus dem er noch ein oder zwei Prisen in das Wurstgemisch gab. In dem Silberdöschen war ein weißes Pulver, das über die Wurst gestreut wurde – in sehr kleinen Dosen zwar, aber das weiße Pulver war reines Nitrit. Es wurde hinzugegeben, damit die Wurst so richtig schön rot wurde. Kein Mensch hat sich damals etwas dabei gedacht, das Nitrit so zu benutzen. Erst als es ein paar Jahre später den berühmten Nitritskandal gab, ist das Gefährliche dieses Zusatzes in das öffentliche Bewußtsein gerückt. Nitrit war ein Zusatz zum Nitritpökelsalz, das wohl schon mein Großvater zur Wurstherstellung verwendet haben wird. Man hatte irgendwann im vorigen Jahrhundert gelernt, daß man die Wurst vor dem Grauwerden bewahren kann, wenn man zusätzlich zum Kochsalz Nitrat dazugibt. Nitrat ist ein Vorprodukt von Nitrit, das heute überhaupt nicht mehr verwendet werden darf. Es gibt ein Nitritpökelsalz-Gesetz, das die Verwendung genau vorschreibt, und nur einige autorisierte Hersteller dürfen Nitritpökelsalz verbreiten. Anfang der fünfziger Jahre war man jedoch noch weit entfernt von derartigen Vorschriften, und da konnte der Metzgermeister verfahren, wie es ihn dünkte. So tat es auch Herr Huber und war dabei weitab von irgendeinem Unrechtsgedanken. Heute kann ausgeschlossen werden, daß ein Metzgermeister Nitrit dazufügt, um die Wurst noch röter zu machen – nach dem schrecklichen Motto, das leider beim Düngen in der Landwirtschaft noch angewendet wird: Viel bewirkt viel. Unsere Lebensmittelgesetze sind so streng geworden und die Lebensmittelüberwachung so präzise, daß es einem schwarzen Schaf wohl nicht mehr gelingen würde, sein unrechtes Tun weiterzutreiben.

Im übrigen war meine Lehrzeit in Bad Homburg wirklich eine gute Sache, auch wenn ich mich manchmal ein wenig allein fühlte und wohl auch etwas einsam. So richtig zur Familie zählte ich nicht, meine eigene Familie war weit weg, und ich vermißte unsere Abende zu Hause in Herten, wo es immer einen großen Tisch mit vielen Gästen gab, wo geredet und manchmal auch heftig diskutiert wurde. Mein Seniorchef muß wohl gemerkt haben, daß ich nicht immer ganz glücklich war, und reagierte dann sehr liebevoll auf seine etwas poltrige Art. Herr Huber lud mich in solchen Fällen zu einem Abendessen ein. Er schätzte es vor allem, wenn er zum Apfelweintrinken jemanden bei sich hatte.

Einmal kam mein Vater mit seinen leitenden Mitarbeitern zu einer Tagung des Fleischwarenverbandes nach Bad Homburg und lud mich ein, im Hotel bei einer Konferenz dabeizusein. Es war seltsam für mich, daß ich plötzlich dort Gast war und mich bedienen ließ, wo ich sonst die Fleischteile in die Küche lieferte und eigentlich nur ein kleiner Lehrling war, der durch den Kücheneingang kam. Auch eine Erfahrung, für die ich recht dankbar bin – eine erneute Gelegenheit, das Leben von zwei sehr verschiedenen Seiten kennenzulernen.

Nach dieser Zeit in Bad Homburg trat ich die dritte Stelle meiner Lehr- und Wanderjahre an, und die war besonders aufregend und spannend für mich, weil ich dabei zum ersten Mal ins Ausland kam: Ich begann bei der Firma Kuhn in Basel ein Volontariat. Diese Firma war eine Fleischwarenfabrik mit einigen eigenen Läden, also eine Art Filialsystem.

Man muß sich die Zeit vorstellen, in der ich in die Schweiz kam. Es war 1952, und in Deutschland ging es zwar langsam bergauf, aber es war noch viel Zerstörung in den Städten, niemand war besonders wohlhabend, und es gab nicht viel zu kaufen in unserem Land. In die Schweiz fahren und dort für eine gewisse Zeit leben zu können, war gleichbedeutend mit dem Besuch in einem märchenhaften Wunderland. Ich konnte nur staunen ob all der Pracht, die sich vor mir auftat; es lagen Welten zwischen dem, was ich zu Hause gewohnt war, und dem, was sich mir dort bot.

Nun waren nicht nur die äußeren Lebensbedingungen sehr unterschiedlich, sondern auch die Art, Wurst herzustellen, unterschied sich gewaltig von der mir bekannten Form. Ich möchte an dieser Stelle das Wort »Fleischkultur« einführen. Denn die Schweiz hatte, ähnlich übrigens wie Frankreich und Italien, eine wirkliche Kultur auf diesem Gebiet, von der wir in Deutschland noch meilenweit entfernt waren. Ich will hier einen kleinen Ausflug zurück nach Herten machen und als

Gegensatz zu dem, was ich 1952 in der Schweiz erleben und erfahren konnte, beschreiben, wie man mit Fleisch bei uns in Deutschland immer umgegangen war.

Noch von meiner Großmutter wurde mir oft erzählt, daß es eigentlich nur zwei Arten von Rindfleisch gäbe, die eine für die Suppe und die andere zum Braten. Im Dialekt meiner Heimat hieß das, man wolle »Rindfleisch auf Suppe« haben. Da wurde nicht lange gefragt oder etwa der Wunsch nach dem entsprechenden Stück vom Vorder- oder Hinterviertel, nach Lende oder Filet geäußert. Es gab große Fleischstücke auf dem Hackklotz, davon wurde abgeschnitten oder abgehackt, wie es gerade kam, mit einem einzigen Unterschied, wie gesagt: zum Kochen oder zum Braten. In Westfalen bat man die Metzgersfrau ganz einfach: »Frau, tu mich zwei Pfund auf Suppe«, und damit war schon alles geklärt. Speck oder Fett waren damals, was unter heutigen Gesundheits- und Diätgesichtspunkten gar nicht mehr vorstellbar ist. Ich habe noch alte Geschäftsanzeigen aus der Zeit nach dem Zweiten Weltkrieg, wo ein Kilogramm Speck identisch im Preis mit einem Kilogramm Fleisch war. Für mich ist dabei interessant, daß dies immer ein Gradmesser für den Wohlstand einer Gesellschaft ist: Wenn der Wohlstand wächst, wird Fett billiger, dann muß man nicht mehr »horten« wie in schlechten Zeiten. Das hat dazu geführt, daß die Firma Schweisfurth in den frühen fünfziger Jahren die magersten Fleischteile in Form von gekochtem Schinken in Dosen ausgerechnet in die USA exportiert hat. Das muß aberwitzig klingen, läßt sich aber mit Hilfe meiner Wohlstandstheorie erklären. Die Amerikaner waren eben wohlhabend und hatten längst erkannt, daß mageres Fleisch bekömmlicher und gesünder ist, sie hatten keinen Mangel an Essen und mußten sich nicht sorgen, genug zu bekommen. Das hat uns in Deutschland – und hier speziell unserem Familienunternehmen – einen enormen Wettbewerbsvorteil verschafft, denn das magere Fleisch war relativ billig. Erst als sich das Gleichgewicht zu verschieben anfing und fettes Fleisch auch bei uns aus der Mode kam, lohnte es sich nicht mehr, für Amerika mageres Fleisch in Dosen aufzubereiten. Dieselbe Erfahrung habe ich dann später noch einmal in Brasilien gemacht. Dort wurden die Schweine wegen ihres Fettes geschlachtet, und Speck war mindestens so teuer wie mageres Fleisch.

Nach diesem kleinen volkswirtschaftlichen Exkurs zum Thema Preisrelation von Fett und Fleisch möchte ich weiter von meiner Schweizer Lehrzeit bei der Firma Kuhn berichten – speziell von der Fleischkultur, der ich damals zum ersten Mal begegnet bin.

Mir schwirrten die Sinne ob all der Bezeichnungen, die ich zu lernen hatte. Ich lernte zu unterscheiden zwischen Oberschale und Unterschale, Hüfte und den verschiedenen Stükken vom Bug, und ich lernte außerdem, auf welche Weise man portionieren konnte – anders als wir das zu Hause machten. Ich weiß noch, daß ich nach meiner Rückkehr alles sofort und unmittelbar umstellen wollte, weil ich so beeindruckt war von dem, was ich in der Schweiz gesehen hatte. Tatsächlich ist es mir gelungen, mit diesem neuen Wissen schon differenziertere Fleischzuschnitte anzubieten – der erste Ansatz für das, was man Fleisch-*Kultur* nennen könnte. Auch hier gilt wieder: Mein Vater ließ mich diese Dinge tun.

In Basel habe ich außer dieser, wie mir schien, revolutionären Art der Fleischkultur noch ein paar andere Dinge gelernt.

Vor allem lernte ich, die Berge zu lieben. Ich hatte zum ersten Mal in meinem Leben ein eigenes, kleines Auto und konnte damit an Wochenenden die Schweiz erkunden. Ich begann auch das Bergsteigen, was für mich als Flachländer eine einmalige, berauschende Sache war. Die Eindrücke waren so unglaublich, daß ich sie gar nicht beschreiben kann.

Der Krieg war zu diesem Zeitpunkt erst sieben Jahre vorbei, und es lebten noch nicht so viele Deutsche im Ausland, wie es heute gang und gäbe ist. Ich war eher ein Exot, aber nie hat mich irgend jemand fühlen oder spüren lassen, daß ich unwillkommen gewesen wäre. Mir wurden auch keinerlei Ressentiments entgegengebracht.

Die Schweizer Zeit hatte einen nachhaltigen Einfluß auf meine persönliche Entwicklung einerseits und auf die eigene, heimische Fleisch- und Wurstherstellung andererseits. Bei diesen netten und immer freundlichen Menschen habe ich begriffen, was den Wert einer Eßkultur ausmacht, und ich habe vor allem gelernt, woran es bei uns zu Hause immer noch fehlte. Das war die verfeinerte Art, Gutes und Exquisites zu erzeugen und dazu auch zu genießen. Ich habe damals zum ersten Mal gelernt, wie man die herrliche italienische Salami macht: luftgetrocknet, also naturgereift und nicht geräuchert wie bei uns.

Es muß ausdrücklich gesagt werden, daß das Fehlen dieser guten, feinen Würste und Schinken nichts mit dem Nachkriegsmangel in Deutschland zu tun hatte. Es lag vielmehr am Fehlen einer ausgeprägten Kultur im Eßbereich. Deutschland ist für mich in dieser Hinsicht selbst heute noch ein eher unterentwickeltes Land. Ich habe viel darüber nachgedacht, warum wir es so lange nicht geschafft haben, eine entsprechende

Eßkultur zu entwickeln. Wir sind unangefochtene Weltmeister bei Würsten, aber Deutschland hat bis heute nicht diese mangelnde Fleischkultur aufgeholt, trotz aller Internationalisierung und trotz unbegrenzter Möglichkeiten, in aller Welt zu lernen. Es gibt in der deutschen Küche immer noch eine Art, mit Fleisch umzugehen, die einfach grausig ist. Immer noch wird bei uns gerne alles kaputtgebraten und kaputtgekocht: viel zu lange, viel zu heiß, bis alles endgültig tot ist und nur noch nach Pappe schmeckt.

Ich weiß, daß ich damit manchen unrecht tue, denn in den letzten Jahren haben viele, vor allem junge Köche eine Menge dazu gelernt und Neues geschaffen, dennoch bleibe ich bei meinem Urteil. Es wird noch davon zu erzählen sein, daß ich nicht nur den Umgang mit dem Tier für revisionsbedürftig halte – die Art, wie Tiere gehalten und geschlachtet werden –, sondern auch die Art, wie wir essen. Die Würde des Tieres sollte sich auch im entsprechenden Umgang mit dem Fleisch dokumentieren. Vielleicht liegt einer der Gründe für den gröberen, weniger ausgefeilten Umgang mit Fleisch darin, daß Deutschland immer stärker ein milchorientiertes Land war. Das, was ich als »Fleischkultur« bezeichne, bezieht sich ja im wesentlichen auf die Kultur des Rindfleisches. Man hält Kühe bei uns mehr wegen der Milch, und Fleisch ist eher ein Nebenprodukt als Hauptzweck der Tierhaltung. In allen angelsächsischen Ländern ist das anders, in Frankreich und Italien auch. Dort werden Tiere sozusagen grundsätzlich in zwei Klassen gehalten, einmal für die Milchwirtschaft, dann aber ganz spezielle Rassen für das bestmögliche Fleisch.

Ich greife erneut vor, wenn ich hier wieder auf mein Grundanliegen verweise, daß sämtliche Stationen bis zu dem Augenblick, wo das Essen, das Fleisch in diesem Fall, auf dem Teller liegt, miteinander verbunden sind. Dazu gehört auch, daß alle Schritte mit dem entsprechenden Aufwand an Zeit ruhig erledigt werden. Ich versammle noch heute oft die Metzger in den Herrmannsdorfer Landwerkstätten um mich, um ihnen die rechte Kunst des Schneidens von Fleisch zu zeigen. Das mag verwunderlich klingen. Aber der normale Metzger hinter der Theke sagt, er hätte nicht genug Zeit, Fleisch so sorgfältig zu schneiden, wie ich es möchte, und der Kunde auf der anderen Seite kann es oft nicht würdigen, was der rechte Schnitt an Qualität bedeutet. Und außerdem behauptet auch er, nicht genügend Zeit zu haben – ein Teufelskreis.

Nun habe ich weit ausgeholt, denn der Weg, der mich schließlich nach Herrmannsdorf führte, ist noch weit. Ich will berichten, wie mein jugendliches Leben weiterlief.

Nach den drei Stationen des rein handwerklichen Lernens, zu denen sich später noch eine vierte, ebenfalls spannende gesellen sollte, hatte ich den Wunsch, das Studium der Betriebswirtschaft anzufangen. Daß ich die Tradition der Firma Schweisfurth fortsetzen würde, war ohnehin längst geklärt. Meine Schwestern haben sich teilweise auch in dem elterlichen Betrieb aufgehalten und verschiedene Arbeiten gemacht, sind aber dann bald ihre eigenen Wege gegangen. Meine älteste Schwester war lange Zeit die Sekretärin unseres Vaters.

Schon der Aufenthalt in der Schweiz hatte mich selbständiger gemacht, aber auch reifer und sicherer. Ich war auf mich gestellt und habe das genossen, und außerdem hat mich das innerlich freier gemacht. Das war mit Sicherheit auch extrem wichtig für mich.

Als erster Studienort wurde der Ort Freiburg im Breisgau ausersehen. Ein Freund aus Herten ging mit mir dorthin, und wir sollten beide zügig studieren und dann, gebildet und weise geworden, mit den entsprechenden Examina wieder zurückkehren, versehen mit akademischen Würden und bereit, die große Verantwortung für die familiären Betriebe zu übernehmen.

Mein Vater hatte einige Semester in Köln studiert, mußte aber das Studium aus den verschiedensten Gründen bald wieder aufgeben, er hatte also keinen Abschluß gemacht. Aber nun fand er, daß ich außer der fachlichen Ausbildung – die er mit der abgeschlossenen Lehre im Familienbetrieb und den Volontariaten in fremden Betrieben für recht stabil hielt – eben auch die nötige kaufmännische Ausbildung anstreben sollte. Ich möchte es hier gleich ehrlich vorausschicken: Ich habe die Universität Freiburg kaum von innen gesehen. Reife hin, Auslandserfahrung her – ich hatte immer Spannenderes zu tun, als zu studieren, und bin manchen höchst zweifelhaften Einflüsterungen erlegen, die nichts, schier gar nichts mit dem Studium der Betriebswirtschaft zu tun hatten.

Unter anderem hatte sich mir ein Kommilitone bekannt gemacht, der Mitglied einer studentischen Verbindung war, des hochangesehenen Corps Rhenania. Dieser Verbindung gehörten viele Söhne von Wirtschaftskapitänen an Rhein und Ruhr an, auch Söhne von Bergassessoren, und nun wurde ich abgeschleppt. Ich wurde, wie das so üblich ist, zu einer »Kneipe« eingeladen und antwortete auf die Frage nach meiner Herkunft ein bißchen frech und mutig, daß mein Vater Metzger sei und ich ebenfalls. Ich wurde nie mehr gebeten wiederzukommen; man war wohl etwas befremdet.

Natürlich versuchten auch andere Verbindungen, Nachwuchs zu keilen, wie das im Korpsdeutsch heißt, und schließlich schaffte es jemand, mich für das Corps Hasso Borussia zu aktivieren. Ich wurde also tatsächlich aktiver Korpsstudent. Ich mußte meine sogenannte Fuchszeit absolvieren, das ist quasi die Lehrlingszeit des Korpsstudenten. Ich machte auch die ersten Übungen zum Fechten, wobei man noch einen Schutz über dem Kopf hat. Ich habe das fleißig mitgemacht und fand es einfach lustig. Es gab herrliche Kneipen, es wurden Gelage abgehalten, bei denen man viel Spaß hatte, viel trank und viel sang. Es wurden Ausflüge gemacht, und das alles war für mich ein einziger wunderbarer Studententraum. Nur gelernt habe ich einfach gar nichts.

Nach dem ersten Semester bin ich mit mir zu Rate gegangen und war ganz streng und sehr aufrichtig mit mir selbst. Ich wußte, daß ich so nicht weitermachen konnte, mir war aber auch klar, daß sich nichts ändern würde, wenn ich am selben Ort bliebe. Also griff ich – etwas feige – zu einer Notlüge, ging zu dem Senior der Verbindung und erzählte ihm, ich müsse den Studienort wegen meines kranken Vaters wechseln. Dann packte ich meine Sachen und floh regelrecht; ich hätte in Freiburg den Absprung sonst nie mehr geschafft. Mein Freund, der mit mir an diesen Studienort gegangen war, hat ihn tatsächlich nicht geschafft und ist dort einfach versackt, wie es hieß.

Ob mein Vater dieses von mir verbummelte Semester wirklich in seiner ganzen Konsequenz zur Kenntnis genommen hat, weiß ich nicht, vielleicht hat er auch nur weise geschwiegen und gehofft, ich würde mich schon auf das Eigentliche besinnen. Jedenfalls hatte ich mir Köln als nächsten Platz zum Studieren ausgesucht und mir fest vorgenommen, Abwechslungen nur noch gelegentlich nachzugehen und nicht wieder in ein Korps einzutreten.

Kaum war ich in Köln angekommen, meldete sich ein alter Freund meines Vaters bei mir, der sich freute, mich zu treffen, und der immer Anteil an meiner Entwicklung genommen hatte. Es war Heinz Hensiek aus Bünde, ein prachtvoller Mann, ein dynamischer Unternehmer, der gerne fröhlich war, gerne aß und genauso gerne trank. Er lud mich zum Abendessen ein, zusammen mit ein paar anderen jungen Leuten. Wir hatten besonders viel Spaß, und am Ende einer langen Nacht war ich wieder Korpsstudent geworden. Heinz Hensiek hatte mich erfolgreich gekeilt. Ehe man mich der totalen Inkonsequenz zeiht, muß man wissen, daß dies in Köln nicht zu ähnlich katastrophalen Ergebnissen geführt hat wie in Freiburg, daß die Freundschaften und Beziehungen, die durch meine Mitgliedschaft bei den Hanseaten entstanden sind, so gut und so andauernd und beglückend wurden, daß es sich gelohnt hat.

Sicherlich war auch dieses zweite Semester nicht nur angefüllt mit Studium und Vorlesungen, aber dennoch entsinne ich mich auch an große Stunden der Erkenntnis, etwa wenn die Professoren Schmölders oder Gutenberg ihre berühmten Vorlesungen hielten. Mir ist besonders in Erinnerung, daß Schmölders schon damals immer sagte, daß Wirtschaftskrisen viel mehr aus psychologischen als aus wirklich sachlichen Gründen entstehen. Daß ich wieder beim Fechten auf dem Fechtboden gelandet war, erstaunte mich fast selbst, aber ich wollte es diesmal durchziehen und setzte mich auch der Qual des ernsthaften, scharfen Fechtens aus. Gottlob habe ich alles gut überstanden, ohne irgendwelche Blessuren davonzutragen. Daß ich inkonsequent auf der ganzen Linie war, wußte ich selbst, und daß ich Fechten unter Studenten für Quatsch hielt, konnte mich nicht davor bewahren, es selbst zu tun. Ich denke, es gehört zum Erwachsenwerden, daß man alle möglichen Unsicherheiten und Dummheiten ausleben muß.

Ich denke heute manchmal darüber nach, wie es denn zu dieser sehr archaischen Lust am Mensurenfechten gekommen ist, warum man das in unserer aufgeklärten Zeit immer noch macht. Es hat doch keinerlei Sinn, und auch die Rituale, wie Käppis zu tragen und sich selbst mit Schnörkeln und Bändern zu garnieren, waren alle mehr als zweifelhaft. Aber wenn ich mir die heutigen Moden wie Bungee-Jumping oder Drachenfliegen ansehe, dann macht das ebensowenig Sinn. Es geht immer um eine Mutprobe, und erst später, wenn man älter wird, erkennt man die törichte Neigung, seine Einmaligkeit unter Beweis stellen zu wollen, indem man Verletzungen, wenn nicht sogar den Tod einkalkuliert. Ich habe damals viele der anfechtbaren und mich albern anmutenden Randerscheinungen mit einem Lachen abgetan. Ich stellte mich darüber und nahm vieles nicht allzu ernst. Das war sicher die vernünftigste Art, damit umzugehen. Und doch weiß ich heute: Es sind so viele gute und haltbare Freundschaften in dieser Zeit entstanden, es hat sich gelohnt, ein Mitglied dieses Korps zu sein. Bis zum heutigen Tag gibt es Beziehungen aus dieser Zeit, Treffen, die mir das Herz wärmen, und Begegnungen, die fruchtbar sind. Aus meiner Schulzeit ist mir niemand geblieben, wohl aber aus der Zeit des Studiums.

Wieder bin ich mir nicht sicher, ob mein Vater dies alles einfach mitangesehen hat, oder ob er wegen der Freundschaft mit Heinz Hensiek, der ja schließlich schuld war an der ganzen Angelegenheit, ohnehin etwas milder gestimmt war. Auf alle Fälle hat er mich von weitem beobachtet und mir dann aus heiterem Himmel einen Vorschlag gemacht, dem ich ohnehin nicht widerstehen konnte.

Bei einer meiner Fahrten nach Hause – es war inzwischen das Jahr 1954 – berichtete mein Vater, daß er in Kontakt mit jemandem gekommen wäre, der sich überlegte, eine Fleischwarenfabrik in Angola aufzumachen. Ehrlicherweise muß ich sagen, daß ich erst nachsehen mußte, wo Angola liegt, als mein Vater mir vorschlug, ich solle dorthin reisen und prüfen, ob es für uns sinnvoll schiene, mitzumachen. Es war wirklich nicht die Zeit, in der man so ohne weiteres nach Angola fuhr, das damals noch portugiesische Kolonie war. Man fuhr eigentlich überhaupt noch nirgendwohin, schon gar nicht in exotische afrikanische Länder.

Studium hin, Korps her, ich konnte mich dem Angebot nicht entziehen und war bereit, alles liegenzulassen und die große, weite Reise anzutreten.

Natürlich war schon die Reise dorthin ein einziges Abenteuer und nicht sehr bequem. Ich kam über einige Umwege in die Stadt Luanda, wo mich ausgerechnet ein ehemaliger Offizier der Wehrmacht abholte. Was ihn dorthin getrieben hatte, konnte ich nur ahnen, allerdings habe ich mich auch nicht länger damit beschäftigt. Es gab so viel Neues für mich zu erleben und zu erfahren, daß mir mögliche politische Zusammenhänge nicht als besonders wichtig erschienen. Vor allem war ich natürlich von meiner ureigensten Mission erfüllt: Denn daß mein Vater es meinem Gefühl und meinen Eindrücken überlassen wollte, zu entscheiden, ob wir uns finanziell an einer Fleischwarenfabrik in Angola beteiligen sollten, hat mich schon gewaltig beeindruckt und auch stolz gemacht.

Ich muß an dieser Stelle erläutern, wieso es überhaupt zu der

Idee einer Fleischwarenfabrik gekommen war. Es lebten zu dieser Zeit ziemlich viele Deutsche in Angola, manche von ihnen waren nach dem Ersten Weltkrieg aus Deutsch-Südwestafrika gekommen und hatten dann im portugiesisch verwalteten Angola wieder Fuß gefaßt. Eine der Verdienstquellen war der Sisal. Sisal wird aus der Agave hergestellt, deren Blätter zur Herstellung dieser Hartfaser dienten. Der Anbau der Agaven hatte zu einer Monokultur geführt, was den Böden nicht guttat, und außerdem hatten manche Weitblickende in den beginnenden fünfziger Jahren bereits gemerkt, daß der Naturstoff Sisal von Kunststoff abgelöst werden und damit ein ganzer Industriezweig an Bedeutung verlieren würde. Manche der Farmer versuchten sich auch im Kaffeeanbau, aber bei der Suche nach neuen Erwerbsquellen kamen etliche Farmer auf die Idee, Rinder zu züchten. Mein Vater hatte wahrscheinlich von gemeinsamen Freunden die Anregung erhalten, sich in Angola umzuschauen, um sich dort möglicherweise zu engagieren und neue Märkte aufzutun.

Neben meiner eigentlichen Aufgabe, zu prüfen, ob wir uns aus dem sehr fernen Deutschland an einem Markt in Afrika beteiligen sollten, hatte ich einfach eine wunderbare Zeit in Angola. Das Land war noch friedlich, es herrschten paradiesische Zustände für die Wohlhabenden. Ich wurde von Familie zu Familie weiter- und herumgereicht. Manche fielen durch ihr streng geregeltes Dasein auf, wie die Familie von Krosigk, eine alte preußische Familie. Nie werde ich den großen runden Tisch vergessen, an dem sich die große Familie und die Verwalter und Angestellten regelmäßig zum Essen versammelten. Abgesehen davon, daß mich das an mein Zuhause erinnerte und ich es immer schon geliebt habe, gemeinsam zu essen, hat mich eine andere Sache sehr beeindruckt: Mitten auf dem Tisch gab es eine Drehscheibe, auf der alles zu finden war, was man brauchte. Jeder konnte die Scheibe so zu sich hindrehen, daß er bekam, was er benötigte. Ich fand das ungeheuer praktisch und sehr originell.

Bei Krosigks standen die preußischen Tugenden von Pflichterfüllung und Disziplin wirklich noch im Vordergrund des Tagesablaufs, dokumentiert durch den alten Vater, der verlangte, daß jeder mit ihm morgens um 6.30 Uhr am Frühstückstisch zu sitzen hatte. Dann bestieg er pünktlich um 7 Uhr sein Pferd, natürlich in strammer Haltung, während draußen im Freien schon die Vorarbeiter und die schwarzen Arbeiter in Reih und Glied standen und auf seine Befehle warteten, was an diesem Tag zu tun und zu erledigen wäre. Anschließend ging Herr von Krosigk wieder ins Haus und rauchte seine Pfeife. Vielleicht spielt mir aber auch die Erinnerung einen Streich, und es war weniger preußisch, sondern eher afrikanisch.

Ich hatte in den zwei Monaten, die ich in Angola verbrachte, natürlich auch die Gelegenheit zu jagen. Nun bin ich wirklich kein Großwildjäger, aber mit 24 Jahren plötzlich die Chance zu haben, leibhaftig vor Löwen und Büffeln zu stehen und Elefanten in Rufweite zu sehen, ist einfach überwältigend. Ich hatte ein wenig Jagderfahrung, weil ich zu Hause manchmal Rehe und Hasen jagen ging. Ich habe damals sehr wenig nachgedacht, es hat mir einfach Freude gemacht, auf große fremde Tiere warten zu können und sie dann möglichst geschickt zu erlegen. Allerdings erinnere ich mich auch mit Grausen an die Blauäugigkeit, mit der ich und mein Begleiter – das war immer noch dieser gestrandete Wehrmachtsoffizier – auf Großwildsafari gegangen sind. Wahrscheinlich war alles ein einziges, großes Abenteuer für mich, jedenfalls erinnere ich mich mehr an diese Details als an die Frage der Fleischverarbeitung. Ganz stark in meinem Gedächtnis ist eine Nacht, die ich im Schlafsack verbrachte, wobei ich zum ersten Mal in meiner unmittelbaren Nähe Löwengebrüll hörte. Ich weiß, daß ich mich sehr gefürchtet habe – sicher nicht ganz zu unrecht.

Da ich ja kreuz und quer durch das Land fuhr, traf ich auch viele verschiedene Menschen, von denen sich manche unauslöschlich in meine Erinnerung eingeprägt haben. Ganz besonders ein Mann, der einfach Onkel Oskar genannt wurde und der, wir mir damals schien, am Ende der Welt weit unten im Süden von Angola, am Cunene-Fluß, an der Grenze zu Südwestafrika lebte. Er war eine völlig verrückte Figur. Er wollte nichts mit der Welt »draußen« zu tun haben, widmete sich aber sehr intensiv seinen unzähligen schwarzen Frauen und der daraus resultierenden Kinderschar, die entsprechend gemischt, halb schwarz, halb weiß, aber in jedem Fall ziemlich vergnügt und sehr frei heranwuchs. Er war ein mehr als eigenwilliger Mensch, bärbeißig auf der einen Seite, von großer Güte und witziger Unterhaltsamkeit auf der anderen und mit Sicherheit ein sehr geschickter Kaufmann. Er betrieb bereits eine große Rinderzucht und schien ein erfolgreicher Mann zu sein. Ich fragte ihn recht arglos, wie viele Rinder er denn hätte, worauf er mich ziemlich anbellte und meinte, ich könnte ihn ebensogut nach der Höhe seines Bankkontos fragen, was mich aber trotz meiner Jugendlichkeit veranlaßte, an den geschäftlichen Erfolg von Rinderzucht zu glauben. Dieser Mann hat mir auch noch zu einem Erlebnis der ungewöhnlichsten Art verholfen, das ich hier erzählen will, um damit die Geschichten aus der Großwildjägerei abzuschließen.

Von meiner Blauäugigkeit habe ich bereits berichtet, ich nahm dieses Vorrecht der Jugend voll für mich in Anspruch. Ich will gar nicht vertiefen, wie ich höchst ungeschickt einen Schwarzbüffel angeschossen habe, was absolut lebensgefährlich ist, von dem Unsinn der Jagd gar nicht zu reden. Ich hatte auch immer wieder Glück, denn der angeschossene Büffel fiel rechtzeitig tot um, bevor er mich und meinen Begleiter angreifen konnte. Aber Onkel Oskar reizte mich mit der Frage, ob ich denn interessiert wäre, einen Leoparden zu schießen. Ehe ich sämtliche Tierschutzvereine gegen mich aufbringe und den WWF dazu, muß ich noch einmal auf die Zeit verweisen, in der sich dies abspielte, und auf die große Unkenntnis dazu, die allgemein herrschte und in der ich mich ebenfalls befand. Kurzum, ich bejahte eifrig und fand das ein erstrebenswertes Abenteuer. Die Einsamkeit fernab von jeder Zivilisation mitten im Busch verstärkte das Abenteuerliche an der Angelegenheit und erklärt auch die etwas ungewöhnliche Form des avisierten Jagdausflugs. Der buscherfahrene Onkel Oskar schlug nämlich vor, ich sollte in einer mondhellen Nacht auf einem hohen Baum ansitzen, an dessen Fuß eine Ziege angebunden sein würde. Wenn der Leopard käme, würde ich mühelos das Jagdziel erreichen und könnte wunderbar abdrücken.

Um es gleich vorwegzunehmen: Ich habe weder damals noch in meinem späteren Leben einen Leoparden geschossen und bin recht froh darüber. In jener Nacht saß ich schlotternd vor Angst und mutterseelenallein auf meinem Baum, die Ziege blökte jämmerlich, und ich wußte nicht, wie ich die Nacht – mit oder ohne Leopard – herumkriegen sollte. Irgendwann werde ich wohl eingeschlafen sein, wurde aber wach von einem entsetzlichen Geblöke und jämmerlichen Todesröcheln:

Der Leopard hatte sich gerade die Ziege einverleibt. Ich war nur noch starr vor Schreck und konnte mich nicht rühren, geschweige denn zur Büchse greifen und auf den Leoparden anlegen. Das war das Ende meiner Großwildjägerei. Ich muß allerdings zugeben, daß ich etliche Jahre lang zu Hause kräftig das Jägerlatein bemüht habe und meinen Kommilitonen in Köln allerlei Geschichten erzählte, was meine großartige, heldenhafte Rolle als Jäger im Busch betraf. Zum Schluß war die Leopardengeschichte so angewachsen, daß ich selbst nicht mehr recht Dichtung von Wahrheit unterscheiden konnte. Dies ist die einzige wahre Version.

Zurück zu ernsthafteren Fragen – natürlich war mir trotz meiner verschiedenen Eskapaden bald klar, daß es wenig Sinn machen würde, sich so weit von zu Hause entfernt an den Plänen der Farmer an einer Fleischwarenfabrik zu beteiligen. Ich fuhr also nach zwei Monaten wieder heim, berichtete meinem Vater getreulich über meine Eindrücke, und ihm war es wohl recht, was ich da ausgekundschaftet hatte. Eine andere Frage war nun mein Studium. Eine zweimonatige Abwesenheit ist ja einem kontinuierlichen Lernen nicht sehr förderlich, und langsam sollte ich mich doch ein wenig mehr auf genau dies konzentrieren. Natürlich war ich nach meiner Heimkehr sozusagen der absolute King, denn kaum jemand von meinen Studienfreunden war überhaupt schon außerhalb Deutschlands gewesen. Ich stieg rasch zu einer international erfahrenen »Größe« auf – das tat mir auch ganz gut, und ich fühlte mich ziemlich wohl dabei. Allerdings glaube ich nicht, daß ich je hochmütig oder angeberisch geworden bin. Ich genoß die Möglichkeiten, die man mir bot, und machte das Beste daraus.

Meine Mitstudenten hatten mir ein wenig beim Schummeln auf der Universität geholfen, damals mußte man noch testieren und seine Anwesenheit bei jedem Professor in eine Liste eintragen. Nach so langer Zeit darf ich sicher gestehen, daß während meiner Afrikatour nicht immer alles mit rechten Dingen zugegangen ist.

Wenn ich so auf meine Studentenzeit zurückblicke, bin ich mir wohl bewußt, daß ich sehr privilegiert gelebt habe. Von meinen Auslandserfahrungen abgesehen, wohnte ich recht angenehm, ich hatte nämlich ein zwar sehr kleines, aber eigenes Appartement, und ich hatte bald auch ein eigenes Auto, einen Käfer natürlich. Wenn auch die Einrichtung meiner kleinen Behausung spartanisch war, war ich doch wieder ein ausgemachter Glückspilz, denn kaum einer meiner Freunde hatte zur damaligen Zeit Behausung und Auto. Ich bin auch dafür meinem Vater noch heute dankbar. Er hat mich verwöhnt, er hat mich gefördert, und er hat sich immer mit mir beschäftigt, ohne mir deshalb ständig Ratschläge zu geben. Er ließ mich im wörtlichen Sinn an der langen Leine laufen …

Wenn er mich in Köln besuchen kam, dann saßen wir abends lange zusammen und besprachen Dinge, die die Firma in Herten betrafen, genauso wie meine Privatangelegenheiten. Ich selbst fuhr aber auch sehr regelmäßig nach Hause, dort konnte ich einerseits die Wäsche abliefern und mir andererseits auch den Bauch vollschlagen. Außerdem konnte ich endlich wieder mit meiner großen Familie und vielen Mitarbeitern an der großen Tafel sitzen und meiner Lust nachkommen, nämlich gemeinsam zu tafeln und dabei zu reden, Probleme zu erörtern und das gute Essen zu genießen.

Wie ernst mein Vater mein Studium genommen hat, weiß

ich nicht, wie ernst ich selbst wirklich studierte, ist mir aus meiner heutigen Erfahrung auch nur noch ungefähr klar. Sehr ernst können wir beide das Studium nicht genommen haben, denn ziemlich bald nach meinem Angola-Ausflug hatte mein Vater schon wieder eine Idee, die mich erneut vom Studieren abhalten sollte und die ich auch wieder gerne, ja mit Begeisterung aufnahm. Diesmal sollte die Unterbrechung viel länger dauern, als je vorgesehen, und auch die Konsequenzen dieser neuerlichen Pause waren bedeutender und schwerwiegender.

Doch ich will nicht vorgreifen, sondern erzählen, was mir mein Vater diesmal vorschlug. Er war Präsident des Verbandes der deutschen Fleischwarenindustrie geworden. Es ist nur natürlich, daß sich gleichgesinnte Interessenvertreter zusammenfinden, und dieser spezielle Verband veranstaltete auch Studienausflüge. Eine dieser Reisen sollte nach Amerika gehen, damals noch eine recht weite und ungewöhnliche Reise. Mein Vater war schon dort gewesen und schlug vor, ich sollte doch als Junior der Schweisfurth-Unternehmung mitfahren. Die Reise sollte nur zwei Wochen dauern, und diese Zeit könnte ich auch ruhig dem Studium abzwacken. Man mußte mich nicht lange überreden, ich war begeistert. Noch war ich nicht in dem großen, fernen Land gewesen, meine ersten und einzigen Eindrücke bezogen sich nur auf Kaugummi kauende Soldaten am Ende des Krieges.

Es gab einen guten Freund meines Vaters, der auch Geschäftsfreund war, mit dem Namen Leon Rubin, der diese Reise organisieren wollte. Rubin war ein schillernder, begabter und höchst anregender Mensch, dessen Biografie die ganze tragische Geschichte und die Zerrissenheit des 20. Jahrhunderts spiegelt. Er war Jude, in Petersburg geboren, dort noch als Kind aufgewachsen und später nach Deutschland gekommen. Er ging dann sehr frühzeitig mit seinen weitblickenden Eltern nach Palästina und entkam so Hitlers Mördern. Später wanderte er nach Amerika aus. Das alles machte ihn nicht nur zu einem polyglotten Weltbürger, sondern auch zu einem Menschen, der sowohl die Geschichte und Kultur des Abendlandes als auch die Modernität und die Fortschrittlichkeit Amerikas in sich vereinigte, von den vielen Sprachen, die er beherrschte, nicht zu reden. Vater und er hatten sich angefreundet, er handelte in Amerika mit Fleisch, und wir hatten ihn kennengelernt, als wir den mageren Schinken in die USA exportierten. Außerdem versorgte Rubin ganz Amerika mit Shrimps, das war seine andere Spezialität. Er pendelte schon damals zwischen Europa, Asien und Amerika und war ein ganz besonderer Mensch, der mich immer tief beeindruckte und mir sehr viel gegeben hat.

Rubins Firma in Amerika hieß *Atalanta Trading Company*, sie hatte ihren Firmensitz in New York. Dorthin lieferten wir unseren Schinken, und von dort aus hatte er ein riesiges Vertriebsnetz für seinen Shrimps-Handel aufgebaut. Kurzum, Rubin zählte auch zu den Menschen, die den Deutschen nach dem Krieg Unterstützung und Fürsorge zuteil werden ließen, und so organisierte er also die Informationsreise nach Amerika.

Wir waren fünfzehn Teilnehmer, und natürlich war ich wieder einmal der allerjüngste, ich war damals 25 Jahre alt. Ich kann mich noch heute an die bereits sehr schwergewichtigen Fleischfabrikantentypen erinnern, die dabei waren, obwohl ich keinen einzigen Namen mehr weiß.

Die erste Station unserer Reise war New York. Ich kann gar nicht beschreiben, wie wir gestaunt haben. Vielleicht war der eine oder andere auch schon vorher dort gewesen, ich jedenfalls bekam Augen und Ohren nicht mehr zu. Ich kam allerdings gar nicht mehr aus dem Staunen heraus, als wir auf Long Island eine Fleischwarenfabrik besuchten. Es war die *Merkel Inc.*, die mich damals so tief beeindruckt hat. Denn in dieser Firma sahen wir zum ersten Mal eine Art von Arbeitsorganisation, so technisiert und so rationell durchdacht, wie es uns allen vollkommen unbekannt war.

Wir sahen als erstes ein langes Fließband zum Zerlegen von Schweinen. Man muß sich vorstellen, daß rechts und links Männer standen, die die hintereinander auf dem Band liegenden Schweinehälften zerteilen mußten. Erst wurden die groben Teile, Schinken und Schulter und Koteletts und Bauch zerlegt, später wurden aus den Schinken die Knochen herausgenommen und die Schwarte abgezogen. Dabei waren etwa dreißig Männer beschäftigt, und am Ende war das Tier in seine Bestandteile zerteilt, wobei jeder einen ganz spezifischen Handgriff getan hatte. Teamarbeit im besten Sinn – so konnte jedes Teil seinem speziellen Verwendungszweck zugeführt werden. Das hat mich tief beeindruckt, gerade auch ob seiner rationellen Durchführung, bei der kein unnötiger Arbeitsgang getan wurde und zudem alles klar und sauber vor sich ging. Diese Arbeit fand im obersten Stockwerk eines vierstöckigen Gebäudes statt. Nach der Bearbeitung der einzelnen Fleischteile konnten diese zur Weiterverwertung durch große, dicke Fallrohre von einer Etage in die nächste geschickt werden.

Keiner von uns hatte je zuvor so gut durchorganisierte Arbeitsabläufe gesehen. Das Fleisch ist auch in der allerkürzesten Zeit weiterverarbeitet worden, so daß überhaupt keine Leerläufe entstanden.

Die nächste Station war Chicago mit seinen großen Schlachthöfen. Manche von uns hatten schon Geschichten über diesen Ort gehört, aber was wir sahen, übertraf die Phantasie noch gewaltig. In Chicago gab es die traditionellen Schlachthöfe wie Swift, Armour und andere damals bekannte Namen, die heute keiner mehr kennt. Wir deutschen Besucher standen vor und in diesen riesigen Hallen wie die kleinen Würstchen aus der Provinz. Daß zum Beispiel die Koteletts an der Stelle im Parterre herauskamen, wo sie eingepackt und versandfertig gemacht werden konnten, erschien uns wie ein Wunder. Bestimmte Fleischteile und der Speck kamen bei der Wurstverarbeitung an, wo dann an Ort und Stelle mit standardisierten Mixturen die Wurst hergestellt wurde – ein einziges Wunderland für uns. Daß dabei natürlich auch ein gewaltiger technischer Aufwand nötig war und möglicherweise auch Geschmacksverminderungen in Kauf genommen werden mußten, haben wir uns zunächst nicht klargemacht. Denn durch die immer gleichen Abläufe und standardisierten Rezepturen konnten ja keine individuellen Varianten erzielt werden. Daß mich das alles später im Leben noch sehr viel mehr beschäftigen sollte und dann genau das Gegenteil der Automation mein Lebensmotto und mein Anliegen werden würde, war in diesem Moment der Begeisterung nicht vorstellbar. Aber ich greife schon wieder vor und möchte doch nur die Stationen beschreiben, die zunächst zur Verfeinerung der Methoden und zur Übernahme industrieller Herstellung führten.

Es war klar, daß wir in Deutschland nie derartige Dimensionen der Fleisch- und Wurstherstellung erreichen würden, schon allein der unterschiedlichen Größe der Länder wegen. In Chicago sahen wir auch, wie ein Zug nach dem anderen aus dem Mittelwesten ankam, Tausende von Rindern aus den ankommenden Zügen immer in großen Gruppen von verwegen aussehenden Männern auf Pferden in lange Gänge getrieben und in abgezäunte Areale gepfercht wurden. Über diesen Arealen waren Brücken, auf denen die Einkäufer standen, die pro fünfzig Stück Rinder den Preis aushandelten. Man muß sich das vorstellen wie an der Börse, die Preise entstanden per Zuruf. Es war nicht nur ohrenbetäubend, sondern auch ziemlich geruchsintensiv, was da geschah. Man könnte auch sagen, daß es schlicht bestialisch stank und der Geruch kaum auszuhalten war. Die Gebäude der großen Fabriken, die ja alle mehr oder weniger nah beieinander standen, waren Ziegelbauten. Die Deckenbalken waren überwiegend aus Holz, die Fußböden waren mit Sägemehl eingestreut, zum Aufnehmen des heruntertropfenden Blutes. Das brauchte man dann nicht mit Wasser wegzuspülen, sondern konnte es einfach wegfegen. So hatte man in den Kühlräumen immer ein trockenes Klima. Eine Dunst- und Gestankswolke überzog das ganze Stadtviertel. Diese Geruchsmischung aus Kot und Sägemehl, Schlachtabfällen und Blut war so penetrant, daß man sich oft nasse Taschentücher vor die Nase halten mußte. Bei Westwind lag ganz Chicago unter einer Dunstglocke.

Die zum Teil schrecklichen Geschichten, die sich zu Beginn dieses Jahrhunderts dort abgespielt haben, sind berühmt-berüchtigt geworden durch Upton Sinclairs Roman *Der Sumpf*. Dieser 1906 erschienene Roman schildert eindringlich und naturrealistisch den Arbeitsalltag und vor allem die Ausbeutung der Arbeiter in den riesigen Schlachthöfen von Chicago, in denen das Vieh am Fließband getötet und zu Konserven verarbeitet wurde. Dazu kam, daß die Arbeiter in jener Zeit nur

Hungerlöhne erhielten, und das Dasein eines Industriearbeiters mehr einem Sklavendasein ähnelte als einem menschenwürdigen Leben. Der Roman hat damals die amerikanische Öffentlichkeit in Aufruhr versetzt und die deutsche Regierung veranlaßt, den Fleischimport aus Amerika durch erhöhte Zölle einzuschränken. Sinclairs Feldzug gegen hygienische Mißstände, Unmenschlichkeit und Ungerechtigkeit hat sicher dazu beigetragen, daß die hygienischen und sozialen Arbeitsbedingungen verbessert wurden, und als wir in den fünfziger Jahren dort unseren Besuch absolvierten, waren die Gewerkschaften längst stark genug, um die Dinge zu verändern. Aber angenehm waren die Arbeitsbedingungen noch immer nicht.

Faszinierend und durchaus nachahmenswert schien mir aber die straffe Organisation, wie ich sie schon geschildert habe, die auch Sauberkeit und Hygiene mit einschloß und Schnelligkeit dazu. Im übrigen möchte ich hier etwas richtigstellen. Es heißt immer, bei der Automobilfabrik Ford hätten die ersten Fließbänder gestanden. Tatsächlich hat Ford die ersten Fließbänder in Chicago gesehen und dann dieses Verfahren für seine Autofertigung übernommen. Allerdings unterscheiden sich die Arbeitsgänge: Bei der Autoproduktion werden Teile zusammengesetzt, bei den Tieren wird das Ganze in Teile zerlegt – ein etwas merkwürdiger Gegensatz. Trotz aller Technisierung gab es aber auch noch erstaunlich viel »Handarbeit« am Tier; der Mensch muß dabei seine ganz eigene Arbeit leisten, er muß sich das Tier »erarbeiten«.

In diesen Chicagoer Schlachthöfen fiel mir auf, daß der Tierkörper im geschlachteten Zustand anders aussah als bei uns in Deutschland. Das war interessant für uns alle, und wir erfuhren, daß das Rind in den USA ganz anders ernährt wird; es wird mit »hot food«, das ist Maissilage und Getreide, intensiv »ausgemästet«, wie es im Fachjargon heißt. Dadurch sieht die Fettmarmorierung ganz anders aus, und über den gesamten Tierkörper zieht sich eine zwei Zentimeter dicke Fettschicht, die schneeweiß ist. Die Metzger behandelten das geschlachtete Rind auf eine sehr spezielle Weise. Über das frisch geschlachtete Tier wurde ein nasses Baumwolltuch gespannt, um das von Natur aus schwabbelige Gewebe vollständig zu glätten. Wenn das Tuch wieder entfernt wurde, war die Oberfläche wunderschön glatt und eben, so daß man nur noch das feine Muster des Baumwolltuchs sah. Für mich war das eine ästhetische Angelegenheit, die mich sehr faszinierte.

Ich bin der Meinung, daß man auch mit dem getöteten Tier und den daraus folgenden Arbeitsabläufen sachlich und unter Gesichtspunkten der Schönheit und Ästhetik umgehen kann. Frisch Geschlachtetes kommt zunächst in Kühlhäuser, damit die Körpertemperatur von etwa 37 Grad auf Null sinkt und das Fleisch schnittfest ist. Auch dieser Vorgang wurde uns in den Schlachthäusern von Chicago so vorgeführt, daß dabei jeder einzelne Handgriff saß, jeder Arbeitsgang feststand und in so klare und wohlorganisierte Arbeitsabläufe eingebunden war, daß wir aus dem Staunen überhaupt nicht mehr herauskamen. Wahrscheinlich war dieses Staunen vor dem Neuen, vor der großen Technik, in der rechten Kombination mit dem Althergebrachten und Traditionellen in Deutschland für uns die ideale Mischung, um Anregungen aufzunehmen und daraus Produktives und Innovatives zu gestalten.

Neben den rein beruflichen Ausflügen gab es in Amerika aber auch eine Art von Unterhaltung oder besser gesagt »Verlustierung«, beim Essen in Restaurants, was dort normal, bei uns noch gar nicht bekannt war. Man darf bei all diesen euphorischen Erzählungen nie vergessen, aus welcher Zeit wir kamen und wie groß unser Nachholbedarf in jeder Hinsicht noch war, auch im Essen. In unseren Gaststätten gab es gebratene, panierte Koteletts, Bouletten und Soleier, und sonst nichts! Der wendige und geschickte Leon Rubin band alles in das geschäftliche Programm mit ein. Beispielsweise führte er uns tagaus, tagein, mittags und abends zu wunderbaren Essenseinladungen. Er brachte uns nur in Restaurants, die seine Kunden waren – ich erwähnte bereits, daß er aus der ganzen Welt Shrimps importierte. Das war damals auch für die Amerikaner eine neue Delikatesse, wir aus Deutschland kannten das allerdings überhaupt nicht. Bei uns gab es die Nordseekrabben, und die eigentlich auch nur an der Nordsee. Rubin hatte sich wohl vorgenommen, Shrimps zum Volksnahrungsmittel Nummer eins in Amerika zu machen. Jedenfalls mußte man diesen Eindruck gewinnen, wenn man wie wir täglich in rauhen Mengen damit abgefüttert wurde, dazu gab es natürlich immer die fette rosafarbene Cocktailsauce. Rubin organisierte weltweit Fangflotten für Shrimps, in arabischen Gewässern ebenso wie in Mittelamerika, und ließ die Ware dann auf den Schiffen gleich einfrieren. Das war damals eine sensationelle Angelegenheit. Ich konnte jedenfalls für die nächsten dreißig Jahre keine Shrimps mehr sehen, selbst der feinste Hummer wäre mir zuwider gewesen. Erst vor ein paar Jahren habe ich mich dazu überwinden können.

Die Informationsreise neigte sich allmählich ihrem Ende zu, und wir Fleischwarenhersteller fuhren tief beeindruckt mit dem Schiff wieder zurück nach Deutschland, nach Bremerhaven. Von dieser Rückreise ist mir noch in Erinnerung geblieben, daß ich mich mit meinen 25 Jahren entsetzlich gelangweilt habe bei all den mehr oder minder feinen Captain's Dinners und Candlelight Dinners – wie die Abläufe auf einem großen Ozeandampfer eben so waren. Meine beleibten Mitreisenden hatten alle ihre drei Sorten Smoking dabei, und ich hatte nichts von alledem. Nach dem ersten Abend beschloß ich auszubüxen und schlich trotz diverser Absperrmaßnahmen in die Touristenklasse, wo es ausgesprochen lustig zuging.

Diese Reise dauerte sechs Tage, und bei allem Spaß, den ich mir machen wollte, beschäftigte mich doch untertags das Gesehene immer wieder von neuem. Vor allem dachte ich darüber nach, daß man vieles auch in eine Fabrik wie die unsrige übernehmen könnte. Ich versuchte, aus dem Gedächtnis und zum Teil auf der Basis der Unterlagen, die wir bekommen hatten, Zeichnungen anzufertigen, um meinem Vater zeigen zu können, was es alles gab, und vor allem, um ihn überzeugen zu können, auch bei uns Neuerungen zuzulassen. Ich versuchte die Fallrohre darzustellen, in denen das Fleisch gezielt an den rechten Platz gelangte, und ich zeichnete die Fließbänder, die mich so beeindruckt hatten. Das zeichnerische Element war immer stark ausgeprägt bei mir, eine Dimension in meinem Dasein, die später auch zur Beschäftigung mit der darstellenden Kunst führte. Es war eine originelle Art, die Tage auf dem Ozeandampfer zu verbringen, »Tages Arbeit, abends Feste«, könnte man in Abwandlung der Goetheschen Verse sagen. Auf diese Weise entstand ein ganzes Dokument, das später die Grundlage für viele Neuerungen wurde.

Damals war eine Reise nach Amerika noch etwas so Besonderes, daß man schon von Herten nach Bremerhaven fuhr, um den weitgereisten Sohn auch eigens abzuholen. Vater und

Mutter standen also da und freuten sich wohl, mich gesund und wohlbehalten wieder in die Arme schließen zu können. Ich hatte aber keine Lust, mich in langer, gerührter Wiedersehensfreude zu ergehen, sondern wollte sofort loswerden, was wir alles in unserer Fabrik in Herten tun müßten, um den Anschluß an die Neuzeit zu finden und darüber hinaus groß und einmalig auf unserem Gebiet zu werden. Zunächst wiegelte mein Vater ab und meinte, ich solle mich an den Zeitunterschied gewöhnen, alles sich erst einmal setzen lassen, und dann könne ich berichten. Ich erzählte natürlich trotzdem während der ganzen Fahrt nach Hause, und alles gipfelte in der Feststellung, daß wir noch wie im Mittelalter produzierten und daß unsere Arbeit in Herten nichts mit industrieller Fertigung zu tun hätte. Wir müßten alles rigoros umstellen, die Pläne hätte ich schon dafür. Ich war auch der Meinung, wir sollten möglichst schon am nächsten Tag damit beginnen und alles in unsere damals noch recht bescheidene Wirklichkeit umsetzen.

Tatsächlich führte mein Vater die Fabrik nach wie vor auf dieselbe Weise und unter denselben Bedingungen, wie sie auch schon vor dem Zweiten Weltkrieg geherrscht hatten. Es hatte sich wenig verändert, räumlich wohl, aber nicht in den Produktionsabläufen und nicht bei den Maschinen, von Organisation und Arbeitsteilung ganz zu schweigen. Gearbeitet wurde wie eh und je: Im Mittelpunkt stand der Meister und gab seine Anweisungen. Die Wurst wurde noch immer »von Hand« abgeschmeckt, und wenn der Meister eben fand, daß noch ein wenig Thymian hineingehörte, dann geschah das auch. Liebenswürdig war das wohl, aber eben auch ineffizient. Und ob sich alles zusammen nun sinnvoll in Gesamtabläufe einfügen ließ oder nicht, scherte niemanden. Es war einfach unbekannt, welche Verbesserungen und Neuerungen möglich waren; alles ging seinen gewohnten Gang.

Aber dafür war ja nun ich da, der junge Erbe, der eigentlich außer einer Lehre und ein bißchen fremder Luft im Ausland nicht allzuviel vorzuweisen hatte. Mein Vater ließ mich immer zu Wort kommen mit meinen Ideen, auch wenn sie neu und befremdlich oder gänzlich revolutionär geklungen haben mögen.

Neben den beiden Zechen war Herta mittlerweile schon der größte Arbeitgeber in Herten, wir hatten 1955 etwa dreihundert Mitarbeiter. Aber wir waren eben immer noch ein Handwerksbetrieb, nichts war standardisiert, nichts durchorganisiert. Die Meister untereinander waren sich auch nicht alle grün, und vor allem gab es viele davon – den Obermeister, den Hauptmeister und andere, und jeder wollte den Ton angeben.

Das Hauptprodukt war damals nach wie vor die Fleischwurst, mit oder ohne Knoblauch, denn das war immer noch das Hauptnahrungsmittel der Bergleute. Es gibt bestimmte begriffliche Assoziationen, eine davon ist: Ruhrgebiet und Fleischwurst von Herta oder Schweisfurth. Das zweitwichtigste Produkt war Leberwurst, grob oder fein. Die Wurstsorten waren noch relativ einfach, es gab keinerlei Verfeinerung, keine Phosphate, keine Zitrate, keine Ascorbate und vor allem keine Geschmacksverstärker. Aber die Zusammensetzung war gut. Auch bei Fleisch und Wurst lagen wir gut im Trend, denn wir gerieten mitten in die aufkommende Freßwelle hinein. Für die Menschen der damaligen Zeit war es einfach beglückend, sich satt essen zu können, der Krieg war erst zehn Jahre her, die Zeiten der absoluten und allgemeinen Not hatten gerade erst aufgehört. Das Wichtigste für die Hausfrau war der sonntägliche Braten, den die Mutter ihrer Familie mehr oder weniger freudig auftischte.

Ich möchte hier einmal schildern, wie man Würste machte, als es noch per »Handfertigung« geschah, nach dem oben dargestellten Muster, daß ein Meister und noch ein Meister und zum Schluß der Chef ihre Anweisungen gaben. Ich werde die einzelnen Stufen beschreiben, um zu zeigen, wie sehr wir damals noch Handwerker waren.

Zunächst ordnete der Meister an, wie die Rinder und Schweine zerlegt werden sollten, wie die Knochen herausgenommen, das Fett abgeschnitten und die großen Sehnen herauszuschneiden seien. Das Fleisch, die Basis für die Fleischwurst, wurde anschließend durch den Fleischwolf gedreht. Dann kam alles in eine Misch- und Schneidemaschine, den Cutter, in dem es fein zerkleinert wurde. Mageres Schweinefleisch zusammen mit dem mageren Rindfleisch machte etwa 55 Prozent des Wurstbrätes aus; hinzu kamen aber noch 30 Prozent fettes Schweinefleisch, Fett oder Backen. Der Rest war Wasser in Form von Eis, das dazu diente, die Temperatur des Fleisches bei den Zerkleinerungsvorgängen möglichst niedrig zu halten. Wenn dies alles zusammengemischt war, entstand eine Art Emulsion. Das Eiweiß bekam dabei seine Bindekraft und konnte das Fett und das Wasser an sich binden. Nun mußte noch zur rechten Zeit Salz dazugegeben werden, das genau abgewogen war. Außerdem standen neben dem Cutter Töpfe mit Pfeffer, Muskatnuß und Ingwer, und auch die Macisblüte – die Blüte der Muskatnuß – und eine Prise Zucker durften nicht fehlen.

All dies machte ein einzelner Mann, der auch die Maschine

bediente, schnell oder langsam, mehr Variationen gab es nicht. Man muß sich vorstellen, daß der Mann hier ein bißchen probierte, da etwas zugab, dort eine Prise mehr nahm, wahrscheinlich kann man es wirklich mit der Hausfrau vergleichen, die den Finger in den Topf steckt und abschmeckt. Jedenfalls war das Ganze ein rein handwerklicher Vorgang. Auch die Emulsion war manchmal in ihrer Konsistenz nicht nach des Meisters Geschmack. Dann gab's noch vielleicht ein wenig Wasser dazu, damit sie geschmeidiger würde. Er betrachtete sie, und ließ sie bei Bedarf über die Hand gleiten. Zog die Emulsion dabei Fäden, war dies ein Zeichen für besondere Güte. Eigentlich alles ein wunderbarer Vorgang, nur leider nicht dafür gedacht, Wurst in großen Mengen und immer gleicher Qualität herzustellen.

Diese Arbeitsabläufe, die stark von dem Gedanken geprägt waren, daß ein Meister das Sagen hatte, waren durch sehr starre Regeln strukturiert. Diese mußten streng eingehalten werden und gaben den Rahmen vor, innerhalb dessen sich alles abspielte. Auch für mich ist diese sogenannte Meisterwirtschaft in mancher Hinsicht ein roter Faden geblieben, der sich durch mein Leben zieht.

Eines der Rituale war, daß jeden Morgen um 8 Uhr früh eine Versammlung aller Meister an einem großen, weißen Tisch stattfand, auf dem sämtliche am Vortag gefertigten Würste lagen. Hinter dem Tisch waren also die Meister versammelt, vor dem Tisch stand mein Vater mit seinen leitenden Mitarbeitern. Ein großes Holzbrett mit einem scharfen, großen Messer war bereit, und die zur damaligen Zeit etwa dreißig verschiedenen Wurstsorten harrten der strengen Probe durch den Chef. Er nahm einen Anschnitt und probierte, aber jeder der

Anwesenden mußte dies auch tun, damit ein möglichst ausgewogenes Urteil gefällt werden konnte. Vor allem bei den Rohwürsten ging es um feine Geschmacksnuancen. Rohwürste sind Würste, die während ihrer Herstellung nicht erhitzt worden sind, aus meinem heutigen Verständnis würde ich sie der Rohkost zuordnen. Denn die Salami, die Cervelatwurst und die Schinkenplockwurst sind nur geräuchert und getrocknet und so haltbar und schnittfest gemacht. Das ist reine Natur, alle natürlichen Kräfte und Wirkstoffe, alle Vitamine und Enzyme sind noch vorhanden, nichts ist zerstört. Schon wieder greife ich etwas vor, denn mein Verhältnis zum Lebens-Mittel, wie ich es heute habe, war damals noch lange nicht so ausgereift.

Sicher ging es bei diesen Proben nicht immer nur freundlich zu, denn mein Vater konnte recht ungemütlich werden, wenn ihm etwas nicht behagte. Manchmal stellte er die Leute in einer Weise zur Rede, daß ich mich als Sohn, wenn ich dabei war, in Grund und Boden schämte. Ab und zu nahm er mich morgens mit auf seine Rundgänge durch den Betrieb, und dabei wollte er auch sehen, wie pünktlich seine Mitarbeiter waren. Wehe, es fiel einem ein, etwa fünf Minuten nach der vorgeschriebenen Anfangszeit zu erscheinen. Wer da noch schnell ankam, der wurde überhaupt nicht mehr gegrüßt, der wurde nur noch eisig angesehen. Und die, die noch später erschienen – weil die Straßenbahn oder der Fahrradschlauch kaputt war –, die bekamen dann die ganze Wucht des Inhaber-Unternehmers zu spüren, der weder von gewerkschaftlichen Zwängen eingeengt noch von großen Skrupeln geplagt war, was den Umgang mit seinen Mitarbeitern anging. Da konnte es passieren, daß mein Vater dem Betreffenden einfach nur sagte, er könne gleich wieder heimkehren, sich einen unbezahlten Tag Urlaub nehmen und dabei über Pünktlichkeit nachdenken. Solche Maßnahmen waren recht wirkungsvoll: Der so Angesprochene kam nie mehr in seinem Leben zu spät.

So sehr mein Vater für mich und meine Interessen, für meine Ausbildung und mein Fortkommen immer ein offenes Ohr hatte, immer geduldig war und wohl auch wirklich nachsichtig, wenn ich etwas falsch gemacht hatte, so ärgerlich konnte er mit anderen Menschen und manchmal auch mit seiner Frau sein. Wir beide hatten eine ganz eigene, tiefe Beziehung zueinander. Mag sein, daß der etwas altmodische Gedanke des Stammhalters und Erben auch eine Rolle spielte – jedenfalls war mein Vater sehr freundlich und liebevoll mit mir. Ansonsten konnte er so übelgelaunt sein, daß am Morgen, wenn er mit seinem Hund Schluck den Pförtner passiert hatte, dieser schon den Brandruf nach oben in die Arbeitsräume gab, daß »der Alte« heute schlechte Laune habe – das ließ sich unschwer schon an seinem Gesicht ablesen. Weil er morgens schimpfen konnte und oft laut brüllte, hieß diese Stunde bei uns die »rauhe Stunde«, im Gegensatz zur »blauen Stunde«, von der auch noch die Rede sein wird.

Interessant an diesen Verhaltensmustern ist für mich, daß jede Generation sich wieder von neuem schwört, die Dinge anders, angenehmer und menschlicher zu machen als die Altvorderen. Und ich bin mir sicher, daß auch meine Kinder an meinem Verhalten etwas auszusetzen haben und sich ihrerseits vornehmen, es besser zu machen. Und das ist gut so, denn auf diese Weise bleibt die Welt in Bewegung.

Wenn ich von meinem Vater erzähle, wird deutlich, daß er für mich von großer Bedeutung war. Daneben verblaßt das

Bild meiner Mutter etwas. Das liegt wohl daran, daß sie nie eine besonders mütterliche Frau war. Von Zärtlichkeit oder gar übertriebener Wärme habe ich nichts zu berichten. Vielleicht war das Leben an der Seite meines Vaters auch schwer für sie. Schließlich stammte sie aus einer anderen gesellschaftlichen Umgebung, so daß sie sicher Schwierigkeiten hatte, sich an den Geschäftshaushalt zu gewöhnen. Dies ist ihr zwar gelungen, aber vielleicht ist dabei für sie auch etwas auf der Strecke geblieben. Meine Mutter war nie die reine Zuarbeiterin meines Vaters, sondern sie war selbst auch die Chefin. Und zwar für alle, besonders aber für die Geschäfte, die Filialen, die von Anfang an ihr Gebiet waren und die sie fast bis zum Schluß ihres Lebens betreut hat. Allerdings hat sie sich doch – und hier spielt natürlich die Generation, aus der sie stammt, eine Rolle – in Zweifelsfragen oder wenn etwas nicht so lief, wie es sollte, immer an den Vater gewandt. Wenn es darum ging, jemandem »die Meinung zu sagen«, dann wurde der Chef beauftragt, dies zu tun. Das tat man als Frau des Chefs offensichtlich nicht selbst.

Da ich eben so streng mit meinem Vater war, ihn mit seinen Schwächen geschildert und von den Eindrücken berichtet habe, die aus der »rauhen Stunde« resultierten, möchte ich der Gerechtigkeit wegen aber auch von der »blauen Stunde« und ihren segensreichen Auswirkungen erzählen.

Natürlich kann man mir dies als Klischeebildung ankreiden – das Bild vom polternden Unternehmer, der die Mitarbeiter erst zur Schnecke macht und dann gütig für sie sorgt –, aber ich denke wirklich, daß es bei meinem Vater nicht die Attitüde des »Kleinmachens« war, die ihn oft lospoltern ließ, sondern eine Mischung aus Unkontrolliertheit und dem Ärger über Fehler und Achtlosigkeit. Die »blaue Stunde« also begann pünktlichst am Abend um halb sieben, da mußte die Sekretärin dafür sorgen, daß ein eisgekühlter Schnaps auf dem Schreibtisch stand. Der Bericht über das Verhältnis von Chef und Mitarbeitern wäre nicht vollständig, wenn man nicht hinzufügte, daß mein Vater am Abend dann etwa den Mitarbeiter kommen ließ, den er am Morgen angeschnauzt hatte, und zugab, daß er da wohl etwas über das Ziel hinausgeschossen wäre. Er konnte tatsächlich auch sagen, daß es ihm leid täte und er wohl ein bißchen zu laut geworden wäre, und brüllen konnte er wahrlich, daß die Wände wackelten. Dann wurde ein Schnaps getrunken und über das Geschäft geredet, und danach war meist alles gut.

Um noch etwas von den guten Seiten dieses Unternehmers zu erzählen und auch von der Zuneigung und Verehrung, die seine Mitarbeiter durchweg für ihn empfanden: Lange vor der Einführung von Urlaubsgeld als gesetzlich verankerter Leistung ließ mein Vater oft Mitarbeiter zu sich kommen, ehe sie in Ferien gingen, und steckte ihnen einen größeren Betrag zu. Dazu kramte er erst umständlich in seinem Geldbeutel, um die Spannung ein wenig zu erhöhen, und kam dann mit zwei oder drei größeren Scheinen heraus. Daß er mit Verschwörermiene und »unter uns Männern« gerne hinzufügte, daß die Frau davon nichts wissen müsse, sei ihm nachgesehen. Er hat in einer anderen Zeit gelebt als wir heute, und seine Maßstäbe waren etwas anders als die unsrigen.

Die Leute gingen für meinen Vater durchs Feuer, weil sie wußten, daß sie im Ernstfall auf ihn zählen konnten, daß er sie nicht im Stich lassen würde, wenn sie in Not gerieten oder sich plötzlich größere Probleme auftaten. Beide, meine Mutter und mein Vater, sorgten sich um Menschen, wenn sie krank waren. Sie waren verläßliche Vorgesetzte und betrachteten sich alle zusammen als eine sehr große Familie. Und das stimmte zu jener Zeit noch und war nicht wie heute so oft eine bloße Floskel.

Obwohl ich dem Vater näher war als der Mutter, haben sie mich selbstverständlich beide geprägt. So autoritär mein Vater sich gab, so gut konnte er auch delegieren – an mich, und das hat mir viel geholfen, mich früh gefördert und mir auf den Lebensweg viel Positives als Fundament mitgegeben.

Damit kehre ich zurück zu den Eindrücken, die ich auf meiner Amerikastudienfahrt gewonnen hatte, und zu der Begeisterung, mit der ich meinem Vater klarzumachen versuchte, daß wir in Herten auch ein echter Industriebetrieb werden sollten und müßten. Denn wie die geschilderten Arbeitsvorgänge zeigen, waren wir genau an der Grenze angekommen, wo der reine Handwerksbetrieb nicht mehr passend war für die Quantitäten, die herzustellen man bestrebt war. Allmählich wuchs der Gedanke an Veränderung, Erweiterung und Ausbau, aber geplant war das eher für die Zeit nach meinem Studium, dem ich ja nun – wenn auch zuweilen halbherzig – in Köln weiter nachging. Neben unserem Hertener Unternehmen gab es kaum vergleichbar große Fleischwarenbetriebe in Deutschland. Zu nennen wäre die berühmte Firma Heine in Halberstadt, die Würstchen in Dosen herstellte, was damals noch etwas ganz Besonderes war. Aber die fabrikmäßige Herstellung von Wurst und Fleischwaren fing erst ganz langsam an. Ich hatte, von der Heimfahrt nach der Studienreise abgesehen, noch kaum Gelegenheit gehabt, meinem Vater nun wirklich detailliert über das Gesehene zu berichten, und fieberte danach, das endlich tun zu können.

Es gab eine wunderbare Einrichtung bei uns zu Hause, ein Ritual geradezu, das mir half, meine Ideen endlich loszuwerden. Der Sonntag wurde immer heiliggehalten, weniger im kirchlichen Sinn denn als Familientag, an dem man sich schon morgens am großen Tisch traf und erst einmal zusammensaß und ausgiebig frühstückte. Da kamen alle, die zum Haushalt gehörten, die für uns sorgten, mit uns lebten, für uns kochten und nach uns Kindern sahen. Unsere wunderbare Köchin Leni etwa, die zum Haus gehörte wie Mutter und Vater, stand immer mit mir auf, wenn ich morgens um sechs Uhr schon raus mußte. Da ich ein spilleriges, eher schmächtiges Kerlchen war, gab es dann schon in aller Frühe für mich Bratkartoffeln, damit aus dem zierlichen Knäblein auch mal was werde. Jedenfalls saßen am Tisch einfach alle, die irgendwie zu uns gehörten, sei es Familie oder die erwähnten Hilfsgeister. Mein Vater liebte das ebensosehr wie ich, und ich mag es heute noch genauso. Wir waren auch entsprechend immer ein sehr gastfreundliches Haus, es konnte jeder kommen, der wollte, und es konnte sich auch jeder satt essen, der hungrig war. Vor allem in der ersten Zeit nach dem Krieg war das ein ganz wichtiger Magnet für Gäste, die ausgehungert zu uns kamen.

Wie auch immer – die Tradition gebot nicht nur das gemeinsame Sonntagsfrühstück. Es gab ein weiteres Ritual, und das war der sonntägliche Spaziergang der Eltern mit den Kindern. Nun mag das in der Erinnerung mancher meiner Altersgenossen eine furchtbar quälende Angelegenheit gewesen sein, für mich und meine Schwestern schien es immer eine rechte Abwechslung, bei der es ganz heiter und lustig zuging. Die Formation beim Gehen war immer dieselbe: Vater und ich gingen voraus, die Mutter und die drei Schwestern kamen hinter uns. Wer darin eine Rangabstufung sehen möchte, wird nicht ganz unrecht haben. Damals saßen eben in der Kirche die Frauen links und die Männer rechts, und die Ordnungen waren fest und starr. Der Weg war auch jeden Sonntag derselbe, es ging auf den Paschenberg in Herten. Dieser Berg ist ganz beachtliche siebzig Meter hoch, er muß erklommen werden, und wenn man oben steht, hat man einen wunderbaren Ausblick über das Ruhrgebiet mit seinen Schachtanlagen. Man sah die Schornsteine, unten am Fuße des Berges lag der Hertener Schloßpark, und der Vater pflegte regelmäßig aufseufzend festzustellen, daß er sich wünschte, genau an dieser Stelle ein Haus zu bauen. Danach ging es über den Paschenbergrücken in der gleichen Formation wieder zurück. Das mit dem Haus sollte allerdings noch eine Weile dauern, und es mußte noch viele Sonntage auf den Berg gestiegen werden, ehe dieser Traum wahr wurde.

Endlich konnte ich bei einem dieser Sonntagsspaziergänge, die auch noch mit uns schon recht erwachsenen Kindern stattfanden, ausführlich von meiner Tour durch Amerika erzählen, von den Fertigungsanlagen und davon, daß ich mehr oder minder fixe Pläne im Kopf hatte, wie man das Gesehene auf unsere Verhältnisse übertragen könnte.

Mein Vater war interessiert, hörte sich an, wie ich mir das so vorstellte, und versprach, sich zu Hause gleich meine Zeichnungen anzusehen, die ich auf dem Schiff gemacht hatte. Er schien beeindruckt, daß man die Arbeit am Tier in so sinnvolle Abläufe zerlegen konnte, daß nicht mehr allein ein mehr oder minder versierter Meister das Sagen haben und die Entscheidungen treffen sollte. Meine Idee war, daß man die vorhandenen Gebäude aufstocken könnte, so daß, ähnlich, wie ich es in Amerika gesehen hatte, im oberen Teil geschlachtet und in den darunter liegenden Etagen zerlegt, gepökelt, verwurstet, geräuchert und gehackt und noch weiter unten verpackt und versendet werden konnte.

Wie schon erwähnt, hatten wir damals gerade den Punkt erreicht, an dem Überlegungen zur Erweiterung anstanden. Ich habe also noch an dem nämlichen Sonntag alle Pläne hergezeigt, war sicher sehr eifrig und wollte natürlich auch überzeugend wirken. Anscheinend ist mir das gelungen, und ich war stolz, als mein damals 58jähriger Vater relativ gelassen und locker sagte: »Junge, das machen wir, denn das macht Sinn.« Nach einer Weile fügte er hinzu: »Nein, das machen wir nicht, das machst du, und ich helfe dir dabei.« Immerhin war ich erst 25 und hatte immer noch nicht viel mehr vorzuweisen als meine Lehre und ein paar Reisen. Aber das Vertrauen, das mein Vater in mich setzte, muß so absolut gewesen sein, daß er bereit war, die ganze Bürde der Entscheidung auf meine Schultern zu legen. Das zeigte mir unmißverständlich, daß er mich für fähig hielt, das tatsächlich auch zu schaffen.

Meines Vaters Feststellung, daß ich das machen sollte, war der Schlüsselsatz, an den ich bis zum heutigen Tage häufig zurückdenke. Ich versuchte zunächst, mich etwas aus der Verantwortung herauszuwinden, die so plötzlich über mich gekommen war. Ich erinnerte an mein Studium, das noch nicht beendet war, und verwies auf mein Alter und meine mangelnde Erfahrung, aber eigentlich waren es nur Scheingefechte, die ich da austrug. Denn tatsächlich hatte mich die Lust längst gepackt, und meine Ungeduld war eigentlich kaum noch zu bändigen. Daß ich mit dieser Entscheidung allein dastehen sollte, schien mir allerdings noch ein wenig verfrüht und gefährlich.

Als ich also zugestimmt hatte, daß ich diese Verantwortung übernehmen wollte, wußte ich, daß ich damit eine längere Unterbrechung meines Studiums in Kauf nehmen würde. Außerdem bedeutete dies, daß ich stehenden Fußes noch einmal in die USA fahren mußte, um an Ort und Stelle ausführlichere und gründlichere Studien zu treiben, alles besser zu verstehen und vor allem auch mit den Experten, die bereits Erfahrung hatten, zu sprechen. Als ich das meinem Vater zu bedenken gab, war er einverstanden und schien wie ich von dem Gedanken beseelt, daß von nun an alles in einem gewissen Eiltempo zu geschehen hatte. Tatsächlich saß ich sehr kurze Zeit später wieder in der guten, alten Super Constellation, die damals die Atlantikroute flog. Zwar entfernte ich mich physisch immer mehr von meinem Ziel, aber meiner übergeordneten Zielsetzung war ich beträchtlich näher gerückt.

Vereinbart war, wieder durch die Hilfe des Freundes Leon Rubin, daß ich schlicht an den Stellen arbeiten sollte, die mich wegen ihres Aufbaus so beeindruckt hatten. Rubin hatte also in Windeseile für mich arrangiert, daß ich bei der Firma Merkel in Long Island antreten konnte, um ohne Bezahlung am Fließband zu arbeiten. Denn bezahlte Arbeit zu tun war mir natürlich von den US-Behörden gar nicht erlaubt. Ich reiste nur mit einem Touristenvisum ins Land, und das war ich ja auch in gewisser Weise – ein Tourist, der die Fleischproduktion des Landes erkunden wollte. Es war allerdings ein ziemlich anstrengendes Programm, das zu absolvieren ich mir vorgenommen hatte.

Mein Wunsch war, daß ich selbst für ein paar Wochen sehen wollte, was man am Fließband schaffen kann, wie die Arbeit dort von der Hand geht und wie der Mensch als fühlendes Wesen darauf reagiert, wenn er tagaus, tagein die gleichen Verrichtungen tut. Das war eine sehr harte Lektion, und manchmal dachte ich, daß ich es nie im Leben schaffen würde, nur den bloßen Tag zu überstehen. Von mehrwöchiger Arbeit, gar von lebenslanger, gar nicht zu reden.

Es war eine der härtesten Zeiten in meinem Leben und gleichzeitig eine der lehrreichsten und ergiebigsten in jeder Hinsicht. Menschlich und technisch gesehen habe ich so viel auf einmal gelernt wie selten zuvor und kaum je danach. In meiner Erinnerung war es ein extrem heißer Sommer, in dem ich dort am Fließband stand, aber es mag sein, daß die Erinnerung an das viele Ungewohnte mir noch zusätzlich einen Streich spielt.

Die Bilder aus jenen ersten Tagen am Fließband sind in meinem Kopf gespeichert wie ein Film, den ich abspulen kann. Ich kam an und konnte rein gar nichts. Nicht einmal die Sprache konnte ich ordentlich – wie sollte ich auch mit meinem bißchen Nachkriegsenglisch. Trotz meiner anatomischen Kenntnis von Rindern und Schweinen war ich also kaum in der Lage, die Handgriffe auszuführen, die am Fließband zu tun waren. Wenn nicht wieder ein liebevoller Mensch dagewesen wäre, der mir geholfen hat, wo er konnte, und der mir immer zur Seite stand, dann wäre ich vollends verzweifelt.

Ich war dem baumlangen Jimmy zugeteilt, der sich wahrscheinlich zunächst wunderte, was ich dünner Spargel dort eigentlich wollte. Er war ein Schwarzer, wie die meisten, die in der Fabrik arbeiteten, und zeigte mir geduldig die Finessen, mit denen man einen Schweinebauch zerlegt. Denn das war unsere Aufgabe: Der Schweinebauch kam angerollt, mußte vom Band genommen werden, anschließend wurden mit zwei Schnitten die dünnen Rippenknochen herausgeschnitten und auf die Seite in ein Fallrohr gegeben, das direkt in den Versand führte, und dann mußte der Schweinebauch wieder zur Weiterverwertung zurück aufs Band gelegt werden. Der nächste Handgriff wurde vom nächsten Arbeiter getan. Der schnitt dann den *Sliced bacon,* Amerikas Spezialität Nummer eins, zurecht.

Meine Arbeit sollte in Minutenschnelle und so präzise vor sich gehen, daß ich die *Spareribs* im Akkord herausschneiden konnte. Das konnte ich aber mitnichten. Wenn man nur einen Millimeter ungenau schnitt, kam man ins Fleisch, das Messer stockte, und die feine, erwünschte Trennlinie zwischen Knochen und Fleisch war nicht zu erwischen. Ich brachte nichts fertig außer absoluter Hoffnungslosigkeit. Nach den ersten drei Stunden hatte ich das Gefühl, nie wieder im Leben aus diesem Gebäude herauszukommen. Ich war in Schweiß gebadet, müde wie ein Hund, aber Jimmy neben mir half mir, übernahm auch mal einen Bauch und machte die Arbeit für mich. Auch wenn ich ihn nicht gut verstand, hörte ich an seinem Tonfall, daß er es wirklich gut mit mir meinte. Ohne ihn hätte ich das gewünschte Pensum nie geschafft.

Nach ein paar Tagen, die ich mehr tot als lebendig hinter mich brachte, merkte ich, daß ich anfing, automatisch das Richtige zu tun. In der zweiten Woche konnte ich mit meinen Gedanken schon spazierengehen, während ich die Arbeit tat, und damit hörte auch das hämmernde Gefühl auf, nie im Leben das zu schaffen, was man von mir erwartete. In der dritten

Woche konnte ich mich schon mit Jimmy nebenher unterhalten, wenn ich Spareribs schnitt: Ich war in den immer gleichen Handgriffen zum Profi geworden – jedenfalls fast.

Und ich machte noch eine neue Erfahrung, der ich in ihrer grundsätzlichen Bedeutung später in der Beschäftigung mit dem Buddhismus wiederbegegnete. Ich war so konzentriert bei der Sache und nach einiger Zeit so eingeübt, daß nicht ich das Messer führte und schnitt, sondern *es* schnitt: Das Messer glitt, richtig geführt, wie von selbst durch das Fleisch. Während ich also immer dasselbe tat, scheinbar eintönig, konnte ich meinen Geist doch beweglich halten, meine Gedanken spazieren lassen und die Arbeit auch ohne Anstrengung tun. Es ging wie von alleine und ohne dabei stumpfsinnig zu werden.

Ich habe später im Leben in Japan auch Menschen gesehen, die beim Tun einer Arbeit so sehr darauf konzentriert waren, so ausgerichtet auf die Vollendung, daß es wie eine geistige Tätigkeit schien trotz vordergründiger Gleichförmigkeit. So kann das immer Gleiche auch zur reinen Meditation werden. Eine schöne Erfahrung, die sich schwer beschreiben, eigentlich nur erleben läßt.

Nach vier Wochen kam ich in andere Abteilungen, die ich kennenlernen wollte, und vertiefte meine Kenntnisse. Abends in meinem Wohnheim bei dem Christlichen Verein Junger Männer, dem *YMCA*, zeichnete ich aus dem Kopf, was ich untertags gesehen hatte, und notierte, was ich wichtig fand. Am Wochenende fuhr ich nach New York und lernte die Stadt gut kennen. Ich kam in eine wunderbare Zeit hinein. Ich erlebte fröhliche Menschen, hörte Jazz an jeder Ecke, es war die Zeit des großen, sicheren, unanfechtbaren Amerikas. Amerika hatte den Krieg gewonnen, den Deutschen wieder auf die Beine geholfen und konnte der Welt sagen, was sie zu tun hatte. Damals glaubten alle an den technischen Fortschritt – wie ich auch. Die Stimmungslage war einfach positiv und traf bei mir genau den rechten Nerv, ich war angesteckt und fühlte mich wohl.

Eine andere wichtige Erfahrung für mich war, daß ich in Amerika junge Juden kennenlernte und damit auch viel über mich und mein Land Deutschland lernte. Denn dort, wo ich herkam, wurde noch nicht allzuviel gesprochen über das, was geschehen war. Hier wurde ich auf einmal mit alledem konfrontiert, auch mit meinem Nichtwissen. Es gab junge Männer in meinem Alter, die mit mir sprachen und mir erklärten, was ich noch nicht wußte. Ohne Haß und Vorurteil erzählten sie mir die Geschichten, die bei uns noch verdrängt blieben. Fragen über Fragen stellten sich mir und wurden erörtert – Fragen nach den Wurzeln, nach den Ursachen, nach den Auslösern für alle Schrecklichkeiten.

Es war in jeder Hinsicht der heißeste Sommer meines Lebens. Ich glühte vor Lust am Leben, vor Neugier, ich lernte Menschen kennen und Technik schätzen, ich hörte Jazz und holte mir mit kindlichem Staunen und Entzücken Fertiggerichte aus kleinen Auslagen, in die ich vorher ein paar Cent geworfen hatte. Ich verträumte Nächte in kleinen Lokalen am Times Square. Längst ist das alles den großen Bauten gewichen, und wenn ich mir das heute noch manchmal ansehe, erkenne ich kaum mehr die Strukturen von damals. Verweht und vorbei, aber die Kostbarkeit der Erinnerung läßt die Bilder jener Zeit lebendig bleiben.

Nach dieser ersten Station ging ich auf Wanderschaft, wie

ich es mit meinem Vater ausgemacht hatte und wie der treue Leon Rubin es für mich arrangiert hatte. Ich fuhr nach Chicago und sah mir noch einmal die Schlachthöfe an, arbeitete auch dort in einem dieser enormen Gebäude, in die das Vieh hineinströmte und dort dann im wahrsten Sinne des Wortes »verarbeitet« wurde. Dies war ebenfalls eine harte Zeit für mich – und doch, es war alles im Aufbruch, und alle Menschen waren hilfsbereit und taten für mich, was sie konnten. Es begeisterte mich, daß man in Amerika immer nur einen einzigen Menschen kennen mußte, der einen wieder mit dem nächsten in Verbindung brachte, und alles lief unkompliziert und voller Herzlichkeit ab. Ich notierte mir, was ich bemerkenswert fand. Ich wollte ja so vieles mit nach Hause nehmen und dort nur das Beste des Gesehenen wieder aufleben lassen.

In Chicago hielt ich es nur zwei Wochen in dem Schlachthaus aus, länger hätte ich es einfach nicht ertragen. Anschließend hatte mir Rubin einen ganz anderen Job in Iowa besorgt: Ich arbeitete in einem Selbstbedienungsladen, in einem riesigen Supermarkt, und trug ein Käppi, auf dem zu lesen stand: *I'm always pleased to serve you*. Der schmächtige, spindeldürre Karl Ludwig Schweisfurth stand da also in der Fleischabteilung in Iowa und verkaufte Fleisch und Wurst. Zu Hause in Deutschland gab es noch keinen einzigen Supermarkt, und von Selbstbedienung war man dort so weit entfernt wie von der Mondlandung. Es waren Welten, die zwischen Herten und Iowa lagen – und doch, wie klein heute der Abstand geworden ist! Damals hatte ich dort allerdings auch oft etwas Europäisches in der Hand – das war der aus Europa importierte Schinken. Es war immer noch preiswerter für die Amerikaner, den Schinken aus Deutschland oder Dänemark zu holen, und außerdem schmeckte er wohl irgendwie anders als der heimische. Wir Arbeiter in der Fleischwarenabteilung hatten Schneidemaschinen, mit denen wir die Scheiben in rasanter Geschwindigkeit schneiden konnten, das alles dann in Zellophan verpackten und sie dem Kunden fertig portioniert zur Selbstbedienung in die Kühltheke legten.

Ich machte dann noch Station in Philadelphia, das mich tief deprimierte, weil es damals so eine tote Stadt war, mit tristen Backsteinbauten und einer unbelebten Innenstadt. Später fuhr ich weiter in den Westen, bis Los Angeles, wo ich noch einmal in einem Supermarkt arbeitete, aber gleichzeitig auch das Leben genoß. Allerdings war ich ständig per Luftpost mit Herten in Verbindung, schickte die von mir gezeichneten Pläne, die dort schon von Architekten in konkrete Zeichnungen umgesetzt wurden. Wenn ich nach meiner sehr verlängerten Studienreise nach Hause käme, sollte schließlich möglichst rasch mit dem Neu- und Umbau und der Technisierung des Betriebes angefangen werden. Ich bin mir sicher, daß ich die Zeit in den USA nicht vertrödelt habe. Selbst wenn ich mich nur unterhalten habe, hat es doch in jeder Hinsicht Neues für mich gegeben, und ich bin überzeugt, daß viele meiner späteren Überlegungen und Erkenntnisse auch mit dieser Reise zusammenhängen. Ich habe mir damals den Luxus geleistet, mir für 650 Dollar einen himmelblauen Buick zu kaufen, und bin damit kreuz und quer durch Amerika gefahren. An meiner letzten Station im Westen, in Los Angeles, habe ich ihn wieder verkauft, und dann flog ich nach Hause, um endlich alles umzusetzen, was ich gesehen hatte.

Mein Studium war natürlich während dieser langen Zeit zum Erliegen gekommen. Tatsächlich hatte ich auch gar keine

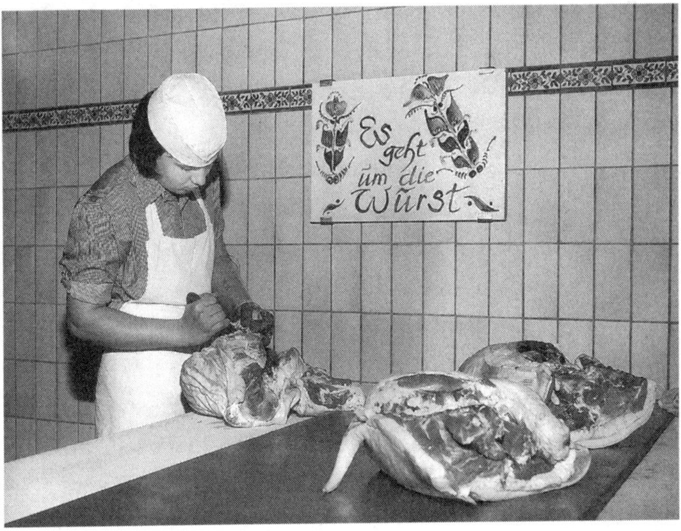


*Ein Lehrling in der Fabrik in Herten beim Zerlegen*

Lust auf das Studium mehr. Denn die Aufgaben, die auf mich warteten, schienen mir so reizvoll, daß Bilanzprüfung, kaufmännisches Rechnen und Statistik daneben doch sehr verblaßten. Ein paar meiner Freunde redeten mir zwar gut zu, ich sollte nicht alles aufgeben, aber ich hatte das sehr dringliche Gefühl, daß man mich in Herten brauchte, und fand, ich könnte später sehen, ob ich mein Studium überhaupt wirklich beenden wollte.

Jetzt sollte also die väterliche Fabrik umgebaut werden, und das war ein ziemlich großes und gewagtes Unterfangen, das da vor mir stand. Denn die Worte meines Vaters waren ja gewesen, daß es *meine* Arbeit sein sollte. Nun denn, dann wollte ich diese Arbeit auch angehen. Der Weg zum großen Industrieunternehmen Schweisfurth schien schon beschritten zu sein, es mußten nur noch ein paar Steine weggeräumt werden. Und genau das wollte ich tun.

Mein Vater hatte schon längst eingesehen und verstanden, daß wir unsere Firma, die gewaltig expandierte, auch in technischer Hinsicht expandieren lassen mußten. Daher hatte seine Entscheidung, daß das nun alles meine Verantwortung sein müßte, nicht nur eine pädagogische Wirkung, sondern war auch eine Einsicht in die Notwendigkeit. Ich war inzwischen zweifellos der Experte. Da wir uns grundsätzlich einig waren und ich aus Amerika während der ganzen Zeit meiner Informationsreise ständig Pläne geschickt hatte, konnten alle Formalitäten wie Baugenehmigungen für die Erweiterung der Gebäude und andere sachliche Details schnell erledigt werden, und wir konnten loslegen. Ich konnte nach meiner Rückkehr aus Amerika tatsächlich die Ärmel hochkrempeln und einfach anfangen zu bauen. Technische Einrichtungen wurden in Auftrag gegeben, die in Deutschland noch sehr ungewöhnlich oder sogar gänzlich unbekannt waren, aber wir fanden die entsprechenden Firmen, die bereit waren, mitzumachen und ebenfalls Neues zu wagen.

Wir waren wahrlich innovativ auf unserem Gebiet, und so hat uns nicht allein die schiere Marktgröße zur Nummer eins auf dem Fleischmarkt gemacht, sondern es waren auch diese Neuerungen, die alsbald mustergültig für die gesamte Konkurrenz wurden. Es mag sich im Erzählen alles reibungsloser anhören, als es tatsächlich war. Mit Sicherheit hatten wir immer wieder Probleme, weil meine Vorstellungen schwer in Einklang zu bringen waren mit dem, was bis dahin üblich gewesen war. Natürlich hatten wir viele Vorbilder aus Amerika, aber ebenso natürlich konnten wir die dortigen Verhältnisse

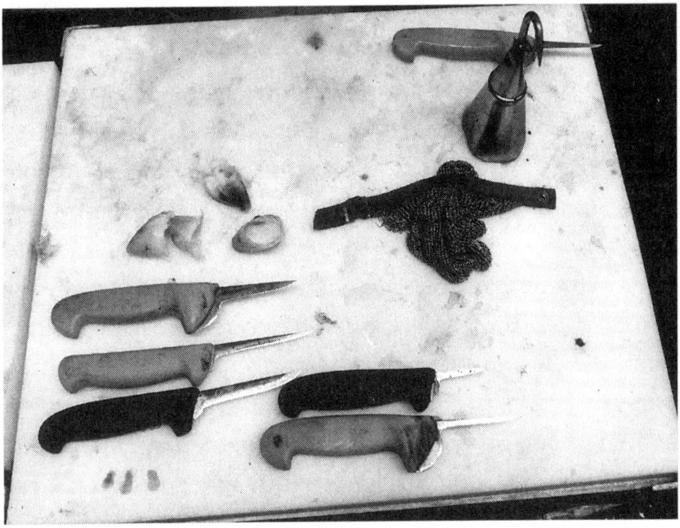

*Das »Handwerksbesteck« eines Metzgers*

nicht unmittelbar auf uns, auf Herta, auf Deutschland übertragen.

Schließlich aber standen die neuen Abteilungen, und wir hatten die Technisierung so weit ausgebaut, daß Fließbänder und Zerlegebänder in unseren Hallen in Betrieb gingen, zusammen mit vielen Spezialeinrichtungen, die hochmodern und fortschrittlich waren und uns nach meiner Überzeugung Wettbewerbsvorteile bringen würden.

Obwohl mein Vater so bedingungslos hinter mir stand, kam es doch zu gewaltigen Eruptionen bei einigen Mitarbeitern, vor allem bei den Meistern, die mit der neuen Organisation und all den Maschinen einen Teil ihrer Macht und ihres Ansehens dahinschwinden sahen – womit sie auch nicht ganz unrecht hatten. Es gab Murren, offenen Widerstand, und einige fanden es wohl ziemlich überflüssig, daß der Junior ankam und alles umkrempeln wollte. Gerade die Älteren wollten nicht einsehen, daß etwas Bewährtes nun plötzlich nicht mehr gelten sollte, daß alles neu sein mußte und sie auf ihre alten Tage noch Macht abgeben, dafür aber Neues lernen sollten.

Ein besonders krasser Fall spielte sich so ab, daß der Hauptverantwortliche für die gesamte Produktion, der Ober- und Werkmeister Adolf Vogel, offen Revolution machte, Widerstand leistete und schlechte Stimmung im Betrieb verbreitete. Er hatte natürlich viel zu sagen, viel zu entscheiden und war besonders empört über die gesamte Entwicklung. Mein Vater sah das, begriff auch, daß es letztlich nur um menschliche Schwächen ging, und wußte, daß Adolf Vogel in seinem Innersten eigentlich einer der Treuesten war. Nun griff mein Vater wieder zu einer Maßnahme, die unter den heutigen Gesichtspunkten kaum noch verständlich ist, die aber in dem halbfamiliären Umgang, den wir bei allen Differenzen miteinander hatten, möglich war, ohne weh zu tun. Er ließ Adolf Vogel zu sich kommen, sprach ihn auf sein Grummeln und die schlechte Stimmung an und bot ihm gleichzeitig an, vier Wochen Urlaub machen zu können, um in Ruhe über die gesamte Entwicklung nachzudenken. Allerdings handelte es sich hierbei um unbezahlten Urlaub. Vogel nahm an, ging nach Hause, dachte eine Weile über diese fremdartigen Neuerungen und die vermeintliche Beschneidung seiner Meisterkompetenzen nach, kam nach zwei Wochen wieder und sagte sein bedingungsloses Mitmachen zu. Er war ein wunderbarer Meister und Mitarbeiter und blieb treu bis zum Schluß.

Heute würde man das, was damals in unserer Firma geschah,

*Eine große Halle in Herten mit Technik pur – die Wurstfüllerei. Alles, was in Därme gefüllt werden konnte, wurde hier bearbeitet.*

»zukunftsorientiert« und »innovativ« nennen, und ich muß nach wie vor meinen Vater bewundern, der soviel Lust zur Veränderung verspürte und auch bei Problemen nicht verzweifelte. Eines davon war, daß die Um- und Einbauten plötzlich die gesamte Statik in Frage stellten und sich durch enorme Zusatzmaßnahmen am Fundament des Hauses gewaltige Mehrkosten ergaben. Auch da blieb mein Vater gelassen. Er hatte sich entschieden, er hatte mir sein Vertrauen geschenkt, und er hatte mir zugetraut, zu schaffen, was ich vorgeschlagen hatte. Obwohl nahezu die ganze Fabrik umgekrempelt und alles umgestellt wurde, lief die Produktion immer weiter, wir hatten keinen einzigen Tag Ausfall.

Bis alles so gebaut und fertig war, wie es meinen Vorstellungen entsprach, war das Jahr 1957 angebrochen. Meine Aufgabe in Herten war damit zunächst erledigt, und nun stellte sich mir die Frage, ob es nicht doch sinnvoll wäre, das so lange unterbrochene Studium abzuschließen, um auch dies nicht halb und unvollendet stehenzulassen. Dieses Unvollendetlassen widersprach mir eigentlich, und so beschloß ich, noch einmal nach Köln zu gehen und dort besonders zielstrebig und völlig ohne jede Ablenkung durch Unterhaltungen irgendwelcher Art mein Studium zu beenden.

Ich mußte mich ziemlich hineinknien in alles, hatte viel vergessen und wußte gar nicht mehr so recht mit dem bloßen Lernen umzugehen. Aber es machte mir doch noch einmal Freude, Student zu sein, und daß ich mir nun gar keine Ablenkung gönnen sollte, schien mir doch etwas übertrieben. Meine alten Freunde hatten mir, so gut es ging, über die völlig lernfreie Zeit hinweggeholfen, standen mir mit Rat und Tat zur Seite und verführten mich auch, das eine oder andere Fest fröhlich mitzufeiern. Ich selbst war inzwischen natürlich ein anderer Mensch geworden. Sowohl mein Amerikaausflug als auch die Aufgaben, die danach in Herten zu bewältigen waren, haben mich sicher sehr geprägt. Sie hatten mich ganz selbständig und um einiges sicherer werden lassen, als ich es vorher war.

Je näher das Examen rückte, desto zappeliger wurden meine Freunde, und ich selber wurde entsprechend ruhiger. Das mag seltsam klingen, aber ich bin überzeugt, daß meine vielen Ausflüge zwar nicht meinen betriebswirtschaftlichen Wissensstand aufgefüllt hatten, mir aber ein Gespür für Wichtiges und – hoffentlich auch – Richtiges vermittelt hatten. So fiel mir das Lernen eigentlich ganz leicht, es machte mir auch Freude, beim Repetitor zu sitzen, das Ziel war nah, und ich war wieder voller Tatendrang. Daß ich zusätzlich beim Feiern unendlich viele Geschichten erzählen konnte, war eine andere, unwichtige Dimension. Bei meiner ausgeprägten Lust, Geschichten und Anekdoten weiterzugeben, war es für mich einfach herrlich, aus meinem reichen Geschichtenfundus immer wieder etwas Neues auszugraben.

Eine ganz andere und nun wirklich alles durcheinanderwirbelnde Geschichte passierte mit mir, als ich mich auf das Examen vorbereitete. Ich hatte mir ein Jahr zum Lernen und Aufholen gegeben und ahnte nicht, daß ich am Ende dieses Jahres nicht nur das Examen zum Diplomkaufmann in der Tasche haben würde, sondern daß mein Leben grundlegend in eine neue Richtung laufen sollte: Ich verliebte mich in Doris Rath, ein wunderschönes Mädchen, das ich schon früher einmal gesehen, dann aber völlig aus den Augen verloren hatte.

Ich sah sie auf einem Fest meines Korps, bei den Hanseaten. Das Fest war schon längst in vollem Gange, als ich kam, aber als ich sie wiedertraf, schwang ich mich mit einem Hechtsprung über die Theke, sah sie an und wußte, daß es die Liebe auf den ersten Blick war. Oder, besser gesagt, wohl Liebe auf den zweiten Blick. Es gab ein großes Hallo, und von da an trafen wir uns trotz Examen täglich nach dem Lernen. Es hatte bei uns beiden einfach eingeschlagen, und wir wußten sehr bald, daß wir zusammenbleiben wollten. Mich beflügelte mein verliebter Zustand sehr, er hielt mich nicht vom Lernen ab, sondern gab mir geradezu den letzten Kick. Doris war etwas jünger als ich, kam aus einer Unternehmerfamilie in Opladen, lernte Sprachen und war wohl genauso verliebt wie ich.

Ich machte ihr meinen Heiratsantrag mitten in der Nacht auf der schwankenden Köln-Deutzer Rheinbrücke, als wir gerade in meinem kleinen Auto auf dem Heimweg von einem Fest waren. Wir waren beide der festen und sicheren Überzeugung, daß das, was wir wollten, richtig war. Ich spüre noch heute diese wunderbare Beschwingtheit, die mich erfüllte, bin mir aber nicht sicher, ob das nur die Gefühle waren oder ob die Brücke nicht auch etwas zum Schwingen beitrug.

Jedenfalls nahm das Leben seinen Lauf. Das Examen wurde gut bestanden, im Fach Wirtschaftsgeographie konnte ich in der mündlichen Prüfung meinem gestrengen Professor viel von Angola erzählen, das ich im Gegensatz zu ihm kannte. Aber in den anderen Fächern war ich auch nicht schlecht, ich wurde sogar gefragt, ob ich promovieren wollte, wozu ich aber überhaupt keine Lust hatte. Da ich nun erreicht hatte, was ich wollte, zudem auch bald heiraten wollte, schien mir das bestandene Examen genug an akademischen Ehren zu sein, so daß nun endlich ein ganz und gar eigenständiges Leben anfangen konnte.

# Familie und Firmenleitung

## *Expansion und Erkenntnisse*

Doris und ich heirateten also, und wir waren glücklich, daß wir gut zueinander paßten. Doris war das Sinnbild einer strahlenden, jungen Frau, die Inkarnation jugendlicher Frische, und unserem Glück schien nichts im Wege zu stehen. Mit meinem Vater war abgesprochen, daß ich nach der Heirat nach Dachau gehen sollte, wo wir schon im Jahre 1954 die Fleischwarenfabrik Wülfert übernommen hatten, die der Genossenschaft der bayerischen Schafhalter gehört hatte. Das war unser erster Schritt aus dem heimischen Herten heraus und damit schon ein großer Sprung. Die Genossenschaft hatte die Fabrik nicht halten können und sie durch Mißwirtschaft in eine Pleite getrieben. Mein Vater suchte damals acht besonders tüchtige Mitarbeiter in Herten aus, die das bayerische Tochterunternehmen führen und lenken sollten und die aus dem kleinen Betrieb rasch ein gut funktionierendes Unternehmen machen konnten.

Zu diesem Zeitpunkt, Ende 1958, fand mein Vater, daß ich – weitab vom Schuß, sprich von väterlichen und mütterlichen Einmischungen, und doch unter dem Dach der elterlichen Firma – die Firma *Herta Dachau,* wie sie nun hieß, übernehmen sollte. Ich hatte auch Lust dazu, auf Bayern freute ich mich, und das neue Leben allein mit meiner Frau anfangen zu können, fand ich recht verlockend.

Eine schöne Phase in meinem Leben brach nun an. Ich lebte zum ersten Mal im tiefsten Süden von Deutschland, die Berge waren nah, die Seen waren sehr schön. Wir waren glücklich, die Arbeit bei *Herta Dachau* machte Spaß, viele der in Herten bereits erprobten Neuerungen konnten auch in Dachau eingeführt werden. Ich hatte als Juniorchef, wie das zur damaligen Zeit noch üblich war, eine gewisse Vorrangstellung, die selbstverständlichen, hierarchischen Strukturen wurden noch nicht in Frage gestellt.

Es waren wirklich alle Umstände glücklich, bis hin zu denen, in denen sich meine Frau befand – unser erstes Kind sollte im August 1959 auf die Welt kommen, und wir freuten uns auch sehr darauf. Aus dem ersten Kind wurden dann zwei: Wir bekamen Zwillinge, Karl und Georg. Sie sind zweieiig, und so verschieden, wie Menschen nur sein können – und das bereits von Anfang an. Als die bayerische Hebamme mir die beiden im Arm vorführte, sagte sie von dem kräftigeren im schönsten Bayrisch: »Des is der Bua« – das war auch der stämmigere, während der andere zierlich wirkte und zart. Für mich haben sich die beiden tatsächlich bis heute nicht so sehr verändert.

Leider war es damals noch nicht üblich, daß ein Vater bei der Geburt dabei ist, ich hätte das gerne miterlebt. Statt dessen hat mich mein Schwiegervater, der mit mir auf das Erscheinen der Kinder wartete, angehalten, Champagner im Kühlschrank zu deponieren, mit der Bemerkung, später stünden dann ohnehin nur noch Fläschchen drin, und das wäre öde. Das Wunder der Geburt habe ich dann übrigens später bei einer Enkelin miterleben dürfen und bin froh, es wenigstens einmal erlebt zu haben.

*Die Eltern mit ihren vier Kindern – meine drei Schwestern und ich (rechts außen) mit den Ehepartnern*

Im übrigen hatte ich Glück, zum Zeitpunkt der Geburt überhaupt wieder zu Hause sein zu können, denn ich kam in letzter Minute von einer Reise nach Brasilien zurück, für die eigentlich eine Schnapsidee meines Vaters der Auslöser war. Daß mein Vater experimentierfreudig war und keine Scheu vor ungewöhnlichen Entscheidungen und Ideen hatte, dürfte inzwischen bekannt sein. So kam es auch Ende der fünfziger Jahre, daß er zusammen mit zwei Freunden, die nichts mit Fleischwaren zu tun hatten, eine Schiffsreise nach Brasilien antrat. Ohne Ehefrauen, denn es sollte wohl ein rechter »Herrenausflug« sein, den sich die drei gönnen wollten. In Brasilien trafen sie einen jungen Deutschen, der während der Koreakrise aus Angst vor einem möglichen Krieg ins Ausland ge-

*Lieferwagen vor dem brasilianischen Unternehmen von Herta*

gangen war und dort nun dies und das makelte, kaufte und verkaufte. So erzählte er den drei Herren auch von einer Fleischwarenfabrik in Rio Grande do Sul, berichtete natürlich auch von Rinderherden und dem gigantischen Erfolg, den ein mögliches Engagement dort haben würde, und hat es doch tatsächlich geschafft, die drei zu überzeugen, sich dieses brasilianische Unternehmen gemeinsam zu kaufen. Sie waren davon sehr angetan, konnten auch dem Gedanken, mindestens zweimal im Jahr nach Brasilien fahren zu müssen, durchaus etwas abgewinnen und wurden so Besitzer einer brasilianischen Rinderherde und der dazu passenden Fabrik.

Dieses Engagement machte meinem Vater allerdings sehr bald überhaupt keine Freude mehr, und so befand er, daß der

Junge, also ich, doch regelmäßig dort nach dem Rechten schauen sollte. Daß der Junge gerade mit der Leitung der Dachauer Tochterfirma beschäftigt war und außerdem gerade selbst Vater wurde, kümmerte ihn dabei eher wenig. Ich erzähle das mehr aus Lust an einer Randbegebenheit denn aus Chronistenpflicht. Eigentlich ist es ungeheuerlich, daß man eine solche Investition aus einer Laune heraus tätigt und nicht, wie später oft vermutet wurde, aus der sicheren Überlegung, daß das Rind gerade dort besonders gut und schmackhaft sei, also aus unternehmerischem Weitblick.

Mein Vater kam nur etwa zweimal im Jahr in Dachau vorbei und schaute dann ein wenig nach dem Rechten. Wie immer ließ er mich tun, was und wie ich wollte, und auch in Dachau – fern von Herten – hat er alle wesentlichen Entscheidungen mir ganz allein überlassen.

Ich glaube, mein Vater zählte zu den typischen Figuren, die sehr kennzeichnend für die Unternehmergeneration nach dem Zweiten Weltkrieg waren. Da gab es viele solcher Männer, die ganz eigene Typen darstellten, die deutsche Wirtschaftsgeschichte gemacht haben und die sehr oft weniger aus intellektueller Überlegung als aus Intuition gehandelt haben. Sie mußten aufbauen, weiterdenken und handeln, und ich glaube, daß sie alle noch wußten, wie man mit Menschen umgeht. Sicher mag auch hier wieder ein wenig Lust am Idealisieren im Spiel sein, und doch bin ich überzeugt, daß Menschen wie mein Vater damals sehr prägend waren – nicht nur für mich als Sohn, sondern auch für die Mitarbeiter, die ihnen nicht so nahestanden.

Ich habe schon anklingen lassen, daß ich als Sohn natürlich eine gewisse Kronprinzenrolle innehatte. Meine drei Schwestern behaupten das sowieso, aber das ist wohl üblich in einer Familie, in der es so viele Frauen gibt. Eigentlich behandeln sie mich immer noch ein wenig wie den Prinzen, der jetzt aber der Chef der Familie ist.

Im übrigen war ich nun selbst Chef eines Unternehmens, Familienvater und Ehemann, sah aber immer noch blaß aus, war körperlich eher ein wenig schwächlich und dünn wie eine Gerte. Ich war durchaus als zart zu bezeichnen, dafür hatte ich allerdings ein gutes Durchhaltevermögen und war eigentlich sehr zäh. Wenn ich mir heute Fotos aus der damaligen Zeit anschaue, bin ich fasziniert, daß ich das sein soll. Ich war das blanke Gegenteil von meinem Vater, und er muß sich eigentlich immer gewundert haben, daß ich trotz der äußerlichen Zartheit tragen und aushalten konnte.

Ich bin mit meiner Familie nur bis 1961 in Dachau geblieben, wo ich übrigens die ersten Gehversuche in moderner Datenverarbeitung machte. Ich hatte vom Hollerith-Lochkartensystem erfahren und wollte diese neue Art der Datenspeicherung unbedingt genauer kennenlernen. Zu diesem Zweck bat ich einen klugen Mann von der Universität München, mich zu unterweisen, und lernte dann, die gesamten Verkaufsabrechnungen über diese wunderbare neue Maschine zu machen. Wir waren in Dachau mit diesem System dem Musterbetrieb in Herten voraus, in dem man das nicht kannte, und ich war stolz, diese Neuerung in »meinem« Betrieb zuerst eingeführt zu haben, zwar mit allen Kinderkrankheiten, die am Anfang damit verbunden waren, aber die waren relativ überschaubar und rasch beseitigt. Jedenfalls waren wir die Modern-

*Mein Vater, immer zu Scherzen aufgelegt, dirigiert Bierzeltmusiker auf dem Münchner Oktoberfest*

sten und hatten die Nase weit vorn, worauf wir alle ziemlich stolz waren.

Daß ich relativ bald wieder nach Herten zurückkehrte, hat wieder mit meinem Vater zu tun. Ich hatte das Gefühl, mein Vater würde nicht mehr lange leben, und wußte auch, daß er Herzprobleme hatte. Er kränkelte vor sich hin, man merkte ihm an, daß er Mühe hatte, größere Strecken zu gehen. Es strengte ihn alles unsagbar an. Merkwürdigerweise weiß ich heute nicht mehr, ob mich damals ein Arzt noch extra auf den Gesundheitszustand meines Vaters aufmerksam gemacht hat oder ob es allein meine Intuition war, die mich meine Koffer packen und mitsamt meiner Familie nach Herten ziehen ließ. Es war mir wichtig, in der Nähe meines Vaters zu sein, nicht nur, weil ich ihn sehr liebte, sondern auch, weil ich das sichere

Gefühl hatte, ich müßte noch so vieles von ihm lernen, hören, begreifen und aufnehmen für eine Zeit, da ich ihn nicht mehr um mich haben würde und nicht mehr um Rat fragen könnte.

Ich bin sehr froh, daß ich das damals so gemacht habe, denn ich hatte dann noch drei sehr wichtige und gute Jahre der Zusammenarbeit mit ihm. Obwohl er schon sehr zurückgezogen lebte und nicht mehr viel in der Firma war, nahm er an allem Anteil, hörte sich gerne alles an und gab Ratschläge, wo sie erwünscht waren. Er hatte einen hervorragenden leitenden Mitarbeiter, Fritz Harms, dem er zusammen mit mir mehr und mehr die Führung der Geschäfte überließ. Er kam immer weniger in sein Büro, meist nur kurz am Vormittag und für zwei Stunden am Nachmittag. Aber es war viel zu tun, und ich wuchs so auf organische Weise und sehr selbstverständlich in die Führung des Gesamtganzen hinein.

Die Erweiterung und Ausdehnung unserer Firma war noch weitergegangen. Wenige Tage vor der Geburt meiner Zwillinge hatte mein Vater einen Betrieb in Frankreich gekauft, in Homécourt, in der Nähe von Metz. Außerdem übernahm er fast zur selben Zeit einen Betrieb in Norddeutschland, die Firma Artland Dörffler in Badbergen, es gab also genug zu tun. Es waren mittlerweile vier Fabriken, die uns gehörten, und die Arbeitsbelastung war enorm. Aber ich kann sagen, daß es mir auch einfach Freude machte, zu arbeiten und zu gestalten. Wir lebten in den boomenden Jahren des Wirtschaftswunders, in denen alles zu gelingen schien, Wachstum nur eine Frage von mehr Arbeit und Einsatz zu sein schien und wenig hinterfragt wurde. Wir waren zwar nicht mehr im Stande der Unschuld, dazu war viel zuviel geschehen, aber wir waren alle unglaublich naiv. Wir glaubten, wir könnten die Welt so gestalten, wie sie uns gefiele – der Gedanke, wir müßten sorgsam mit dieser Welt umgehen, wie sie uns gegeben ist, war damals noch in weiter Ferne. Auf der anderen Seite war ein Pioniergeist zu spüren, der alle Kräfte mobilisierte und uns auch zu Höchstleistungen anspornte.

Natürlich werden auch geschäftliche Entscheidungen nicht nur aus Vernunft und kühler Berechnung getroffen, Brasilien ist dafür ein treffliches Beispiel. Ein wenig ähnlich, wenn auch wieder unter ganz anderen Vorzeichen, verlief die Erweiterung unserer Firma durch einen Zukauf in Berlin-Spandau. Mein Vater hatte eine alte, nie wirklich gestillte Liebe zu dieser Stadt, die er immer nur besuchshalber aufgesucht hatte. Als dort eine Fleischwarenfabrik zum Verkauf stand und Vater davon hörte, war relativ schnell klar, daß Herta auch in Berlin Fuß fassen wollte. Es war ein so großer Herzenswunsch meines Vaters, daß wir beide also im Sommer 1961 aufbrachen und nach Berlin flogen, um uns das in Frage kommende Objekt anzusehen. Ich weiß gar nicht, wie schlecht die Zahlen hätten sein müssen, damit mein Vater diesen Kauf nicht getätigt hätte. Der Betrieb war fast pleite, und wir fanden nach Überprüfung aller Gegebenheiten, daß sich ein Engagement für uns lohnte.

So konnte Vater seine Lust auf Paul Linke und die Berliner Luft mit der Produktion von Wurst und Fleisch kombinieren, und ich glaube fast, daß das sein schönster Erwerb war. Auch hier gilt: Es gab keinerlei strategische Gründe, daß wir diese Fabrik in Berlin gebraucht hätten, es waren im wesentlichen die Gefühle meines Vaters und seine Lust an der Stadt, die ihn diesen Kauf tätigen ließen. Wir übernahmen diese Firma also am 1. August 1961. Eine kleine Abordnung aus Herten unter meiner Führung übernahm zunächst die Leitung, und das hieß auch, daß wir eine Weile in Berlin bleiben mußten. Wir waren alle jung, fanden die Großstadt herrlich, kamen aus unserem kleinen Herten heraus und arbeiteten mit Freude an dem neuen Projekt. Ich habe den 13. August 1961, den Tag des Mauerbaus, in Berlin miterlebt und vergesse nie mehr die Stimmung und die unendliche Bedrücktheit, die sich auf uns alle legte. Auch die Angst und die Bedenken, was aus dieser enormen Provokation alles entstehen könnte, sind mir für immer in Erinnerung.

Ich wollte am Wochenende darauf zu meiner Familie, die an der Nordsee Ferien machte, und konnte kaum einen Platz im Flugzeug bekommen. Es gelang mir schließlich, und ich flog inmitten all der Menschen, die Angst vor einem neuen Krieg hatten, die nur weg wollten, nach Hamburg. Der Flugplatz war überfüllt, und es herrschten Angst und Panik. Als ich am Montagmorgen wieder nach Berlin zurückflog, war die Maschine allerdings gähnend leer. Dafür fehlte von der Berliner Belegschaft die Hälfte, denn alle Arbeiter aus Ost-Berlin waren nicht mehr gekommen. Die lange Zeit des Kalten Krieges, der Trennung von Familien hatte begonnen.

Für viele Jahre war die Firma K. Schweisfurth Berlin nun eine steuerlich interessante Erwerbung, was beim Kauf nicht vorherzusehen war und auch keine entscheidende Rolle gespielt hätte. Es entstand für lange Zeit die etwas seltsame Prozedur, daß der »Rohstoff«, also die geschlachteten Schweine und die Rinderviertel, von Westdeutschland nach Berlin transportiert wurde, dort die Zerlegung in Einzelteile stattfand und die Wurst gemacht wurde, die dann verpackt wieder nach West-

*Jungunternehmer Karl Ludwig Schweisfurth in Vaters Büro mit Mutter*

deutschland zurückging, denn der Berliner Markt war natürlich eher klein, bot aber einen steuerlichen Anreiz. Wir bauten diese Berliner Fabrik im Laufe der Jahre sehr stark aus, sie existiert bis heute in Spandau und ist eine sehr bedeutende Spezialfabrik für bestimmte Wurstsorten von hoher Qualität geworden. Allerdings konnte mein Vater trotz seiner heißgeliebten Berliner Luft nicht mehr sehr oft dorthin fahren, er war einfach zu schwach.

Immerhin hat sich mein Vater noch seinen Lebenswunsch erfüllen können, den er uns auf den Sonntagsspaziergängen regelmäßig vorgetragen hatte. Er baute sich auf dem Paschenberg in Herten das erträumte Haus, von dem aus er das ganze Ruhrgebiet überblicken konnte. Leider hat sich die Fertigstellung lange hinausgezögert, weil der richtige Architekt nicht gefunden wurde, so daß mein Vater diesen Lebenstraum nur noch kurz genießen konnte. Anfang 1964 zog er ein, aber er war schon müde geworden, dabei jedoch auch ein bißchen altersweise. Jedenfalls schrie und tobte er nicht mehr, er schnauzte niemanden mehr an und wurde immer großzügiger. Aber er war ein erschöpfter, alter Mann geworden. Er hat nur noch drei Monate lang in seinem Traumhaus leben können.

Unsere Zusammenarbeit war zuletzt stark geprägt von dem Wissen, daß er nicht mehr allzulange leben würde, und sie war für mich prägend und bestimmend auch für viele Jahre später. Wenn ich mir heute das Porträt meines Vaters ansehe, das der Münchner Maler Professor Kallmann ein halbes Jahr vor dessen Tod gemalt hat, dann begreife ich, daß das Bildnis schon seinen Abschied von dieser Erde widerspiegelt. Kallmann hatte viele Politikergrößen gemalt und war ein bekannter und sehr begabter zeitgenössischer Künstler, der ein Gespür für das innere Wesen der von ihm Porträtierten hatte.

Dieses langsame Verlöschen des Vaters brachte natürlich auch viel Traurigkeit, ständiges Umsorgen und endlose Anweisungen an den alten Mann mit sich, was ihm oft gewaltig auf die Nerven ging. Freilich wollte man sein Bestes, und wie immer in solchen Fällen, wurde die Sorge dabei oft übertrieben. Gegen Ende seines Lebens hatte der Vater wieder einmal genug von all der Umsorgerei und bat mich, ihn zu einer »Inspektionsfahrt« zur Firma Artland in Badbergen mitzunehmen. Sein Hintergedanke war dabei, für eine kurze Zeit allen Anweisungen entkommen zu können und noch einmal von Herzen sündigen zu dürfen, soviel sein Herz begehrte. Und dabei hatte er meine volle Unterstützung. Wir prüften also alles genau in diesem Tochterunternehmen, dann aßen und tranken wir kräftig, und beide wußten wir, daß dies das letzte Mal war, daß wir so zusammensein konnten. Wir waren aber ohne Wehmut, lachten viel und genossen unsere zwei Tage miteinander sehr.

Im August 1964 fuhr die ganze Familie, Vater, Mutter, Schwestern und Schwäger, meine Frau und ich und die drei Kinder – mittlerweile war noch die Tochter Anne dazugekommen –, nach Dachau, um dort das zehnjährige Bestehen dieses ersten Betriebes außerhalb von Herten zu feiern. Es sollte ein großes Fest werden, das wir auch großzügig begehen wollten. Meine Mutter sollte den bayerischen Verdienstorden bekommen, der damalige Landwirtschaftsminister hatte sich angesagt – wir waren alle erfüllt von Freude. Vater wollte den Besuch in Dachau wieder mit einer Kur am Tegernsee verbinden. Aber er war schon ein so kranker Mann, daß er sogar seine Festrede nicht mehr selbst halten wollte und statt dessen mich bat, dies für ihn zu übernehmen. Als es endlich soweit war und ich schon anfangen wollte, hielt mich mein Vater zurück und bestand plötzlich darauf, doch noch selbst aufs Podium zu steigen. Dann hielt er völlig frei eine lange Rede, die geprägt war von Verständnis für die Mitarbeiter, Stolz auf das Erreichte und der Zusicherung, auch in Zukunft sorglich zu arbeiten und erfolgreich zu wirtschaften.

Heute weiß ich, daß das sein Vermächtnis war. Er konnte immer gut reden, frei zu sprechen war kein Problem für ihn, aber in dieser Rede, die er mit seiner letzten Kraft gehalten hat, wollte er noch einmal sein Credo als Unternehmer ablegen, und er hoffte verstanden zu werden. Ich kann berichten, daß es ihm gelungen ist: Alle, die da waren und ihm zuhörten, verstanden, was er meinte, und waren tief beeindruckt von dem alten Mann, der körperlich schon gebrochen, aber geistig klar und weitsichtig vor ihnen stand. Danach war er so erschöpft, daß er sich kaum auf den Beinen halten konnte. Ob alle Anwesenden begriffen hatten, daß es tatsächlich seine Abschiedsrede war? Obwohl wir nicht wußten, wie nah sein Tod war, fühlten wir, daß dies ein Ende, ein Schlußpunkt war.

Zu dieser Feier in Dachau waren auch so alte Mitstreiter wie Hubert Strauf eingeladen, es schien wirklich, als ob mein Vater sich mit einem großen Fest verabschieden wollte. Er bestand auch noch darauf, trotz seiner Schwäche, am nächsten Tag die Baustelle für den geplanten Neubau der Fabrik in Dachau zu besuchen, er begutachtete die Baupläne, die ihm dort jemand reichte, er besichtigte die neue Schweinemast, die wir gebaut hatten, und lud dann alle ein, am Nachmittag bei ihm vorbeizukommen.

In der schönen Wohnung, die noch aus den Zeiten meiner ersten Ehetage existierte, kamen wir zusammen. Mein Vater klagte über starke Bauchschmerzen, konnte sich kaum noch halten, und wir riefen den Notarzt. Niemand war wirklich ängstlich, denn wir glaubten an eine Überreaktion auf all die vielen Ereignisse. Der Arzt war allerdings sehr ernst und ließ meinen Vater in eine Klinik nach München bringen. Meine Mutter und ich fuhren dem Notarztwagen nach, und ich sehe noch als letztes den Blick meines Vaters, als er auf seiner Bahre in den Fahrstuhl geschoben wurde. Ich glaube, er wußte, daß wir uns zum letzten Mal bewußt ansahen – eine Stunde später war er tot. Er hatte einen so schweren Herzinfarkt erlitten, daß er nicht mehr zu retten war.

Ich muß heute oft daran denken, daß mein Vater seinen Tod

*Zur Feier des zehnjährigen Jubiläums der Dachauer Niederlassung kam mein Vater angereist. Hier wußte noch niemand, daß es sein Todestag sein würde. (Links außen meine Frau und ich.)*

geahnt hat und daß er bis zuletzt mit den Seinen und mit seinem Werk, das er geschaffen hatte, zusammensein wollte. Ich bin mittlerweile älter, als mein Vater bei seinem Tod war, und das ist ein merkwürdiges Gefühl, das mich oft nachdenklich macht.

Es tut mir noch immer weh, daß ich meinen Vater in einer Klinik habe sterben lassen, daß ich ihm diesen letzten Weg nicht ersparen konnte. Wie schön wäre es gewesen, wenn er in der Umgebung hätte bleiben können, die ihn so glücklich gemacht hat. Ich weiß, daß die ärztliche Pflicht dies gebot, daß man ihn versorgen mußte, auch wenn Rettung ausgeschlossen schien. Ich hoffe, daß ich genug Vorsorge für mich getroffen habe, daß ich selbst einmal in Ruhe sterben kann, wenn es soweit ist. Der Würde des Lebens muß auch eine Würde im Tod entsprechen.

Der Tod des Vaters war eine wirkliche Zäsur. Er hatte natürlich für alles vorgesorgt, hatte vernünftige Erbregelungen getroffen, und eigentlich konnte ich einfach da weitermachen, wo ich ohnehin gerade stand. Und doch – jetzt war alles anders. Ich war mit meinen Entscheidungen allein, trotz vieler hervorragender Mitarbeiter, die mich in allem unterstützten. Schon lange hatte mich mein Vater selbständig wirken lassen, und dennoch konnte man stets kurz bei ihm nachfragen, sich vergewissern oder wenigstens nur berichten. Das alles war nun vorbei.

Ich war der einzige Sohn, und damit war damals klar, daß ich der Erbe sein würde. Alle Details hatte er vorher mit uns vier Kindern besprochen, und er wollte auch nicht, daß sich irgend jemand benachteiligt fühlt. So hat er klug verfügt, auch im Sinne meiner Schwestern, und es ist nie zu irgendwelchen Streitigkeiten gekommen, wie so oft in Familienbetrieben, die dann dadurch kaputtgingen. Auch ich habe diese Dinge mit meinen Kindern beizeiten geregelt, denn alles, was gemeinsam beschlossen worden ist, hält künftigen Streit fern. Ich bin nach wie vor der Ansicht, daß derjenige, der die Verantwortung trägt und die Arbeit macht, auch mehr entscheiden muß. Für ihn gelten Vorzugsbedingungen, dennoch muß allen Kindern gegenüber gerecht verfahren werden.

In der durchaus hierarchisch gegliederten Unternehmensstruktur, wie wir sie lebten, war es für die leitenden Angestellten ganz selbstverständlich, daß sie nun dem neuen Chef gegenüber loyal sein würden. Aber dennoch glaube ich, daß die tiefe Verehrung und der Respekt, die meinem Vater entgegengebracht wurden, sich auch darin ausdrückten, daß alle Mitarbeiter zu mir hielten. Sie stellten sich geschlossen hinter mich und ließen mich nie hängen oder ohne Rat und Hilfe. So ging mit dem neuen Chef nicht, wie das manchmal zu sein pflegt, ein Ruck durch den Betrieb, sondern es gab eine auffallende Kontinuität, die alles sehr viel leichter machte. Das hat geholfen, den Verlust des geliebten Menschen zu ertragen.

Meine arme Mutter hat sich eigentlich nie von dem Tod ihres Mannes erholt. Sie überlebte ihn um sechs Jahre und hat während der ganzen Zeit in kaum zu besänftigender Trauer gelebt, die für ihre Mitmenschen schwer zu ertragen war. Die Trauer war für sie das beherrschende Element ihres Lebens geworden und hat ihre letzten Jahre geprägt.

Für mich war das schwierig. Immer, wenn ich etwas Neues machen oder meine Ideen durchsetzen wollte – und ich fing gerade damit an, mir wirklich Neues für Herta auszudenken –, zögerte die Mutter, weil sie meinte, es müßte alles aus dem Geist des Vaters heraus interpretiert und in seinem Sinn gehandelt werden. Das machte das Leben manchmal etwas mühsam, zumal ich gerade eine Zeit des Suchens durchlebte, viel über Führung von Mitarbeitern nachdachte und gerne alte Strukturen durch neue Impulse auflockern wollte. Da ich eigentlich über Stimmenmehrheit verfügte, war ich handlungsfähig. Es tat mir leid, daß meine Mutter mich nicht mehr verstand, aber solange sie mich nicht wirklich hemmte, allzusehr ihr Unverständnis äußerte, kam ich damit zurecht.

Es standen tatsächlich große Veränderungen an. Und immer wieder konnte es mir passieren, daß ich den Zuspruch meines Vaters vermißte, wenn ich eine neue Idee hatte. Dieses Aufmuntern, mit dem er mich Ideen verwirklichen ließ, fehlte sehr. Ich konnte ihn noch vor seinem Tod davon überzeugen, daß Selbstbedienung, wie ich sie schon in Amerika erlebt hatte, auch unser kommendes Geschäft sein würde. Wir mußten aber auch hier wieder echte Pionierarbeit leisten, denn mit den technischen Gegebenheiten, die uns zur Verfügung standen, konnten wir bei Herta noch keine haltbar verpackten Waren herstellen. Also wurden Maschinen bestellt, die es in Deutschland noch nicht gab und die ich bei späteren Besuchen in Amerika dort selbst ausgesucht hatte. Es war eine Sensation, daß wir in unseren Läden und dem Lebensmittelhandel vakuumverpackte Wurst und Schinken anbieten konnten; die Hausfrauen rannten uns die Türen ein, als wir damit auf den Markt kamen. Es ist heute für mich rückblickend natürlich fast grotesk, daß ich Wegbereiter der lange haltbaren, verpackten Fleischwaren war – und heute für die Lebens-Mittel der Frische und der kurzen Wege lebe und arbeite.

Die vielen Neuerungen und die enorme Expansion brachten entsprechenden Platzbedarf mit sich. Unser Unternehmen befand sich im Jahr 1967 immer noch an der Feldhege Nr. 4 an dem Ort, an dem schon mein Großvater gearbeitet hatte. Obwohl wir natürlich alles dazugekauft hatten, was man kaufen konnte, platzte die Fabrik aus allen Nähten, und das Unternehmen hatte in Herten bereits deutlich mehr als 1000 Mitarbeiter. Wir waren endgültig aus den Kinderschuhen – oder besser gesagt aus den alten Großvaterstiefeln – herausgewachsen. Und wir saßen immer noch mitten in der Stadt. Der Lärm, den wir erzeugten, war beträchtlich, der Gestank nicht minder, täglich fuhren unzählige Lastwagen morgens aus dem Fabrikgelände heraus und kehrten abends wieder zurück – keine sehr ideale Kulisse für das gegenüberliegende Gymnasium und die Anwohner.

Es traf sich gut, daß sich eines Tages, etwa drei Jahre nach dem Tod des Vaters, der Bürgermeister der Stadt Herten bei mir meldete und mir verschiedene Ideen vortrug, die zur Entlastung der Innenstadt von Herten beitragen sollten. Damals fing man an, sich Gedanken über Innenstädte und Autoverkehr zu machen, es war aber auch die Zeit der ersten Bergbaukrise, die ersten Zechen wurden geschlossen, und viele Bergarbeiter waren freigestellt. Man suchte nach Ersatzlösungen, dachte bereits weiter und wollte gerne neue Industrieanlagen schaffen, aber außerhalb, am Stadtrand, wovon man sich auch neue Beschäftigung für die arbeitslosen Bergleute erhoffte.

Der Bürgermeister malte mir alles in den herrlichsten Farben aus, berichtete auch von Initiativen des Landes Nordrhein-Westfalen, das Projekte solcher Art fördern wollte, und ließ mich ziemlich aufgewühlt zurück. Denn natürlich war mir auch längst klar geworden, daß wir uns über Jahre hinweg immer nur irgendwie mit Stückwerk beholfen hatten und daß eine große, neue Lösung der Fabrikations- und Verwaltungsgebäude nur an einem ganz anderen Ort stattfinden konnte. Wir fingen zu rechnen an, was wir investieren müßten, ohne noch genau zu wissen, wohin wir gehen würden, und ohne informiert zu sein, in welcher Höhe das Land eine öffentliche Beihilfe für Umzugsmaßnahmen und Projekte dieser Art gewähren wollte.

Die Pläne reiften, wurden vorgelegt, die Verhandlungen mit der Landesregierung in Düsseldorf kamen bereits in ein ernstes Stadium, und dank der Initiative eines sehr rührigen Beamten im Innenministerium kam es alsbald zum entscheidenden Gespräch zwischen allen Beteiligten, bei dem vereinbart werden konnte, daß das Land in der Lage und bereit sei, mit einem hohen Betrag mitzumachen. Daß der ganze Vorgang durch teilweise sehr unbürokratisches Verhalten beschleunigt wurde, tat der Angelegenheit nur gut, und ich bin überzeugt, daß man heutzutage nicht mehr so relativ rasch zu solch einschneidenden Entscheidungen käme wie damals. So nahm ich das Angebot an und sagte der Stadt Herten im Gegenzug zu, das Unternehmen »auf der grünen Wiese« neu zu errichten und damit die Stadt zu entlasten.

Eine höchst intensive Zeit der Arbeit begann. Denn es mußte nun für eine Zukunft mitgeplant werden, die Raum lassen sollte für neue technische Entwicklungen und dennoch – und das war mein sehr persönliches Anliegen – eine menschliche Atmosphäre vermitteln und ein soziales Umfeld bieten würde, das anregend und fördernd auf die Mitarbeiter wirken würde. Tausend Einzelheiten waren zu bedenken. Für mich war es eine äußerst spannungsgeladene Zeit, denn ich hatte erste Ideen, die noch nicht ausgereift waren. Aber ich hatte auch das Glück, mit dem großen Architekten Werner Ruhnau zusammenzukommen, der meine zum Teil verschwommenen Vorstellungen konkretisieren und umsetzen konnte. Unsere alte Produktionsstätte an der Feldhege ging in den Besitz der Stadt Herten über. Später ist diese Urzelle des Schweisfurth-Unternehmens dann leider abgerissen worden, samt der schönen Jugendstilfassade von 1904, die Krieg und Nachkriegsrenovierung überstanden hatte.

Werner Ruhnau hatte schon beim Bau des Gelsenkirchener Theaters (1957–59) das Zusammenspiel zwischen bildenden

Künsten und Bau praktiziert. Es war zu einem gelungenen Miteinander von Bildern, Plastiken und Architektur gekommen. Anhand von Entwürfen für ein Luftdach über der Stiftsruine in Bad Hersfeld und mit seiner »Luftarchitektur« zusammen mit Yves Klein hat mich Ruhnau überzeugt und dafür gewinnen können, die neue Fabrik in Herten als etwas wirklich ganz Neues zu planen. Mir imponierte die Idee des integrierten Zusammenwirkens von Architekt, Ingenieur und Künstler. Dies war einer der ersten Versuche einer Humanisierung der Arbeitswelt – ein Begriff, der später zum Schlagwort geworden ist. Ruhnau plante eine Großraumfabrik. Sein erster Vorschlag, bei dem alle Werksbereiche unter ein übergreifendes, gemeinsames Wetterschutzdach gebaut werden sollten, mit Öffnungen zum Himmel in gewissen Abständen, konnte nicht realisiert werden. Ruhnaus Credo, das sehr schnell auch meines wurde, war, daß sich Lebens- und Arbeitsräume auf den Menschen und seine »leiblichen Maße« zu beziehen hätten. Sinnliche Wahrnehmung sollte sich entfalten können und nicht zur Verkümmerung verurteilt sein.

Diesen Überlegungen, die mich überzeugten, war eine eingehende Beschäftigung mit Fragen der Architektur vorausgegangen. Auch die Kunst, die für den Menschen dasein sollte, hatte mich sehr beschäftigt. In meinem Leben hatte ich immer das große Glück, Menschen mit Ideen und der Bereitschaft für Neues und Ungewöhnliches zu begegnen.

Der große Auftrag an den Architekten Werner Ruhnau war dann ein etwas modifizierter Plan seiner ursprünglichen Idee. Fabrikations-, Verpackungs-, Lager- und Energiebereiche wurden als einzelne Gebäude auf die übliche funktional-ökonomische Art und Weise gebaut. Die künstlerischen Gestaltungsbeiträge wurden im nachhinein hinzugefügt. Davon wird noch später die Rede sein. Bei der Planung und beim Bau der Verwaltungs- und Sozialbereiche arbeiteten von Anfang an der Architekt, die Ingenieure und bildende Künstler zusammen. Durch das Zusammenspiel von Architekten, bildenden Künstlern und Technikern konnte die von Ruhnau gewünschte und von mir begrüßte Baukunst entstehen. Ruhnaus Arbeit mit Licht war ein Teil der humanen Baugestaltung für die Sinnesorgane des Menschen; das Licht sollte das Auge des Mitarbeiters anregen und nicht ermüden. So entstanden Lichtinseln in einem Großraum, der dem einzelnen ein Gefühl für Privatheit ließ und ihn doch in die Gemeinschaft integrierte. Auch Schall- und Geräuschbelästigungen für den arbeitenden Menschen wurden soweit wie möglich reduziert. Temperatur und Feuchtigkeit sollten durch eine besondere Niederdruck-Klimaanlage dem Menschen helfen, sich in seiner Haut wohl zu fühlen – im wörtlichsten Sinn. Damals war das ein eher revolutionärer, jedenfalls ungewöhnlicher Gedanke, daß die Haut des Menschen ein elementares Wahrnehmungsorgan ist. Der Bildhauer Norbert Kricke baute lautlos rieselnde Wassersäulen, die belebend wirken sollten.

Im Verwaltungsbereich wurde für etwa 350 und im Sozialbereich für 1800 Menschen ein Großraum als künstliche Landschaft realisiert. Wanderwege, die zu einer Piazza im Mittelpunkt des Sozialbereichs führten, sollten ebenso für eine angenehme Atmosphäre sorgen wie Pflanzen, Wasserspiele und Farbfelder. Die Leitidee hieß *Arbeitslandschaft.*

Dazu gehörte natürlich auch die Kunst. Ich selbst bin mit Kunst groß geworden, mein Vater sammelte Kunst des 19. Jahrhunderts, mein Elternhaus war voll mit diesen Bil-

*Ansicht der neugebauten Fabrik in Herten*

dern. Aber ich wollte die Bilder nicht nur in meiner Wohnung oder in meinem Büro anschauen können, Kunst sollte auch in der Fabrik sein, sollte bei den Menschen sein, die dort arbeiten und die keine Gelegenheit, Zeit oder mangelndes Interesse haben, Kunst zu sehen und zu begreifen. Ich wollte die Kunst aus der persönlichen Sphäre in die Fabrik hineinholen, für alle.

Werner Ruhnau hat mich an die Hand genommen und mir beim Bau der neuen Fabrik viele junge, damals oft noch unbekannte Künstler vorgestellt. Häufig hat er mir ein Werk einfach hingestellt, mir aufgetragen, es zwei Wochen lang nur anzusehen und auf mich wirken zu lassen – eine hervorragende Methode, sich an neue Kunst zu gewöhnen und sich mit ihr auseinanderzusetzen. Auf diese Weise hat er meine Lust gefördert, aber auch meine Neugier geweckt, so daß ich meine

Kenntnisse vertiefen und meine Urteilskraft schärfen konnte. Diese Zusammenarbeit war eine großartige Zeit.

Meine Mutter war besorgt über diese vielen ungewöhnlichen Neuerungen. Es tat mir leid, daß ich ihr nichts von den Ideen wirklich vermitteln konnte. Sie glaubte sicher, ich richtete das Erbe des Vaters zugrunde – es war einfach nicht ihre Welt. Ich versuchte ihr das Großraumbüro damit zu erklären, daß ein Chef auch keinen anderen Schreibtisch bräuchte als ein normaler Mitarbeiter und daß alle Arbeitenden gleichermaßen das Recht auf Ruhe und Konzentration haben müßten. Mein Argument, daß es keine speziellen Sessel für Direktoren geben könne, weil doch schließlich alle Hintern gleich wären, hat sie wohl vollends an mir verzweifeln lassen. Den Einzug in die neue Firma hat sie nicht mehr miterlebt, sie starb ganz plötzlich im Jahre 1970.

Da Ruhnau Theater gebaut hatte, waren auf eine bestimmte Weise seine Planungen und Ausführungen auch richtige Inszenierungen. Teil dieser Inszenierung war das Konzept, Kunst zu integrieren und nicht im nachhinein als Feigenblatt in Form von schönen Bildern im Direktorenzimmer zu präsentieren. Die zeitgenössische Kunst in unserem Unternehmen war aber nicht erst über Nacht eingezogen. Der damalige Werbeleiter Siegfried Gnichwitz hatte schon angefangen, Grafikeditionen in der Hausdruckerei zu drucken und viele Mitarbeiter mit zeitgenössischer Kunst vertraut zu machen. Auch meine Ambitionen in dieser Richtung wurden immer stärker, und ich wendete mich immer mehr von den alten holländischen Meistern ab, die bis dahin mein Leben begleitet hatten.

Der Neubau des Werkes durch Werner Ruhnau war vor allem eine hervorragende Gelegenheit, meine Vorstellungen für so-

*In den Pausenräumen sollte Kunst ebenso sichtbar sein wie in den Fertigungshallen. Metzger vor einem Werk von Wolf Vostell.*

ziales Miteinander und Zusammenarbeit zu konkretisieren, in Realität umzusetzen. Bildende Kunst sollte integraler Bestandteil der Planung sein. Aber natürlich war es auch ein Experiment, wie die Mitarbeiterinnen und Mitarbeiter darauf reagieren würden. Alles, was wir hier planten und dachten, war Neuland, es gab keine vergleichbaren Fabrikbauten, kaum vergleichbare Ideen, selbst das Großraumbüro war noch eher eine frührevolutionäre Großveranstaltung. Das Konzept wurde jedenfalls sehr kritisch beobachtet. Und nun wollte ich auch noch zeitgenössische Kunst obendrauf setzen. Ich denke, daß mich damals auch viele meiner Unternehmerkollegen für nicht ganz zurechnungsfähig gehalten haben. Denn die Wirtschaft, die nun einmal einem Kosten-Nutzen-Diktat unterliegt, kann sich etwas, was sich jeder Rentabilität entzieht, eigentlich nicht leisten. Doch der Mensch verbringt den größten Teil seines Lebens am Arbeitsplatz – wieso soll also ausgerechnet dieser Platz lieblos, kalt und unpersönlich sein? Die meisten Menschen versuchen, ihrem Arbeitsplatz Leben zu geben, indem sie etwas Persönliches dort aufstellen. Warum also nicht Kunst für alle, aus der Zeit geboren, von Menschen wahrgenommen, die im Alltag damit leben?

Natürlich wußten wir nicht, wie die Mitarbeiter auf großangelegte Kunstwerke reagieren würden, und natürlich war uns klar, daß es Diskussionen geben würde – die ich allerdings von jeher befruchtend fand. Als etwa Rupprecht Geiger, der sein Leben lang mit der Farbe Rot gearbeitet hat, das Großraumbüro mit großen, von der Decke hängenden Zylindern und Scheiben ausstattete, war dies leichter zu vermitteln als die Kunst in den Fertigungshallen. Beispielsweise waren die Mitarbeiter schnell mit Einwänden da, als Wolf Vostell in der Verpackungsabteilung die große Wand gestaltete. Widerstände gab es allerorten, aber so sollte es auch sein. Und als Wolf Vostell 1974 sein Environment MIT(H)ROPA bei uns installierte, reichten die Kommentare von »großer Mist« bis zu totaler Ablehnung und Ärger über das sinnlos verbrauchte Material.

Positiv aufgenommen wurde dagegen richtig »handfeste« Kunst wie die von Brummack, der in Herten zuerst mit verschiedenen Mitarbeitern sprach und dann mit viel Holz einen Pausenraum ausstattete, in dem sich die Menschen wohl fühlen konnten und den sie fast als selbstgestaltet empfanden. Solche Arbeiten wurden als schön und angenehm akzeptiert.

*Das berühmte Environment MIT(H)ROPA von Wolf Vostell*

Mein Anliegen war aber nicht nur, Angenehmes zu vermitteln. Kunst kann nicht nur gefällig sein, sie muß auch verstören und aufregen dürfen. Ein Großteil der zeitgenössischen Kunst regt niemanden auf; sie bewirkt daher auch nichts. So wurden ganz bewußt auch provokative und als abstoßend empfundene Objekte eingebracht, die Grenzen zwischen Akzeptanz und Ablehnung sollten fließend sein, jeder sollte sich seine Meinung bilden können. Daß es dabei oft zu der generalisierenden Feststellung kam, Kunst in der Fabrik sei einfach »Quatsch« und hätte dort nichts zu suchen, hat mich nicht wirklich beirren können. Ich mußte natürlich auch das Management meiner Firma davon überzeugen, daß ich das Richtige tat. Ob alle immer ganz überzeugt waren, weiß ich nicht – aber sie haben mitgemacht. Und das war für mich entscheidend.

Ich mußte mehrere Hürden überwinden bei der Durchführung des Konzepts »Kunst geht in die Fabrik«, wie das ganze Experiment dann hieß, das 1987 in einer großen Ausstellung im Wissenschaftszentrum in Bonn einer breiten Öffentlichkeit vorgeführt wurde. Ich mußte mit Kunst auch experimentieren, weil der künstlerische Rang eines Kunstwerks oft ungesichert war. Ich mußte die Einstellung des Normalbürgers zu ungewöhnlicher, oft nicht gegenständlicher Kunst abfedern, und ich mußte die scheinbar ungeeignete Sphäre der Arbeitswelt als Ort für die Kunst erklärbar machen. Ich habe oft versucht, das mit sehr einfachen Worten zu tun: »Kunst ist normaler Bestandteil des Lebens, und deshalb gehört Kunst auch dahin, wo das Leben stattfindet, das normale, triviale Leben. In unserem Fall also in die Wurstküche, in die Verpackungsabteilung und ins Schlachthaus.«

Schwierig war es, wenn Mitarbeiter von sogenannten Fachleuten befragt wurden, wie sie mit der Kunst zurechtkämen und die Antwort deshalb schuldig blieben, weil sie sich zu diesem Thema nichts zu sagen trauten. Andere zeigten auch krasse Ablehnung, die sie eher derb äußerten. Daraus wurden dann Schlußfolgerungen gezogen, die zu einfach waren und die mich heute noch ärgern und meinen Glauben an Fachleute wie Soziologen und Psychologen ins Wanken gebracht haben. Wenn ich bei derartigen Befragungen eingegriffen habe, dann geschah es weder aus Besserwisserei noch als Bevormundung, sondern weil ich es unnötig fand, den Menschen zu Äußerungen zu bringen, die er gar nicht machen konnte. Kunst soll nicht zerredet werden, und sie kann auch nicht durch Rationalisieren verstanden werden. Kunst tut schon das, was sie soll, jedenfalls darf man sich ihr sprachlos aussetzen.

Man hat mich nicht nur als Spinner bezeichnet, sondern, viel schlimmer, als Ausbeuter, der auf besonders raffinierte Weise das Letzte aus seinen Mitarbeiterinnen und Mitarbeitern herausholt und sie dafür mit Kunst zudeckt, die sowieso keiner versteht.

1972 war die neue Fabrik in Herten endlich fertiggestellt. Ich mußte in der Zeit davor häufig nach Brasilien reisen und mich dort um die Fabrik kümmern; der Bau in Herten war, bei aller Begeisterung für das viele Neue, auch mit Problemen verbunden, und zu alledem kam hinzu, daß meine Ehe sehr schwierig geworden war. Wir mißverstanden uns zunehmend, und ich muß leider zugeben, daß ich in der üblichen Männermanier hilflos meine Flucht in die Arbeit angetreten habe.

Da von Brasilien die Rede ist, möchte ich auch noch von einem anderen, eher exotisch anmutenden kaufmännischen Engagement berichten, das aus heutiger Sicht schier unwahrscheinlich ist.

Wir importierten seit 1963 gefrorenes Rindfleisch aus einem Schlachthaus im Süden von Äthiopien. Was als Handelsgeschäft begonnen hatte und sich auf vielerlei Weise zu einem schönen und interessanten Abenteuer entwickelte, endete dann im Chaos und mit dem Verlust aller dort je investierten Werte. Aber die Geschichte ist im Rückblick doch auch komisch und zutiefst traurig dazu. Unser guter Freund Leon Rubin, der für mich als jungen Mann soviel getan hatte, hatte zusammen mit uns in Frankfurt die Handelsgesellschaft *Interatalanta* zum internationalen Handel mit Fleisch gegründet, auch um Geschäfte mit Afrika zu machen. Man erinnert sich, daß diese Idee sehr viel früher zu Lebzeiten meines Vaters bereits einmal aktuell gewesen war und mir die abenteuerliche Reise nach Angola beschert hatte.

Das arme Äthiopien war ein blühendes Land, als ich es kennenlernte. Kaiser Haile Selassie regierte das Land seit 1930, die Monarchie war viele hundert Jahre alt und schien damals noch ungefährdet in ihrem Bestand. Ich hatte immer wieder große Bürgschaften zu unterschreiben für die Finanzierung der Fleischgeschäfte und war neugierig, mich an Ort und Stelle zu informieren. So flog ich mit Lucien Blum, dem Geschäftsführer der Interatalanta, nach Addis Abeba.

Damals war das Land noch ein Paradies. Wir fuhren von Addis Abeba etwa 250 Kilometer weiter südlich in ein Tal, das tatsächlich diesen Namen trug: Tal des Paradieses. Dort lag eine Riesenfarm der äthiopischen Regierung, die sehr daran interessiert war, mit uns ins Geschäft zu kommen, weil das Land zur Finanzierung der Wirtschaft und vor allem zum Import technischer Güter dringend auf Exporte angewiesen war. Allein durch die üppige Flora verstärkte sich der Eindruck des paradiesischen Zustands: Es war genug Wasser da, und durch die Sonneneinwirkung blühte und gedieh dort einfach alles über die Maßen üppig. Neben der Farm gab es tatsächlich ein Schlachthaus, das Engländer Jahre zuvor, wohl als Entwicklungsprojekt, gebaut hatten. Die Mehrheitsgesellschafter des Unternehmens waren die äthiopische Regierung, genauer gesagt der Kaiser, und eine amerikanische Gruppe.

Wir spürten schnell, daß die Amerikaner uns gerne als Partner gewonnen hätten mit unserer Erfahrung in Produktion und internationalem Fleischgeschäft. Ich war begeistert von dem Land und den Möglichkeiten, die sich uns zu eröffnen schienen. Lucien und ich rechneten und rechneten die ganze

*Mitten im Abenteuer Äthiopien*

Nacht auf einem Blatt Papier mit den wenigen Daten, Fakten und Preisen, die uns zur Verfügung standen. Wir tranken uns auch sicherlich mit einigen Whiskys den nötigen Mut an. Am nächsten Tag war die Entscheidung getroffen: Wir beteiligten uns ganz maßgeblich, krempelten die Ärmel hoch und wollten etwas Gutes und Schönes daraus machen.

Die äthiopischen Partner nahmen uns offen und freudig auf und bestärkten uns in unserer Entscheidung durch ihre Haltung und durch ihr offenkundiges Vertrauen. Die Äthiopier, mit denen wir zu tun hatten, waren durchweg Amharen, groß, schlank und mit ebenmäßigen Gesichtszügen ohne die breiten Nasen und Lippen, die so typisch für Afrika sind. Zum Teil waren sie hochgebildet in Harvard, Oxford oder an der Sorbonne, und man vergaß nach kurzer Zeit die kaffeebraune Hautfarbe. Ich lernte, daß Amharen keine Afrikaner sind, son dern Südaraber aus dem Jemen – wie die Sage von der berühmten Königin von Saba und ihrer Liaison mit König Salomon berichtet. Ihre Religion ist die älteste christliche, die koptische Kirche. Die farbenfrohe Pracht an koptisch-christlichen Festen zeigte eine hochentwickelte Kultur – eine schöne Aussicht auf eine interessante Zeit für mich.

Durch vielerlei verschiedene Gesetze gab es innerhalb der damaligen EWG strengste Bestimmungen für den Import von Fleisch. Der Gesetzgeber hatte aber Sondergesetze für die AKP-Länder zugelassen, das waren die Länder in Afrika, in der Karibik und im Pazifik. Wir entwickelten ein Konzept, das allen Vorschriften entsprach: Das magere Rindfleisch wurde in Kunststoffolien gefüllt, darin gekocht und sodann gefroren. So wurde es über Land in den äthiopischen Hafen Massaua transportiert und sodann per Schiff um das Kap der Guten Hoffnung herum nach Europa befördert. So kam es, daß vollkommen legitim und im Einklang mit allen Veterinärgesetzen Fleisch fast aus dem Zentrum von Afrika nach Europa exportiert werden konnte. Die Rinder kamen aus dem Süden in langen Tagesmärschen mit ihren afrikanischen Hirten. Unser Einkäufer fuhr mit barem Geld in der Tasche zu den Viehzüchtern, handelte den Preis aus und bezahlte. Ein Handschlag besiegelte das Geschäft, und die Ehre des Verkäufers war Garant dafür, daß die Rinder auch vollzählig ankamen. Unterentwickeltes Land?

Es ist heute wohl kaum noch zu vermitteln, daß bei diesem Geschäft tatsächlich alle ihren Vorteil und Nutzen hatten: die Viehzüchter, die zum ersten Mal Geld für ihre Rinder bekamen, die etwa fünfhundert Arbeiter, die zum ersten Mal geregeltes Einkommen bezogen und zum ersten Mal regelmäßig

Fleisch, das zum Export weniger geeignet war, zum Essen und zur körperlichen Stärkung erhielten; die Regierung, die dringend benötigte Devisen bekam, und schließlich wir, die wir an diesem Geschäft verdienten. So konnten wir einiges für das Land tun.

Ich war begeistert von Äthiopien, und auf mich machte das Land damals einen stabilen Eindruck, den ich durch die Herrschaft des Kaisers für abgesichert hielt. Deshalb habe ich gerne in diesem Land investiert. Außerdem war ich angetan von den Menschen dort, die viel Fröhlichkeit ausstrahlten und selbstbewußt waren – anders als manch andere Völker in Afrika. Wahrscheinlich hing das damit zusammen, daß Äthiopien nie ein Kolonialland war, abgesehen von dem kurzen Einfall der Italiener unter Mussolini.

Meine Liebe zu diesem Land ging so weit, daß ich mir ganz ernsthaft überlegte, ob ich dort nicht eine gewisse Zeit im Jahr mit meiner Familie auf der Farm leben könnte, fernab von der bereits hektisch gewordenen Arbeitswelt in Deutschland. Das war ein Traum, eine Wunschvorstellung, die ich relativ lange mit mir herumtrug, aber nie realisiert habe. Ich war nie längere Zeit dort und kann deshalb auch nicht sagen, daß ich ein wirklicher Kenner des Landes unter Kaiser Haile Selassie gewesen wäre. Aber vielleicht hing die Lust, einfach in ein so fernes Land abzutauchen, auch damit zusammen, daß mein Leben in Deutschland schwieriger wurde.

Ich war kurz vor der Revolution noch für einige Wochen in Äthiopien. Damals stand Kaiser Haile Selassie unter Hausarrest in seinem Palast, in dem er mich einmal als Staatsgast empfangen hatte. Als aber dann die Menschen reihenweise umgebracht wurden und der kommunistische Umsturz perfekt war, im Jahre 1975, ahnte ich, daß das Ende unserer Unternehmung nahe bevorstand. Eine gewisse Zeit, während der ersten Unruhen, habe ich noch versucht, die geschäftliche Beziehung aufrechtzuerhalten, habe sogar noch mehr in die Fabrik investiert und ganze Ladungen von technischem Gerät nach Äthiopien geflogen, um den Betrieb zu verbessern. Jedesmal wurde ich von neuen Regierungsbeamten begrüßt, und jedesmal wurde mir unbehaglicher zumute. Man hörte von Erschießungen und Morden, dann brach der unselige Krieg an der Grenze zwischen Äthiopien und Somalia aus, und die chaotischen Wirren waren nicht mehr zu durchschauen. Es tat mir weh, mitansehen zu müssen, wie gnadenlos die Menschen dort Krieg und Verderben ausgesetzt waren, wie aus diesen friedlichen, wunderschön feingliedrigen Menschen Kämpfende wurden, die in Not und Elend gerieten.

Andere Ausländer, die Geschäftsbeziehungen in Äthiopien unterhielten, hatten sich schon sehr früh aus dem Land zurückgezogen. Ich hoffte bis zuletzt, man könnte sich aus der Politik heraushalten, wenn man nur die Wirtschaft im Auge behielte. Ich habe noch versucht, die Deutsche Gesellschaft für Entwicklungshilfe zu aktivieren, und ihr eine zehnprozentige Beteiligung an der großen Fleischwarenfabrikation angeboten, die wohl eines der interessantesten Entwicklungsprojekte Ostafrikas war. Die Amerikaner hatten sich ganz zurückgezogen, wir hatten ihre Anteile übernommen.

Es hat alles nichts genützt, das Land versank im Chaos und mit ihm das schöne, blühende Unternehmen, das so vielen Menschen Arbeit und Brot gegeben hatte. Wie so häufig in der Geschichte: Die Revolution fraß ihre Kinder. Die zunächst gemäßigten Offiziere wurden von den brutaleren umgebracht, bis der brutalste übrigblieb, ein Feldwebel, der unter dem Namen Mengistu Haile Mariam einer der grausamsten Diktatoren Afrikas wurde.

Ich habe natürlich alles verloren. Ich bin nie offiziell enteignet worden und habe diesen Verlust hinnehmen müssen. Die Zeit war vorbei, und ich habe gelernt hinzunehmen, daß auch dies eine Seite in meinem Lebensbuch ist, die ich umschlagen mußte, um dann wieder etwas Neues zu beginnen.

Ich war nie wieder in Äthiopien und würde das Land heute auch nicht mehr wiedersehen wollen.

Wenn ich erzähle, wie sich das Unternehmen Herta entwikkelt hat, wie wir unsere sehr groß gewordene Fabrik in Herten entworfen, gebaut und dann in Betrieb genommen haben, dann muß auch wieder die Rede von der Qualität unserer Markenprodukte sein: Herta, Artland und Dörffler. Das Thema Qualität ist heute – wenn auch ganz anders – lebensbestimmend für mich geworden.

Natürlich stellte sich bei einer fabrikmäßigen Wurst- und Fleischherstellung in unseren Dimensionen immer drängender die Frage der Haltbarkeit unserer verpackten Produkte. Mich interessierte darüber hinaus auch immer mehr, wie man den Kunden Klarheit über die Inhaltsstoffe der Ware geben könnte.

Wie lange ein Lebensmittel haltbar ist, kann jeder von uns mit seinen Sinnen unmittelbar erfahren. Daß frische Ware nicht viele Tage haltbar ist, wissen wir. Wenn unverpacktes Fleisch oder Wurst ungenießbar wird, sieht und riecht man das. Anders bei vakuumverpackten Fleischwaren; deren Verderb kann man nicht sehen oder riechen. Wir mußten aber

Wurst und Fleisch so herstellen und verpacken, daß die Ware Transport, Lagerung, Verkauf und erneute Lagerung zu Hause in vollkommener Frische überstehen konnte, dabei immer allen Gesundheitserfordernissen entsprach und darüber hinaus noch schmeckte.

Ich denke, daß wir in unserem Unternehmen das Mindesthaltbarkeitsdatum erfunden haben. Seit Ende der sechziger Jahre hatten wir sehr viel experimentiert, auch viel Lehrgeld zahlen müssen und immer Neues ausprobiert, bis wir so weit waren, den Kunden die Frische der Ware bis zu einem bestimmten Datum wirklich garantieren zu können. Das war eine Neuheit, die heute niemanden mehr interessiert, weil es längst Gesetz geworden ist. Ich entsinne mich an einen Besuch der damaligen Gesundheitsministerin Käte Strobel in der alten Fabrik an der Feldhege. Damals habe ich ihr unsere ersten Erfahrungen und Ergebnisse mit dem Haltbarkeitsdatum vorgestellt, und ich weiß, daß dieser Besuch die Grundlage für ein Gesetz bildete, das dann später für die ganze Europäische Union bindend geworden ist.

Mein Weg bis nach Herrmannsdorf und Sonnenhausen war noch weit. Als Vollblutunternehmer eines riesigen, fleischverarbeitenden Betriebes habe ich mich total eingesetzt, ich liebte meine Arbeit trotz mannigfachster Schwierigkeiten. Ich war viele Jahre lang auch Präsident des Verbandes der deutschen Fleischwarenindustrie. Und dennoch glaube ich heute, retrospektiv, daß ich sehr früh bestimmte Überlegungen über Sachverhalte angestellt habe, die meinen Kollegen aus der Fleischwarenbranche noch fremd waren.

Es beschäftigte mich doch sehr, wie wir einerseits nach herkömmlichen Methoden aus alter Zeit, andererseits mit allen

*Großvater und Vater schauen bei der Unternehmensführung der dritten Generation über die Schulter*

Hilfsmitteln der modernen Technik Lebensmittel herstellten, die in enormen Mengen von Menschen konsumiert wurden – Menschen, die meiner Meinung nach aber viel zu wenig darüber wußten, was sie eigentlich aßen. Selbst wir Hersteller kannten damals viele Zusammenhänge nicht – das mag seltsam klingen, entspricht aber sicher den Tatsachen.

Zu behaupten, daß diese Überlegungen schon die Vorboten meiner späteren Umkehr oder meiner Rückbesinnung waren, dürfte übertrieben sein. Aber dennoch glaube ich, daß meine permanente Neugier auf Hintergründe meines Tuns und Handelns und mein Wunsch nach Verstehen des Ganzen schon sehr früh richtungsweisend für mich waren und meinen späteren Lebensweg bestimmten.

So entstand schon Mitte der sechziger Jahre der Gedanke,

daß man vielen Zusammenhängen chemischer, biologischer und bakteriologischer Art noch viel gründlicher auf die Spur kommen müßte, und führte zu der Überzeugung, daß viel Forschung not täte.

Ich habe immer das Glück gehabt, auf Menschen zu treffen, die mir mit ihrem Fachwissen oder ihrem Rat zur rechten Zeit zur Seite standen. Eine solche Begegnung hatte ich Mitte der sechziger Jahre mit Professor Dr. Kotter von der Universität München, dem damaligen Leiter des Instituts für Lebensmittelhygiene. In meinem Kopf war der Plan schon gereift, ein geeignetes Institut für Forschung und Entwicklung zu gründen, das den vielen drängenden Fragen auf den Grund gehen sollte. Die Dachauer Fabrik war gerade in neue Gebäude umgezogen. Es lag also nahe, dieses Institut dort zu plazieren, und ebenso nahe lag es für mich, einfach Professor Kotter zu fragen, ob er die Leitung und Forschung in diesem privaten Institut übernehmen wollte. Ich versuchte ihm meine Wünsche zu erklären und vor allem klarzumachen, daß ein großer Handlungsbedarf vorlag, denn es ging um etwas Grundsätzliches.

Ich erinnere mich, mit diesem bedeutenden Mann einmal lange durch den Englischen Garten in München gegangen zu sein, wobei ich ihm mit der ganzen Frechheit eines relativ jungen, unabhängigen Mannes einfach vorgeschlagen habe, seine Universitätslaufbahn aufzugeben und für mich weiterzuforschen. Nach einer kurzen Bedenkzeit war klar, daß er nicht bereit war, seine bisherige Karriere für einen Job in der Industrie zu beenden, aber er nannte mir drei Namen von Mitarbeitern, die ähnlich jung waren wie ich und von denen er annahm, daß sie auf eine Zusammenarbeit Lust hatten. Das hatten sie tatsächlich, und so startete ich mit den drei Herren Dr. Wellhäuser, Dr. Gehra und Dr. Pfeifer – alle drei waren Veterinäre wie Kotter auch – ein Institut in Dachau, das »Schweisfurth-Institut für Forschung und Entwicklung« genannt wurde.

Ich glaube, daß ich zwei ganz wichtige Entscheidungen in bezug auf Herta getroffen habe: Die eine war noch zu Lebzeiten meines Vaters die schon erwähnte »amerikanische« Technisierung des Betriebes in Herten, und die andere war die Gründung dieses Instituts. Ich selbst sehe dies als Meilenstein in der Geschichte des Schweisfurth-Unternehmens.

Die drei Forscher beschäftigen sich in den drei Hauptgebieten Technologie, Bakteriologie und Chemie mit dem Thema Produktion und Verwertung von Lebensmitteln tierischen Ursprungs. Mich selbst ließ die enge Zusammenarbeit mit den Forschern in neue Wissensgebiete vordringen, mir wurden die vielfältigen Zusammenhänge klar, die zur Umwandlung von Fleisch in Wurst gehörten, und dies hatte auch einen enormen Einfluß auf unsere Produktionsabläufe. Wir konnten eine gleichmäßigere Qualität garantieren, lernten Entscheidendes über die Hygiene und die nicht zu unterbrechende Kühlkette, konnten dieses Wissen über Werbung und Kommunikation an den Verbraucher weitergeben und sind auf diese Weise auch zu einer Vielfalt von interessanten, neuen Produkten gelangt.

Ich erzähle von einer Zeit, in der es gerade etwa fünfzehn Jahre her war, daß der Meister noch nach Gefühl die Wurst zusammensetzte und würzte. Und nun hatten wir eine hochtechnisierte Produktentwicklung, die von wissenschaftlichen

Forschungen geprägt war und auch eine nie gekannte Produktsicherheit garantierte. Mittlerweile gab es in Deutschland eine gut funktionierende Lebensmittelüberwachung, die genau prüfte, ob die vorgeschriebenen Anteile an Fleisch, Fett oder Wasser auch tatsächlich in dem betreffenden Produkt waren. Die alten handwerklichen Methoden genügten da natürlich längst nicht mehr, alle Schritte der Wurstherstellung wurden genormt und standardisiert.

In unserem Dachauer Institut entwickelten wir auch ein maschinelles Verfahren zur Ablösung des Fleisches vom Knochen. Die mit Hand erfolgte Abtrennung, die ich selbst noch bis zum Umfallen tun mußte, war nicht nur zeitraubend, sie ließ zuviel kostbares Fleisch am Knochen und war auch unter hygienischen Gesichtspunkten nicht mehr vertretbar. Es war eine kleine Sensation, daß wir auch hier mit einer neuen Idee und entsprechenden Maschinen als erste am Markt waren und das elende Knochenputzen ein für allemal der Vergangenheit angehörte.

Allerdings waren die normalen Metzger nun unsere Gegner geworden, denn die hochtechnisierten Maschinen waren natürlich nur in einer Fabrik wie der unsrigen zu haben und für den normalen Kleinbetrieb absolut unerschwinglich. Viele Metzger fühlten sich in ihrer Existenz bedroht und diskriminierten häufig die von uns entwickelte Methode, die damals eine Weltsensation war.

Ich weiß mit Sicherheit, daß in dieser Zeit die ersten Wurzeln entstanden, die Grundlagen, auf denen sich später mein Bewußtsein für die Reinheit, Natürlichkeit und Unversehrtheit von Lebensmitteln entwickelte. Damals – in den frühen siebziger Jahren – wurde der Konsument noch lange nicht so ernst genommen wie heute, und mir scheint, man hat ihm auch gar nicht zugetraut, daß er verstünde, was um ihn herum geschieht. Jedenfalls habe ich das Gefühl, daß wir in jener Zeit ziemlich großzügig und eigentlich auch hochnäsig mit dem Verbraucher umgegangen sind.

Es begann die Zeit der sogenannten Fettskandale. In den Medien wurden abstruse und weit überhöhte Fettanteile in der Wurst dargestellt. Als die Verbraucher plötzlich aufgeschreckt waren und sich das Bewußtsein allmählich zu schärfen anfing, war die Not groß – nämlich die Beweisnot, klare Auskunft zu geben über das, was man den Menschen in ihrer Nahrung anbot. Ich denke, daß ich schon etwas früher als andere Fleischwarenhersteller nachdenklich geworden war. Meine Überzeugung war, daß dem Verbraucher in Anbetracht von falschen, überzogenen Vorstellungen nur mit Offenheit und Information zu begegnen sei. Nur so konnte wieder Vertrauen geschaffen werden. Meine eigenen Überlegungen hatten mich darauf gebracht, daß man deklarieren könnte, was in der Wurst sei, auf das Prozent genau den Anteil an magerem Fleisch, Fett, Wasser, Gewürzen, Zusatzstoffen und so weiter. Da die erwähnten Lebensmittelskandale die Öffentlichkeit beunruhigten, fand ich es nur legitim, klar und deutlich und für den Verbraucher verständlich zu deklarieren, was der Kunde beim Verzehr eines Herta-Produktes zu sich nahm. Als Präsident des Bundesverbandes der deutschen Fleischwarenindustrie habe ich mir mit Sicherheit auch Feinde gemacht mit meiner Offenheit, die manchem vielleicht übertrieben vorkommen mochte.

Wir bei Herta haben damals mit einem großen Paukenschlag angefangen, auf den Etiketten der Würste und Schinken den

Inhalt genau zu deklarieren, und wir hatten enormen Erfolg damit. Ich habe auch angeboten, meine Erfahrungen anderen Unternehmen zur Verfügung zu stellen, und meine ganze Überzeugungskraft aufgebracht, denn ich wollte, daß die wertgebenden Bestandteile für den Verbraucher verständlich nachzuprüfen waren. Die vorgeschlagene Deklaration der zugefügten Hilfsstoffe ohne genauere Angaben über die Anteile der wertbestimmenden Bestandteile, erarbeitet von Wissenschaftlern, die sie sich gemeinsam mit Beamten ausgedacht hatten und die keiner verstand, fand ich unsinnig. Leider konnte ich meine Kollegen nicht überzeugen, freiwillig etwas Besseres zu machen als das, was kurze Zeit später per Deklaration aus Brüssel Gesetz wurde. Meinem Plan zufolge hätte alles jedoch sehr viel verständlicher sein können. Denn das, was Wissenschaftler sehr allgemein vereinbart hatten, war viel zu global, als daß es dem Käufer wirklich unmittelbar weiterhelfen könnte. Das ist bis heute meine feste Überzeugung. Sosehr ich glaube, daß Herta einen Einfluß auf die Nennung eines Mindesthaltbarkeitsdatums gehabt hat, so sehr bin ich überzeugt, daß wir auch die Lebensmittelkennzeichnung positiv hätten beeinflussen können.

Mich selbst hat das alles auch schon zu mancherlei Überlegung veranlaßt: Brauchen wir tatsächlich alles an Zusätzen, was der Gesetzgeber erlaubt? Wäre weniger nicht möglich und sogar besser? Früher geisterte immer der alberne Witz durch die Gesellschaft, daß nur der Metzger und der liebe Gott wüßten, was in der Wurst drin sei. Diese Redensart spiegelt das tiefe Mißtrauen gegen Wurst wider. Und das war genau das, was ich abbauen wollte.

Immer wieder werde ich gefragt, und immer wieder versuche

*Auf einem langen Fließband werden die Wurstscheiben zum Vakuumverpacken hergerichtet*

ich es selbst zu ergründen: Wie bin ich auf den Weg gekommen, den ich später so konsequent beschritten habe? Und immer wieder muß ich mir und anderen antworten, daß es nicht ein einziges Saulus-Paulus-Erlebnis war, vielmehr gab es eine Unmenge an kleinen oder größeren Erlebnissen und Nachdenklichkeiten, die mich auch oft zweifeln ließen an dem, was ich tat. In meinem persönlichen Umfeld war alles schwieriger geworden. Bald nach dem Einzug in das neue Bürogebäude in Herten kam es zur endgültigen Trennung von meiner Frau Doris. Wir hatten nach dem Tod meiner Mutter in dem großen Traumhaus meines Vaters auf dem Paschenberg gewohnt, die Kinder hatten es schön dort, aber unsere gestörte Beziehung hat es ihnen mit Sicherheit nicht ganz leicht gemacht. Richtig gerne habe ich in diesem großbürgerlichen Haus ohnehin nie gelebt, es entsprach in nichts meinem Lebensgefühl und ist mir immer eher fremd geblieben. Nach meinem Auszug und dem Umzug auf den Kräuterhof – von dem noch zu erzählen sein wird – wurde es zum Sitz der Unternehmensleitung.

Herta florierte, aber es gab innerhalb der sehr groß gewordenen Firma natürlich auch Reibereien. Wir waren absolute Marktführer, aber auch Trendsetter. Wir waren nun einfach die Größten der Branche, unsere Produktpalette umfaßte über hundert verschiedene Erzeugnisse, wir setzten Maßstäbe für die anderen. Sicherlich hatten wir nicht nur Freunde. Durch unsere marktbeherrschende Größe wollte ich gerne auch Einfluß nehmen auf andere – aber mehr im Sinne eines vernünftigen Miteinanders. Ich war geradezu von missionarischem Eifer erfüllt und wollte meinen Kollegen sagen, wo es langgeht, aber ich konnte mich nicht wirklich verständlich machen.

Unser Marketingkonzept der Offenlegung unserer Rezepturen war Ausdruck von Stolz auf das Mögliche und zielte darauf, Vertrauen zu erzeugen, das begründet war. Unsere Schlußformel bei der Deklaration der Stoffe war »... und sonst nichts«. Man muß sich an dieser Stelle vor Augen halten, daß im Volksmund der Ausdruck »verwursten« im Sinne von »Alles-in-einen-Topf-Schmeißen« benutzt wird. Und genau an dieser Stelle wollte unser neues Konzept ansetzen.

Durch unser Institut in Dachau kamen so viele Impulse und Neuerungen in das Unternehmen zurück, daß wir, so glaube ich, im Rahmen unserer Möglichkeiten immer die vernünftigen und vertretbaren modernen Erkenntnisse in unserem Unternehmen durchgesetzt haben. Wir konnten und wollten unsere Erkenntnisse gar nicht als Betriebsgeheimnis hüten, aber wir sind natürlich auch oft regelrecht kopiert worden, wenn wir innovativ mit Neuem auf den Markt kamen.

Parallel zur Hochtechnisierung spielte sich eine merkwürdige Entwicklung ab, die ich selbst so angestrebt hatte. Als ich am Kriegsende meine Metzgerlehre anfing, wurde natürlich noch nach den alten Regeln der Metzgerkunst verfahren, und daß von Technik damals keine Rede sein konnte, ist klar. Die normale Schlachterei verfuhr so, daß das noch schlachtwarme Fleisch sofort verarbeitet wurde. Im Laufe der Jahre hatte man dann mit der Arbeitsteilung angefangen. Die Betriebe begannen sich unter dem Rationalisierungszwang zu spezialisieren. In jedem zentralisierten Spezialbetrieb wurden nur wenige Arbeitsvorgänge erledigt. Das hatte zur Folge, daß das Fleisch und die Fleischteile auf dem Weg von einem Betrieb zum anderen gekühlt, zur Zwischenlagerung gefroren, aufgeladen, transportiert und abgeladen werden mußten, immer wieder und immer häufiger. Dabei blieben die Frische und – wie ich heute sagen würde – das Lebendige, das Leben auf der Strecke.

Immer wieder kommt mir zu Bewußtsein, mit welcher Arglosigkeit und Unbedenklichkeit wir früher, bis in die siebziger Jahre hinein, mit unserem Leben, unserer Natur und unserer Mitwelt umgegangen sind. Es gab kein Gefühl für den Verbrauch von Ressourcen, niemand hat sich darüber größere Gedanken gemacht. Statt dessen lebte man einigermaßen flott vor sich hin. Das Wort Ökologie war noch weithin unbekannt, eine Abfallwirtschaft existierte nicht, und wir schienen in einer Welt zu leben, in der die Umsätze immer weiter gesteigert werden konnten. Das Wachstum war scheinbar unendlich, und die Energiereserven dieser Erde galten als unerschöpflich. Die beginnende Atomwirtschaft schien billige und sichere Energie für alle Zeiten zu bescheren. Unternehmen wie das unsere sind immer größer geworden, die Umsätze steigerten sich, und es schien endlos so weitergehen zu können – bis 1973 nach dem Jom-Kippur-Nahostkrieg die erste Ölkrise die Menschheit erschütterte. Plötzlich gab es autofreie Sonntage, auf einmal wurde uns allen, oder jedenfalls sehr vielen, bewußt, daß Energie nicht jederzeit zur Verfügung stehen würde und wie verletzbar unser System geworden war. Als das Buch *Die Grenzen des Wachstums* erschien, veröffentlicht vom Club of Rome, fiel es einigen von uns wie Schuppen von den Augen, daß Wachstum nicht unbegrenzt ist und daß unsere Ressourcen endlich sind. Den Sensibleren wurde klar, wie leichtfertig wir mit unserem Heimatplaneten Erde umgehen. Ich war nach der Lektüre tief beeindruckt und auch tief beunruhigt.

Dabei muß ich im Rückblick feststellen, daß die Beeindrukkung noch keinen unmittelbaren Einfluß auf mein Verhalten hatte, aber der Prozeß des Nachdenkens hatte damit begonnen. Ich war, wie schon berichtet, beseelt von dem Gedanken an Reinheit und Natürlichkeit und damit nicht allzu weit entfernt von dem Gedanken eines klugen und sorgfältigen Umgangs mit der Natur. Doch es war zunächst eben nur eine Annäherung.

Meine Kinder, die damals noch klein waren, saßen ebenso wie ich einst immer mit uns Erwachsenen am Tisch und hörten ebensoviel über das Geschäft und die täglichen Erfordernisse. Sie mußten von klein auf hören, was in der Firma los war und wie meine Gedanken liefen, was mich bewegte und wie ich über vieles dachte. – Mit welchem Ergebnis, wird man später noch sehen.

Allerdings machte ich zu dieser Zeit eine Sache ganz anders, als sie meine Eltern gemacht hatten, und das mag dazu beigetragen haben, daß die Ehe mit der Mutter meiner drei Kinder nicht gut endete: Ich sorgte für eine strikte Trennung von Familien- und Geschäftsleben. Anders als meine Mutter arbeitete meine Frau nicht in der Firma mit, und so war sie viel und häufig allein. Ich hatte nicht nur den Expansionskurs in Herten zu lenken, es gab ja noch viele weitere Anforderungen, sei es in Dachau, in Badbergen, in Berlin, in Frankreich, im weiteren Ausland oder in der Verbandsarbeit in Bonn und Brüssel. Ich erinnere an das Äthiopien-Abenteuer, das auch erst nach 1975 zu Ende ging. Mit Sicherheit war das für meine Frau damals sehr schwer. Während ich glaubte, alles sehr klug anzustellen, übersah ich, daß sie sich nutzlos oder verlassen fühlen mußte – trotz unserer Kinder. Dies war ein Versuch, das genaue Gegenteil von dem zu leben, was ich mit meinen Eltern erlebt hatte. Ich werde noch später davon berichten, daß ich auch hier dazugelernt habe.

Neben der Lektüre über die Grenzen des Wachstums hat mich ein anderes Buch wirklich nachhaltig beeinflußt und zu echten Konsequenzen veranlaßt. Das war die Schrift eines englischen Philosophen, der neue Unternehmenskonzepte vorstellte, deren Hauptanliegen es war, auch in Großbetrieben alles in kleinen, überschaubaren Einheiten zu halten und damit den Mitarbeitern die Verantwortlichkeit für ihr Tun zurückzugeben. Das leuchtete mir sofort ein und begeisterte mich restlos. Ich habe dann konsequent versucht, meine Firma nach diesen Grundsätzen zu strukturieren und zu organisieren. Ich wollte nicht mehr einen großen Konzern haben – das waren wir mittlerweile wohl geworden –, sondern eine Anhäufung von Einzelunternehmen. Und jedes Einzelunternehmen sollte seine eigene Geschäftsleitung haben, womit insgesamt eine sehr viel bessere und fruchtbarere Kommunikation innerhalb der Firma zustande kam. *Small is Beautiful* heißt der bezeichnende Buchtitel von E. F. Schumacher, der dies alles ausgelöst hatte.

Im Zuge dieser Umstrukturierung nahm ich auch die Filialunternehmen aus dem Gesamtganzen heraus. Lange hatte ich sie als fünftes Rad am Wagen mitgeschleppt, auch aus alter Anhänglichkeit, weil meine Mutter sie so viele Jahre betreut hatte und ich selbst damit Kinder- und Jugenderinnerungen verband. Nun aber war es Zeit geworden, auch diesen Unternehmensteil zu einem eigenständigen Unternehmen zu machen, das nichts mehr mit der Fleischproduktion zu tun hatte. Das Unternehmen »Filialen« bekam einen neuen Namen und hieß fortan »Casserole«. Zu den Filialgeschäften kamen auch noch Restaurants, und Casserole wurde nach dem Prinzip der Eigenständigkeit ein sehr erfolgreiches Unternehmen im Haus Schweisfurth.

Ich selbst hatte mich auch an meine eigenen Verordnungen zu halten und tat dies gerne. Ich pflegte oft scherzhaft zu sagen, daß die Unternehmensleitung aus mir, meinem Fahrer Herrn Schneider, meiner Sekretärin Eva Herzog und Rudolf Werner Vogt, für Finanzen, Steuern und Recht zuständig, bestand – natürlich stimmte das nicht so ganz, aber weitgehend eben doch. Im ganzen Unternehmen arbeiteten damals mehr als fünftausend Menschen, gegliedert in viele Einzelfirmen mit ihren jeweiligen Geschäftsführern.

Bestärkt in dieser Firmenpolitik wurde ich auch durch die Begegnung mit Professor Reinhart Höhn, der die Akademie für Führungskräfte der deutschen Wirtschaft in Bad Harzburg gegründet hatte und damals einer der erfolgreichsten Managementtrainer war. Es gab in Deutschland kaum jemanden, der so erfolgreich Unternehmer und Manager trainierte wie Reinhart Höhn. Er hatte diese private Führungsakademie nach etlichen Wirrnissen und Umwegen in seinem Leben gegründet und predigte das »Harzburger Modell«, dessen Kerngedanken es ist, Verantwortung und Entscheidung immer an die Stelle zu delegieren, wo die größte Sachkompetenz vorhanden ist.

Mir leuchtete das vollkommen ein, und ich schuf auch in meinem Unternehmen die entsprechenden Strukturen, die immer bestimmend für die Geschäftspolitik blieben, solange mir das Unternehmen Schweisfurth gehörte. Ich habe selbst eine Broschüre verfaßt, in der ich alle Mitarbeiter in diesem Sinne auf »Grundsätze für die Geschäftspolitik« einschwor, die zu beherzigen nicht nur ein Anliegen, sondern eine Anweisung an alle war. Ich habe 1981 meine Geschäftspolitik in fünf Paragraphen erläutert und wollte auch, daß die Grundsätzlichkeit meiner Gedanken angenommen würde.

Ich bin überzeugt, daß mir das damals gelungen ist, obwohl es sicher nicht einfach war, den Wettbewerbs- und Rivalitätsgedanken auf positive Weise in eine Kooperation und Solidarität aller Führungskräfte umzulenken. Ein mögliches Gegeneinander statt eines Miteinanders nannte ich schlicht und drastisch »Kannibalismus«, den es zu vermeiden galt. In dem Absatz »Das Führungsverhalten« hieß es wörtlich: »Ich erwarte von meinen Mitarbeitern Bescheidenheit: Ich denke, daß wir alle weitgehend darauf verzichten sollten, unser eigenes

Image und Profil zu pflegen; übertriebene Statussymbole sind abzubauen. Jeder, der wirklich Autorität hat, kann auf Symbole verzichten.« Selbstverständlich galt das für mich als allerersten. Aber ich möchte auch gerne zitieren, wie ich damals den sozialen Auftrag eines so großen Unternehmens sah: »Die Führungskräfte sind sich bewußt, daß der Mensch im Mittelpunkt allen Wirtschaftens steht und daß Fabriken, Maschinen, Technik und Organisation nur Mittel zum Zweck sind. Sie sind sich ferner bewußt, daß ein gutes menschliches Klima im Betrieb vorhanden sein muß, ohne das eine gedeihliche Zusammenarbeit und ein angemessener wirtschaftlicher Erfolg nicht möglich sind.«

Mit diesen Zitaten habe ich wieder einmal vorgegriffen. Da jedoch mein Leben auch nicht geradlinig und ohne Umwege verlaufen ist, darf ich vielleicht im Erzählen ruhig kleine Nebenpfade einschlagen und spätere Entwicklungen beschreiben. Auf diese Weise können die Gedanken besser hervortreten, die zu manchen späteren Entscheidungen geführt haben. Auch die hier zitierten Grundsätze hatten eine lange, lange Reifezeit hinter sich, ehe sie so formuliert werden konnten und von mir auch glaubwürdig gleichsam als Geschäftsbedingungen gefordert werden durften.

Kurz vor dem Abitur meiner Söhne im Jahre 1977 wurde meine Ehe mit Doris geschieden. Äußerlich verlief alles sehr friedlich, innerlich waren selbstverständlich große Wunden geschlagen – natürlich auf beiden Seiten.

Die Unterhaltungen mit meinen Kindern, den Zwillingen Georg und Karl und der Tochter Anne, waren schärfer geworden, sie hatten mich lange beobachtet und kamen zu sehr kritischen Schlußfolgerungen. Meine wesentlichen Diskussionspartner waren die Zwillinge, die zunehmend meine Art zu leben in Frage stellten und mit Vehemenz verkündeten, daß sie ihrerseits nie auf diese Weise leben und arbeiten wollten. Karl und Georg waren beide fasziniert von den Gedanken der in Entstehung begriffenen Grünen, fanden in der ökologischen Bewegung ein geistiges Zuhause – und waren dabei gar nicht so weit von mir entfernt, wie es ihnen schien. Natürlich waren die familiären Umstände teilweise auch nicht sehr glücklich, aber der Hauptvorwurf meiner Kinder war doch, daß ich völlig am Leben vorbeilebte.

Nun hatte ich zwar das Gefühl, daß ich mich sehr um ein ganzheitliches Verständnis bemühte – die geschilderten Grundsätze des »Harzburger Modells« versuchte ich im Täglichen umzusetzen –, aber in den Augen der kritischen Heranwachsenden ging ich wohl doch nicht sorgfältig genug mit meinem Leben um. Abgesehen davon, daß Kinder kritisch sein müssen und dürfen und mit achtzehn Jahren den Lebensstil der Eltern gerne verwerfen, hatten sie ja mit ihrer Kritik nicht ganz unrecht.

Meine Kinder hatten miterlebt, wie ich mein Leben verbrachte, hin und her gerissen zwischen Äthiopien und Brasilien, Badbergen und Frankreich, Frankfurt und Bonn, Dachau und Brüssel, zum Schluß in der heimischen Fabrik in Herten, und sie machten mir schlicht Vorhaltungen darüber. Ihr Eindruck war, daß sie ihren Vater eigentlich nur mit fliegenden Rockschößen sahen, und dann stellten sie mir die Frage nach dem Sinn des Lebens, den sie in all diesen rastlosen Aktivitäten nicht erkennen konnten. Sie vermochten keinen Sinn darin zu sehen, daß die Fabriken sich vermehrten und die Produktion immer weiter gesteigert wurde, allerdings der Umsatz entsprechend auch, dafür das Leben aber einfach auf der Strecke blieb.

Anfangs war ich ausgesprochen ärgerlich über diese Art zu argumentieren und konterte mit meinem Auftrag, den ich in dritter Generation von meinem Vater übernommen hatte. Ich führte auch die Mühe ins Feld, die ich mir nicht zuletzt ihretwegen machte, die Kamine am Rauchen zu halten und fünftausend Mitarbeitern eine Beschäftigung zu garantieren. Aber meine Kinder blieben bei ihrer Argumentation, ja sie gingen sogar noch weiter und sagten, sie selbst hätten für ihre Lebensplanung diametral entgegengesetzte Vorstellungen, jedenfalls sollte ich nicht damit rechnen, das Unternehmen auf dieselbe Weise von ihnen fortgeführt zu sehen.

Da ich über meine Kinder rede und über die heftigen Auseinandersetzungen mit ihnen, sollte ich an dieser Stelle etwas vorgreifen. Ich hatte in den Diskussionen meinen Kindern immer von meiner Überzeugung erzählt, wie wichtig und prägend es sei, den beruflichen Werdegang nach dem Abitur mit der Lehre in einem Grundhandwerk zu beginnen. Welches, sei mir ganz egal, ob Metzger oder Schreiner, Bäcker oder Maurer, Bauer oder Schmied. Als Handwerker lernt man das große Wunder seiner Hände, was Hände alles machen können. Der Mensch »begreift« etwas mit seinen Händen, erst dann wird es verinnerlicht und schließlich zu Wissen. Das Erlernen eines Handwerkes sei stark persönlichkeitsbildend, sagte ich, das habe ich bei mir selbst erlebt. Sie mögen doch einmal auf ihren Vater hören und seine Erfahrungen respektieren, einmal nur, dann könnten sie ohnehin tun, wozu sie ihre Berufung drängte.

Sie haben alle drei dieses eine Mal auf ihren Vater gehört.

Karl ist Bauer geworden, hat mit einer landwirtschaftlichen Lehre auf einem Bauernhof begonnen und danach seinen Diplom-Agraringenieur gemacht. Georg hat das Metzgerhandwerk erlernt, daran ein Studium der Volkswirtschaft angeschlossen und sein Examen gemacht. Anne begann mit einer Lehre als Krankenschwester; das entsprach ihrer tiefen sozialen Grundeinstellung. Nach der Zwischenprüfung warf sie das Handtuch, weil ihr die immer stärkere Ausrichtung der Krankenhäuser auf technische Systeme nicht paßte. Ihr blieb einfach zuwenig Raum für die Pflege der Patienten und zuwenig Zeit, persönlich für die Kranken dazusein, ihnen zuzuhören und mit ihnen zu sprechen. Sie hat dann eine Bäckerlehre gemacht und jahrelang morgens um drei Uhr in der Hutzelbäckerei in Bochum ihren Dienst angetreten, einer der wenigen Bäckereien, die als Kollektiv geführt wurden. Später ist sie Käserin geworden und hat viele Jahre den Sommer mit Schweinen, Kühen und Käse auf der Alpe verbracht.

Der lange Prozeß der Ablösung von meinen Kindern war zugleich schmerzvoll und erlösend. Allerdings ließ die Erlösung noch lange Jahre auf sich warten. Ich hatte zu akzeptieren, was die Kinder, die keine mehr waren, empfanden. Ich mußte mich damit auseinandersetzen und Klarheit für mich selbst gewinnen. Zu jener Zeit, als ich mitten in dieser Auseinandersetzung war, hatte sich in meinem privaten Sein und Denken auch sehr viel verändert. Ich möchte an dieser Stelle von Dorothee sprechen, die ich schon länger kannte und die mir eine völlig neue Welt eröffnet hatte. Dorothee wurde später meine zweite Ehefrau.

Nachdem die erste Ehe endgültig gescheitert war – trotz mancher Versuche von außen, trotz der vielen Gespräche, die wir geführt haben, ungeachtet unseres Wissens, daß im emotionalen Bereich einfach nichts mit dem Verstand zu lösen ist –, war ich in jeder Hinsicht ein Suchender geworden.

Ich bin meiner ersten Frau sehr dankbar, daß sie unser Zusammensein mit soviel Anstand und auch Konsequenz beendet hat, sie war mit Sicherheit die konsequentere von uns beiden, auch wenn ihr vieles sehr weh getan hat. Unsere Scheidung war einen Tag vor dem 18. Geburtstag der Zwillinge, und wie zur Demonstration der doch vorhandenen Einigkeit machten wir alle zusammen eine kleine Schiffsreise auf dem Rhein; wir wollten noch einmal alle beieinander sein. Meine geschiedene Frau zog dann in eine andere Stadt, nach Düsseldorf, und unsere Tochter Anne ging mit ihr. Alles veränderte sich, die Dinge mußten neu geordnet werden, alles war erst einmal gründlich durcheinandergeraten.

Mein Sohn Karl hatte mir nach seinem Abitur unmißverständlich klargemacht, daß er andere Wege einschlagen würde, und ich bräuchte mich nicht um ihn zu kümmern. Es waren damals keine leichten Gespräche zwischen uns. Ihm fiel es schwer, seinem Vater dies zu sagen, und ich hatte große Mühe, alles zu verstehen und damit zurechtzukommen. Georg absolvierte damals gerade seine Zeit bei der Bundeswehr, und ich war allein: Die Familie hatte sich – zunächst einmal – aufgelöst.

In dieser Zeit trat Dorothee endgültig in mein Leben, das sich dadurch nachhaltig veränderte. Sie kam aus einer anderen Welt, sie interessierte sich neben ihrer Arbeit als Marktforscherin für Dinge, die eher ungewöhnlich waren. Sie war im Fernen Osten, in Nepal gewandert, hatte dort ersten Kontakt zum Buddhismus bekommen. Ich kannte diesen Teil der Welt bis dahin nicht, kannte auch die fernöstlichen Religionen nicht, es war alles Neuland für mich im weitesten Sinn. Ich wurde mit Meditation vertraut, lernte, in mich hineinzuhorchen, und – wieder einmal – wurde ich sehr neugierig auf diese unbekannte Welt.

Dorothee hatte einen Beruf, der sie in München hielt, und ich fing an, hin- und herzupendeln, was natürlich alles zusammen noch mehr Unruhe in mein Leben brachte, trotz der Bereicherung, die ich erfuhr. Ein merkwürdiges Gefühl ist das, wenn man nie mehr ganz sicher ist, wo man hingehört, nicht nur wegen des gerade fehlenden Buches, der Krawatte oder der Lieblingshose, sondern weil man auch gezwungen ist, stets neue Auseinandersetzungen mit sich und der jeweiligen Umgebung zu bestehen. Dorothee wollte Beruf und Domizil in München nicht aufgeben, ich selbst war beruflich noch stärker gebunden und konnte gar nichts aufgeben. Wir konnten aber gemeinsam Reisen in die fernen Länder unternehmen, die Dorothee schon kannte und die sie mir eigentlich erst richtig eröffnete.

Der Buddhismus mit seiner Hinwendung zur Achtsamkeit eröffnete mir und meiner späteren Frau den Weg zur existentiell-meditativen Suche nach einer anderen Lebensform. Wir machten Reisen in alle Länder des Himalaja; wir haben sie alle kennengelernt und dabei ständig Neues aufnehmen können. Vor allem sind wir in diesen Ländern gewandert, wir haben die Erkenntnis in vielen Hunderten von Kilometern erwandert. Wir waren in Klöstern, in denen kaum je zuvor ein westlicher Mensch gewesen ist, wir haben meditiert, in uns hineingehorcht und die Stille, die Ruhe auf uns einwirken lassen. Ich habe nie viel über den Buddhismus gelesen, aber ich bin mir sicher, daß ich diese Religion mit allen meinen Sinnesorganen erfahren – oder besser noch erschritten – habe. Ich habe nie den Versuch gemacht, mir die fremde Religion mit dem Verstand zu erschließen, aber über das Sehen, Hören und Riechen habe ich alles Wichtige aufgenommen.

Ich vergesse diese kostbaren Stunden des Nachdenkens und der Reflexion nie, dieses Fallenlassen. Ich kann die Wirkung dieser Erlebnisse sehr schlecht mit Worten beschreiben. Ich habe einfach eine andere Welt der Erkenntnis kennengelernt, die jenseits der Vernunft existiert. Ich habe ein Gefühl bekommen, im Einklang mit einem Urgrund zu sein, den man nicht erklären kann und den man im normalen Alltag auch nicht erlebt. Diese Zeit hat uns sehr geprägt und eine tiefe, anhaltende Wirkung hinterlassen. Ich kann sie gar nicht konkret als Beeinflussung meines Seins definieren, ich weiß nur, daß sich mein Bewußtsein damals verändert hat und daß ich bis heute von diesen Reisen zehre.

Allerdings haben diese Erlebnisse nicht direkt Rückwirkungen auf meine tägliche Arbeitsroutine bei Schweisfurth in Herten zur Folge gehabt. Ich konnte zunächst für mich keine unmittelbaren Folgerungen daraus ziehen, und ich bin beileibe auch kein Buddhist geworden. Mir gefällt nur das Schlüsselwort des Buddhismus so gut, die *Achtsamkeit,* und ich kann mehr damit anfangen als mit dem christlichen Wort von der Nächstenliebe und der Barmherzigkeit. Die Achtsamkeit sollte für mich später eine sehr große Rolle spielen, im Umgang mit allem Leben, mit dem Boden, dem Wasser, den Pflanzen, den Tieren, den Menschen und mit mir selbst. Wahrscheinlich waren diese Erfahrungen durch ihre bewußtseinserweiternde Wirkung einfach ein Nährboden für spätere Entwicklungen.

Meine neue Beziehung zu Dorothee war in vielerlei Hinsicht anders angelegt als meine Ehe. Wir wußten, daß wir keine neue Familie gründen würden, und wollten von Anfang an eine Beziehung, die eine Lebens- und Arbeitsgemeinschaft sein sollte.

Genau dies hatte ich in meiner ersten Ehe immer bewußt vermieden und damit vielleicht auch einen Fehler gemacht. Jetzt staunten die Mitarbeiter jedenfalls, wenn Dorothee, die schließlich doch nach Herten kam, morgens um 7 Uhr mit mir in den Fabriken auftauchte und sehr selbstverständlich überall dabei war. Auch an großen Besprechungen, egal ob technischer Art oder zu Marketingfragen, nahm sie teil. Sie ist bis heute mein wichtigster Dialogpartner und Ratgeber in allen Lebensfragen geblieben, wir entscheiden gemeinsam. Sie ist mein wichtigster Wegbegleiter und führt mich oft auf Dinge zurück, die ich aus Unachtsamkeit übersehe oder auch nicht ernst genug nehme. Ich hatte oft den Eindruck, daß die Mitarbeiter in den Betrieben sich häufig an Dorothee hielten und ihr von Sorgen oder Problemen erzählten, die sie mir nicht gewagt hätten mitzuteilen. Natürlich war ich dazu doch zu sehr der *Big boss,* den man mit manchem scheinbar Nebensächlichen nicht belasten wollte. Wir haben abends im Gespräch dann häufig Fragen erörtert, die an Dorothee gestellt worden waren, und ich habe auf diese Weise oft mehr von den Menschen begreifen können als früher.

Die Diskussionen mit meinen Kindern und die daraus resultierenden Schwierigkeiten hinterließen bei mir doch eine enorm tiefe Wirkung. Ich mußte zunächst lernen, die Selbständigkeit im Denken meiner fast erwachsenen Kinder zu akzeptieren.

Daß das im Kopf leichter ist als im Herzen, leuchtet sicher ein. Es war auch schwierig für mich, die emotionale Seite anzunehmen, und es dauerte noch länger, ehe ich anfing, aus den Vorwürfen zu lernen. Ich erkannte, daß ich selbst auch vieles überprüfen mußte, was ich über die Jahre als unumstößlich fest in meinem Leben verankert hatte.

Die beschriebenen neuen Gedanken haben sicher dazu beigetragen, daß ich eine Neuordnung im Kopf versuchte. Gerade der Vorwurf, ich hetzte nur herum und wäre unstet, würde mich aufreiben und dächte zu wenig über das Leben nach, war berechtigt. Dies haben meine ersten Versuche von Meditation und Selbstbesinnung gezeigt.

Es wurde mir auch zunehmend klarer, daß ich meine eigene Wirklichkeit nicht mehr richtig wahrnahm. Wenn ich in den verschiedenen Betrieben nach dem Rechten sah, wußte ich nicht mehr, ob man sich auch nach meinem Weggang noch an meine Anweisungen hielt. Vor allem wurde mir klar, daß ich einfach nicht mehr alles wissen konnte, was vorging, was geschah. Das Unternehmen war so groß geworden, daß es fast unmöglich war, alles im Blick zu behalten. Zwar sollte das Prinzip der Dezentralisierung wohl verhindern, daß ein einzelner alles sehen und wissen mußte, aber dennoch – ich fing wahrhaftig an, darüber nachzudenken, was ich eigentlich mit meinem Leben tat. Meine Sichtweise fing an sich zu verändern, ich wurde zunehmend nachdenklicher, zunächst ohne zu wissen, wohin diese Nachdenklichkeit führen würde. Hierzu gibt es eine Geschichte zu erzählen, die mir sehr wichtig ist, weil sie sich im nachhinein als Puzzleteil in das große Bild der ökologischen Besinnung einfügen läßt.

Ich wollte wissen und genau erfahren, wie die Tiere, die ich

*»Der Fleischer«, Kupferstich mit Spruch aus dem Ständebuch von Christian Weigel, Regensburg 1698*

»brauchte«, eigentlich lebten. Selbstverständlich brauchte der größte fleischverarbeitende Betrieb in Europa ständig und regelmäßig viele tausend Schweine, Rinder und Kälber. Aber wo kamen sie eigentlich her, wie wurden sie gehalten, was war ihr Dasein, ehe sie getötet wurden? Fragen, die heute fast müßig scheinen, weil viele ein geschärftes Bewußtsein für die Kreatur entwickelt haben. Aber Mitte der siebziger Jahre wurden solche Fragen noch kaum diskutiert. Ich bat also einen Einkäufer meiner Betriebe, mit mir ein paar Tage lang all jene Orte zu besuchen, woher wir die Tiere jede Woche zu Tausenden bezogen.

Diese Reise hat mich sehr beeindruckt. Ich habe gute, sehr schöne bäuerliche Betriebe erlebt, in denen der Bauer noch wirklich verantwortlich für seine Tiere war und man das sichere und gute Gefühl bekam, daß Tiere nicht nur Material waren, Sache oder Sachgüter. Aber ich habe auch Betriebe gesehen, wo viele tausend Schweine gehalten wurden, je tausend in einem riesigen Stall: Tiere, die in engen Boxen vegetieren mußten. Da gab es gerade so viel Platz, daß das Schwein sich einmal wenden und dann hinlegen konnte auf den Spaltenboden, wo das Futter automatisch herangebracht und der Kot automatisch weggespült wurde. Diese Art der Tierintensivhaltung hat mir sehr zu denken gegeben. Damals habe ich Eindrücke und Einsichten gewonnen, die mein Leben wirklich nachhaltig verändert haben.

Es war das Erleben dieser Extreme, das mich kritisch und auch zornig gemacht hat: Es gab den Bauern, der sich redlich mühte, und es gab die Fabrikanten von Tieren, denen das Tier in seiner Würde als Lebewesen völlig gleichgültig war. Es bedrängte mich das atavistische Gefühl eines Frevels, den wir mit den Tieren trieben. Und diese Eindrücke stürzten mich natürlich in tiefste Zweifel und Skrupel. Mir war schlagartig klar, daß Fleisch von derart gequälten Tieren keine lebensfördernde Nahrung für uns Menschen sein kann, und gleichzeitig war ich als Chef des riesigen Unternehmens darauf angewiesen, Tiere in sehr großen Mengen geliefert zu bekommen.

Ich war in einem echten Konflikt, den ich zunächst für mich nicht lösen konnte. Was mich zusätzlich bedrängte, war das mangelnde Unrechtsbewußtsein vieler Beteiligter. Man hielt die automatisierten und klimatisierten Ställe, in denen Schweine nach industriellen Maßstäben »produziert« wurden wie technische Güter, für einen enormen Fortschritt und war dankbar, daß der Stand der Technik diese Art von Tierhaltung möglich gemacht hatte. Nun wurde ich auf meine eigene Technikgläubigkeit zurückgeworfen: Ich erinnerte mich an meine Überzeugung, die lange von keinen Zweifeln getrübt war, Technik einzusetzen und alles effizienter zu machen, als ich noch um einiges jünger war. Nun aber fand ich nur noch scheußlich, daß man quasi vom Wohnzimmer aus per Knopfdruck das Tier automatisch füttern konnte und per Computer die günstigste Kombination von Futter aus aller Welt, Fisch- und Tierkörpermehlen automatisch errechnen konnte – und daß ich mit meinem Unternehmen dafür sorgte, daß diese armen Tiere tatsächlich auch gekauft wurden.

Dieser Konflikt war schmerzvoll und schien zunächst unlösbar. Mir war bewußt geworden, daß ich selbst Teil dieser Mißachtung der Kreatur war, ich hatte aber gleichzeitig das Gefühl absoluter Ohnmacht und sah keinerlei Möglichkeit, etwas dagegen tun zu können. Hilflosigkeit machte sich ebenso breit wie massive Zweifel an meinem Tun. Natürlich wußte ich, daß ich die faktischen Verhältnisse der Landwirtschaft, so wie sie jetzt betrieben wurde, nicht verändern konnte. Ich wußte aber auch, daß die Fragen beantwortet werden mußten, ob sich der rasende technische Fortschritt auf dem Rücken der Tiere weiter so betreiben ließe und vor allem, wohin er letztlich führen würde. Die Fragen in meinem Kopf überschlugen sich und fanden so bald auch keine befriedigenden Antworten. Aber jedenfalls hatten die Wurzeln, von denen ich schon sprach, wieder etwas weiter ausgeschlagen: die Wurzeln, die später den Baum der Erkenntnis nähren sollten, der uns alle beschirmen und beschützen soll.

Dabei ist der Vorgang eigentlich ganz normal in unserem Leben: Eine neue Erfindung setzt eine Entwicklung in Gang, die bestimmte Prozesse verbessert, beschleunigt, verbilligt – was auch immer. Wir bestaunen den Fortschritt und sind stolz darauf. Erst später lernen wir, daß irgend etwas aus dem Lot geraten ist, daß da Schwachstellen sind und daß einer »draufzahlt«. Korrekturen fallen dann schwer, müssen aber gemacht werden. Das ist das Prinzip von Versuch und Irrtum, das Wesen der aufgeklärten Wissenschaft. So also auch hier: Wir stellen fest, daß die Tiere in unerträglicher – und für kultivierte Menschen unwürdiger – Weise »draufzahlen«. Korrekturen tun not, ohne den Fortschritt an sich in Zweifel zu ziehen. Wir möchten nicht zurück in die »gute alte Zeit«. Auf den alten Bauernhöfen hatten es die Tiere oft gar nicht so gut.

So war viel Zweifel in mein Leben gekommen, aber auch viel Anregung. Ich empfinde heute Dankbarkeit den Menschen gegenüber, die mich in meinen Zweifeln begleitet haben und mir geholfen haben, sie zu artikulieren. Denn vor einer möglichen Antwort müssen erst die richtigen Fragen gestellt werden. Mein Leben lief nun auf verschiedenen Schienen, die alle in eine noch ungewisse Zukunft führten, Zweifel und Erkenntnis verzweigten sich und lösten sich wieder auf.

Eine andere Sache, die mich beschäftigte, war relativ einfacher Natur und hat doch viel mit meinen späteren Entscheidungen zu tun. Mir war es immer ein Dorn im Auge gewesen, daß ich nicht Meister in meinem Metier war: Ich war kein Metzgermeister. Das hatte ganz handfeste Gründe: Lange Zeit stand in der Handwerksordnung, daß zur Ablegung der Meisterprüfung unter anderem das Schlachten eines Ochsen gehört, und das paßte mir nicht. Nach meinem Verständnis hatte das nichts mit Meisterlichkeit zu tun, und ich hatte mich daher nie um die Meisterprüfung gekümmert. Geselle war ich ja, und das genügte eigentlich.

Als aber Ende der siebziger Jahre diese Bedingung für die Meisterqualifikation aus der Handwerksordnung gestrichen wurde, schien mir das ein Wink zu sein, doch noch Metzger*meister* werden zu können. Der damalige Leiter des Instituts für Forschung und Entwicklung in Dachau hatte vor seinem Studium der Veterinärmedizin auch die Gesellenprüfung gemacht, und ich konnte ihn überreden, mit mir zusammen die Meisterprüfung in der Fleischerfachschule in Augsburg zu machen. Allein hatte ich keine rechte Lust, ein wenig alt kam ich mir auch vor, aber zu zweit schien mir das ein lohnendes Unterfangen zu sein.

So meldeten sich Dr. Robert Wellhäuser und Dipl.-Kfm. Karl Ludwig Schweisfurth für den entsprechenden Kurs an. Daß wir bei weitem die ältesten Teilnehmer waren, war nur anfangs etwas seltsam; es fügte sich dann, daß wir zusammen mit vielen jungen Männern und Frauen drei Monate lang die

Schulbank drückten und auch viel Ermunterung bekamen. Das anfängliche Befremden der Lernenden und Lehrenden wich bald einer freundschaftlichen Zusammenarbeit. Für mich ist dies, im nachhinein betrachtet, eine ganz wichtige Zeit gewesen. Ich habe noch einmal richtig lernen müssen, habe unser Handwerk als das erkannt, was es sein kann, nämlich auch ein schönes, sehr ursprüngliches Tun, das sogar unter ästhetischen Gesichtspunkten Bestand hat. Vor allem wurde ich wieder an vieles herangeführt, wovon ich mich im Laufe der Jahre schon so weit entfernt hatte.

Es gab neben der handwerklichen Kunst, Wurst zu machen, die gelernt sein wollte, auch einen theoretischen Teil, der Buchführung und Kalkulation enthielt. Auf meine bescheidene Frage, ob ich als Diplomkaufmann nicht vom Besuch und der Prüfung in diesen Fächern freigestellt werden könne, wurde mir bedeutet, daß dies nicht ginge, und so fand ich mich zusammen mit vielen jungen Menschen in Kursen für doppelte Buchführung, Kalkulation und Bilanzierung wieder. Ich muß zugeben, daß mein Besuch dieser Kurse nicht sehr regelmäßig stattfand – ich hatte nebenbei auch ein Unternehmen zu führen –, aber die Prüfung ist mir sehr gut erinnerlich. Die praktische Seite habe ich mit sehr gutem Erfolg bestanden, die theoretische weniger gut. Das war zu verschmerzen.

Jedenfalls war ich endlich Meister des Metzgerhandwerks geworden und schrieb von nun an auf meine Visitenkarten immer zuerst den Metzgermeister und erst danach den Diplomkaufmann, weil ich sehr stolz auf diesen Meistertitel bin. Der Abschluß dieses Kurses wurde groß gefeiert, und ich habe alle frischgebackenen Metzgermeister danach in einen Bus verfrachtet und nach Herten eingeladen, wo wir zusammen mit den Meistern der Herta-Unternehmung eine große Feier veranstalteten. Ich glaube, daß meine altgedienten Meister in Herten zu schätzen wußten, daß ich nun auch einer der ihren geworden war und damit auch ihre eigene Meisterschaft als wichtig akzeptiert hatte. Das hatte ich zwar vorher auch schon getan, aber nun waren wir gleichrangig geworden. Denn bei aller Technisierung war der Meister immer noch der menschlich wichtigste Faktor im ganzen Unternehmen.

Es gab auch Fehlschläge, die mich sehr bedrängten: Ich hatte Probleme mit neuen Geschäftsführern bei Herta, der Wettbewerb wurde deutlich härter, und ich spürte zunehmend, daß ich viele Ansprüche auf Dauer nicht würde durchhalten können – die Qualität der Erzeugnisse, soziale Leistungen und mein Anliegen, den Menschen Schönheit, angenehme Arbeitsbedingungen und Kunst in der Fabrik zu bieten. Letzteres wurde von manchen verkopften Managern nicht richtig verstanden, jedenfalls nicht im Sinne eines Anspruchs auf Verbesserung der menschlichen und sozialen Qualität. Es waren eine Menge Fragestellungen, die mir den Wind manchmal ziemlich kalt um die Nase wehen ließen.

Neben den Möglichkeiten, die mir durch die Beziehung zu meiner späteren zweiten Frau eröffnet wurden, habe ich immer schon versucht, durch Einkehr und Innehalten mein Leben reicher zu gestalten, aber auch einfach das Schöne zu genießen. Ich habe mit der Aufteilung in Freizeit und Privatleben einerseits und Berufs- und Geschäftsleben andererseits nie etwas anfangen können, weil ich diese Trennung für unsinnig halte. Für mich gibt es einfach nur Leben. Ich habe immer versucht, alles harmonisch miteinander zu verbinden, auch wenn ich auf einsame Berge gekraxelt bin. Ich will an dieser Stelle erzählen, daß es für mich sehr wohl auch Zeiten und Orte gegeben hat – und noch immer gibt –, wo ich weniger Managementprobleme lösen wollte als vielmehr die Freuden eines Jäger-, Bergsteiger- oder Seglerdaseins genießen. Aber das waren wiederum häufig die besten Gelegenheiten, mich gerade mit den aktuellen Fragestellungen zu beschäftigen.

Ich bin ein zutiefst unsportlicher Mensch, ich halte nämlich gar nichts von Sport. Es gehört fast schon Mut dazu, dies in unserer sportverliebten Zeit so zu formulieren, aber ich stehe dazu und habe manchmal in allerschärfster Zuspitzung sogar gesagt, daß ich übermäßiges Sporttreiben für gefährlich halte, weil es dumm macht. Ich gestehe allerdings, daß ich das mehr aus Lust an Provokation sage, beispielsweise wenn wieder einmal ein Haufen Männer hinter einem einzigen Ball herläuft und alle Welt atemlos zusieht.

Allerdings habe ich diese Dinge immer gerne getan: Bergsteigen und Wandern, Jagen und Segeln. Daß ich als Flachländer aus Westfalen eine tiefe Liebe zu den Bergen habe, mag verwundern. Ich bin über Freunde ans Bergsteigen geraten, bis ich es aus einem sehr privaten Grund wieder aufgegeben habe. Ich fuhr in meinen jungen Tagen oft in die Dolomiten und bin dann mit einem Bergführer gerne auf alle erreichbaren Gipfel gestiegen, die man an einem kurzen Wochenende »machen« konnte.

Ich machte mit Professor Kotter, der mir über die Jahre zum wirklichen Freund wurde, viele Touren, und ich empfand es immer als eine außerordentliche Lebensqualität, wenn ich, gesichert am Seil, fast senkrecht einen Felsen hinaufkletterte. Die Art, wie man im Felsen darauf achten muß, sich abzusichern, hat mich immer fasziniert, ich fand es spannend, daß man weitgehend auf sich und sein Fuß- und Fingerspitzengefühl im sehr, sehr wörtlichen Sinn angewiesen ist. Ich habe das Gebirge im Sommer immer sehr viel mehr geliebt als im Winter, wenn alles tot ist, abweisend und kalt. Ich behaupte, der Fels riecht auf eine ganz besondere Art. Manchmal findet sich in einer kleinen Spalte auch noch ein bescheidenes Blümchen, das in der Kargkeit Platz genommen hat und blüht. Viele Jahre habe ich dieses Klettern im Felsen betrieben.

Ich will es kurz machen, warum ich damit aufgehört habe: Als ich Dorothee kennenlernte, wollte ich natürlich auch, daß sie dieses Vergnügen mit mir teilte. Ich nahm sie, ungeübt wie sie war, zusammen mit dem Bergführer einfach in die Felsen mit, sie konnte oder wollte aber an einer bestimmten Stelle nicht mehr weitergehen, es war ihr alles zu fremd. Wir taten etwas, was man nie tun darf: Wir ließen die arme Person einfach an einer Stelle sitzen und baten sie, auf uns zu warten, es dauere nicht lange. Natürlich ging an dem Tag alles schief, was nur schiefgehen konnte, meine arme Frau mußte warten und warten, ein Wetter zog auf, und am Ende konnte sie vor Erschöpfung kaum noch ein Bein vor das andere setzen. Schließlich verirrten wir uns, verfehlten den Abstieg und mußten uns am senkrechten Felsen – Dorothee zum ersten Mal – abseilen. Ich hatte jedes vernünftige Maß überschritten und Dorothee jede Freude am Bergsteigen gründlich ausgetrieben. Wir sind nie mehr ins Gebirge gefahren.

Zum Jagen hatte ich auch ein ganz besonderes Verhältnis. Mein Großvater war schon passionierter Jäger, mein Vater dagegen gar nicht, und ich selbst hatte den Jagdschein auf eine sehr einfache Weise gemacht, wie es heute gar nicht mehr möglich wäre. Westfalen bietet eine große Fülle an schönen Rehwildjagden; Niederwild wie Hasen und Fasanen lassen sich dort genauso jagen – kurzum, ich bin gerne auf die Jagd gegangen. Von meinem Abenteuer mit der angebundenen Ziege in Angola abgesehen, war ich auch einmal auf eine Safari in Afrika eingeladen, wußte aber bald danach, daß ich das nicht öfter in meinem Leben machen wollte.

Meine schönsten Jagderlebnisse hatte ich in Hallstadt, in Österreich, wohin ich mit Professor Höhn von der Bad Harzburger Führungsakademie gekommen war. Ich entsinne mich, kurz nach dem Tod meines Vaters, 1964, dorthin eingeladen worden zu sein, um auf einen Auerhahn »anzusitzen«. Selbst wer nur ganz wenig von Jagd weiß, ahnt, daß das die Erfüllung für manchen Jäger bedeutet. Für einen Flachländer wie mich war das natürlich die höchste Stufe von Jagdglück. Aber neben diesem Jagderlebnis hatte ich wieder einmal eine menschliche Begegnung, die bis zum heutigen Tag entscheidend für mich geblieben ist. Ich traf auf Ernst Reisenbichler, der mich zum erstenmal führte und der mir von Stund an Freund geworden ist, Unschätzbares vermittelt hat und einer meiner wichtigsten Lehrmeister wurde. Diese Freundschaft ist zu einer ganz wichtigen in meinem Leben geworden.

Reisenbichler stammt aus dem Salzkammergut und ist dort tief verwurzelt. Er ist nur Volksschüler und doch ein gebildeter Mensch, der manchem Inhaber von akademischen Graden haushoch überlegen ist. Er hat sein Leben im Wald zugebracht, und er hat viel über Gott und die Welt, über die Natur und das Leben nachgedacht. Als Jäger ist er darin geübt, sehr genau zu beobachten. So wie Wild »angesprochen« wird, was bedeutet, daß man Charakter, Alter und Zustand des Tieres einschätzt und sich rasch ein Urteil bilden muß, so konnte dieser Jäger auch Menschen »ansprechen«, sie in ihrem Wesen erkennen und meist ein sehr zutreffendes Urteil abgeben. Wir haben viele Stunden miteinander gesprochen und uns über Sitten und Bräuche, Essen und Leben, Wald und Natur, Jahreszeiten und Wild unterhalten. Am meisten haben wir über den Wald gesprochen, er war mein Lehrmeister in vielen, vielen Dingen, die Natur betreffend. Sicher ist auch er ein wichtiger Impulsgeber gewesen.

Diese Auerhahnjagd werde ich tatsächlich nie mehr vergessen. Ich ging mit Ernst Reisenbichler durch tiefen Schnee, übernachtete in einer Hütte, und am nächsten Morgen sahen wir eine Auerhahnbalz, wie sich das nie wieder in meinem Jägerleben wiederholte. Wir verfolgten und erlebten die Balz, erst auf dem Baum, mit den Hennen darunter, dann baumte der Hahn ab, wie das der Jäger nennt, und machte die Balz auf dem Boden. Das alles in etwa dreißig Meter Entfernung, es war Tag geworden, und die Sonne schien hell. Ich werde dieses Bild des tiefschwarzen Vogels, dessen Gefieder noch in allen möglichen Farben schillerte, nie vergessen. Sein Balzgesang, wie er seine Kreise zog, das alles hat sich ganz tief in meine Seele eingeprägt.

Nach diesem Erlebnis wußte ich, daß ich auf diesem Stück Erde, an diesem wunderbaren See irgendein Refugium haben wollte, eine bescheidene Stelle, wohin ich immer wieder zurückkehren konnte. Ich fragte Ernst Reisenbichler, ob er mir helfen könne. Tatsächlich fanden wir mit Hilfe des Postboten, der natürlich alle leerstehenden Häuser kannte, ein altes, eher schon verfallenes Haus, das ich dann viele Jahre lang mietete und in dem ich mit meiner jungen Familie sehr glücklich war. Es ist für uns fast zur zweiten Heimat geworden, ich habe dort viele schöne Tage und Wochen verbracht. Mit Ernst Reisenbichler ging ich oft auf die Jagd, abwechselnd begleitet von den heranwachsenden Kindern. Wir hatten eine winzigkleine Hütte, in die wir einkehrten, wenn wir zur Gamsjagd oder zur Hirschbrunft unterwegs waren. Dann haben wir geredet oder auch miteinander geschwiegen, aber in jedem Fall haben wir in unserem Hüttchen gekocht und es uns gutgehen lassen. Später haben wir drei Sterne über der Tür angebracht, zum Zeichen der hohen Qualität, die wir uns gegenseitig lieferten.

Ich will hier noch kurz von einem Erlebnis berichten, das ein großes Experiment war und bei dem Ernst Reisenbichler auch eine gewisse Rolle gespielt hat, wenn auch nicht in seinen heimischen Bergen im Salzkammergut, sondern in weiter Ferne, in Kanada.

Dieses Experiment in Kanada sollte meinem alten Geschäftsfreund und langjährigen Mitstreiter Theo van der Lieck, seinem Jägerfreund Herbert, meinem Jägerfreund Ernst Reisenbichler und mir unsere Fähigkeit beweisen, daß wir auch in tiefster Einsamkeit, weitgehend auf uns gestellt – nur mit dem Nötigsten zum Überleben ausgestattet, einer Angel und einer Flinte –, eine gewisse Zeit nicht nur *über*leben, sondern auch uns selbst genügen und zu uns finden könnten. Das Ganze sollte obendrein eine Jagdtour werden, die so nur in den tiefen Wäldern Kanadas möglich ist: Wir wollten im Norden Grizzlybären jagen. Der Plan war, daß wir uns mit einem kleinen Wasserflugzeug an einen sehr einsamen See bringen lassen und dort achtzehn Tage lang in der Einsamkeit bleiben wollten, bis das kleine Flugzeug uns wieder abholen würde.

Eine echte Männertour begann, die Ehefrauen blieben natürlich zu Hause. Ich entsinne mich des leicht beklommenen Gefühls, als wir vier am Zielort abgesetzt wurden, mit unserer Ausrüstung, den Zelten, Schlafsäcken, ohne Proviant, und ohne jede Verbindung plötzlich in der Wildnis saßen. Es gab kein Funkgerät, es gab überhaupt keine Möglichkeit, mit der Außenwelt Kontakt aufzunehmen. Wir waren im Nichts angekommen, in der blanken Natur und mußten uns in sie einfügen.

Diese Geschichte ist noch gar nicht sehr lange her, wir waren alle nicht mehr jung, ich war bereits ein älterer Mann. Das Experiment begann ganz interessant, wir glaubten auch zu wissen, worauf wir uns eingelassen hatten. Wir hatten Salz, Tee und Streichhölzer, und außerdem waren wir Jäger und davon überzeugt, daß wir genug Beute erlegen würden, um Nahrung zu bekommen.

Womit wir nicht gerechnet hatten, waren ein Schlechtwettereinbruch, Wind und Schnee. Vor allem hatten wir nicht für möglich gehalten, daß sich das Wild sehr rar machen würde. Vergeblich warteten wir auf Grizzlybären und Elche, und unsere Nahrung wurde etwas einseitig durch die Fische aus dem nahegelegenen See, an dem wir kampierten. Vier Männer in der Wildnis, die tagaus, tagein nur Fisch zu sich nehmen – den ich allerdings jedesmal auf eine neue Weise zuzubereiten versuchte –, das macht einfach keine gute Laune, und außerdem sättigt es nicht sehr. Ich selbst hatte, wie immer, kaum Hunger. Ich kann mit dieser angeborenen Eigenschaft, nie hungrig zu sein, in solchen Situationen ganz gut leben. Die Stimmung litt allgemein, wir hatten uns alles etwas anders vorgestellt und konnten schlecht mit dem Ausbleiben der Jagderlebnisse fertig werden, als wir am dreizehnten Tag endlich einen Elch vor uns hatten. Ich war so aufgeregt, daß ich erst einmal vorbeischoß, aber als wir die Jagdbeute endlich hatten, herrschte großer Jubel, und wir waren wieder ganz zufrieden.

Zwei Tage später gingen Ernst Reisenbichler und der kanadische Jäger los und hofften, daß sich am »Anschuß«, da wo die Reste des erlegten Elches lagen, ein Bär zeigen würde. Er war tatsächlich da und griff sofort an. Die beiden hocherfahrenen Jäger erzählten später, sie wären so erschrocken, daß sie wie zur Salzsäule erstarrten und unfähig gewesen wären, ihr Gewehr zu nehmen und zu reagieren. Ein angreifender Bär muß etwas sehr Bedrohliches sein und läßt anscheinend auch gestandene Männer ziemlich furchtsam werden. Ich erzähle diese Geschichte nur, weil sie so seltsam endet: Tier und Menschen müssen sich gemustert haben – die Menschen in ihrer Erstarrung hielten das für eine Ewigkeit –, und dann drehte sich der Bär aus Gründen, die nur er alleine kennt, um und entschwand in die Wälder. Das war der Grizzlybär, der nicht ganz den Erwartungen entsprach, die wir uns voller Hochmut gemacht hatten. Die Männer kamen schlotternd zu unserem Camp zurück und hatten gar nichts von strahlenden Jägern mehr an sich.

Das eigentliche Abenteuer aber begann, als wir nach den vereinbarten achtzehn Tagen, als wir unser Camp schon abgebaut hatten, vergebens auf unser kleines Wasserflugzeug warteten. Es war uns klar, daß man uns wohl nicht vergessen hatte, aber es war uns eben gar nicht klar, warum niemand kam, und wir wußten, daß wir uns in der endlosen Weite nirgendwohin retten konnten. Wir bauten unsere Zelte wieder auf und harrten der Dinge, die nicht kamen. Drei Tage mußten wir so wartend zubringen, und es waren sicher die drei interessantesten in meinem Leben. Wir waren eine Schicksalsgemeinschaft, wir waren aufeinander angewiesen, und wir überlegten abwechselnd zusammen, dann jeder für sich alle Varianten, warum wir in dieser Einsamkeit saßen und niemand uns erlösen wollte ... Die Vorräte gingen dem Ende zu, das Wetter wurde zunehmend schlechter, die Stimmung war äußerst gespannt.

Drei Tage Ungewißheit in den Wäldern Kanadas sind eine gewaltige Anstrengung für Geist und Sinne, und als am dritten Tag endlich das Flugzeug kam, waren wir sehr erschöpft und sehr froh, daß wir von unserer immensen Spannung erlöst wurden. Der Pilot hatte wegen des schlechten Wetters nicht fliegen können, und niemand hatte uns benachrichtigen können. Ich hätte dieses extreme Erlebnis nicht als Reiz gesucht, aber daß ich es überstanden habe, wie eine Art Überlebenstraining, empfinde ich im nachhinein als eine große Erfahrung, für die ich dankbar bin.

Das Bergsteigen habe ich aus Zuneigung zu meiner Frau Dorothee aufgegeben. Mit dem Jagen werde ich aufhören, weil es schwierig geworden ist, das rechte Verhältnis zwischen vernünftigem Hegen und Jagen des Wildes zu finden. Angeblich ist es heute das Wild, das den Wald durch Verbeißen der jungen Triebe kaputt macht, und nicht der saure Regen und die Monokulturen. Es ist eben um vieles leichter für die Menschen, die großen Wildbestände für das Waldsterben verantwortlich zu machen, als die Schuld bei sich selbst zu suchen. So ist ein ungutes Mißverhältnis mit zum Teil grotesken Schuldzuweisungen entstanden.

Wenn ich vom Bergsteigen und vom Jagen erzählt habe,

sollte ich auch von meiner dritten Leidenschaft berichten, dem Segeln. Bekanntlich stamme ich aus Herten in Westfalen und komme aus dem flachen Land, ohne Berge, ohne Wasser. Es mag verwundern, daß ich bei aller Abneigung gegen Sport ausgerechnet zwei Leidenschaften hatte, die man durchaus als sportliche Betätigungen bezeichnen könnte und die keineswegs landestypisch für Westfalen sind. Und doch bin ich nur an das Segeln gekommen, weil ich Fleisch- und Wurstwaren in Herten produziert habe und langjähriger Präsident des Bundesverbandes der deutschen Fleischwarenindustrie war. Ich wurde sehr jung auf diesen Posten gewählt und habe mich bei einer Tagung dieses Verbandes in Travemünde in das Meer und das Segeln verliebt. Dazu muß ich aber gleich gestehen, daß ich wasserscheu bin und kalten Wind nicht ausstehen kann – nicht gerade ideale Voraussetzungen zum Segeln. Aber Gefühle und Entscheidungen verselbständigen sich manchmal im Leben, und so war es auch mit meiner Lust am Segeln.

Ich charterte bald darauf ein uraltes Segelboot, trommelte ein paar Freunde zusammen, und wir machten einen Törn im Mittelmeer. Ein alter U-Boot-Kapitän war auch dabei, was mich beruhigte, denn unser Skipper war ein Algerier, den wir kaum verstehen konnten. Wir wollten von Athen aus in der Ägäis segeln. Ich erzähle dies hauptsächlich, weil es so ein unglaubliches Glücksgefühl war, diese neue Welt auf dem Wasser kennenzulernen. Ich erinnere mich an die Euphorie, die uns alle befiel, als wir zum ersten Mal in den Hafen von Hydra einsegelten – für mich das Schönste, was es auf der Welt gibt, bis zum heutigen Tag. Daß sich unser Skipper gerade dort verletzte und vom Boot mußte, daß wir dann mit Hilfe des U-Boot-Freundes auf abenteuerliche Weise weitergesegelt sind, an einer anderen Stelle ankamen, als wir eigentlich geplant hatten und alle ein wenig dem Kolumbussyndrom verfielen, weil wir uns als die Entdecker einer neuen Welt fühlten – dies alles führte dazu, daß ich restlos dem Segeln im Mittelmeer verfiel und von nun an für lange Jahre regelmäßig im Sommer in der Ägäis segelte. Zunächst in einem gecharterten Boot, später auch in einem kleinen eigenen, und immer hat es mir große Glücksmomente beschert, die mit Freunden und auch Mitarbeitern zu teilen dann besonders schön und eindrucksvoll war.

Ich kenne alle Inseln im Mittelmeer und alle Häfen, und man könnte mir auch nachsagen, ich hätte »Kaffeesegeln« betrieben, weil ich es immer gerne hatte, von Bucht zu Bucht zu segeln, abends zusammenzusitzen und die Schönheit dieser Welt genießen zu dürfen. Ich habe auch oft sportlicheres Segeln betrieben mit zwei Freunden, Siegfried und Horst, mit denen ich lange Segeltouren gemacht habe. Wenn wir nach einem guten Essen an Land um Mitternacht die Segel setzten, die Leuchtfeuer der Küste hinter uns verschwanden und wir nur in die Nacht hinaussegelten, dann konnte man sich fallenlassen in den Urrhythmus des Lebens, in das ewige Wechselspiel von Tag und Nacht, Wind und Wellen. Die Gespräche, die man bei der Nachtwache führen kann, sind anders als jede Unterhaltung an Land, das Einssein mit sich und der Natur ist überwältigend und macht unendlich frei.

Das waren meine schönsten Reisen – man mußte nicht irgendwo ankommen, man war unterwegs. Ich habe auch Sturm auf die Nase bekommen, und ich bin in den vollen Mond hineingesegelt. Ich habe Glücksmomente erlebt, die ich nicht beschreiben kann, die ich aber für den Rest meines Lebens bewahren werde. Ich bin beim Segeln in Bewußtseinszustände geraten, die zwischen Wachen und Träumen angesiedelt sind; ich hatte oft das Gefühl, ich sei mit der Erde und dem Wasser verbunden und flöge doch darüber hinweg. Das waren schwebende Zustände von kurzer Dauer, die doch für immer in der Seele bleiben.

Dreißig Jahre lang habe ich das gemacht, und dabei bin ich zunehmend trauriger geworden. Wenn ich an Land kam, habe ich immer häufiger mit ansehen müssen, wie schmählich wir Menschen mit der Welt umgehen, wie wir mit Straßen, Häusern und Fabriken schnell und gedankenlos alles zubetonieren und zerstückeln. Wir machen uns die Natur auf eine Weise untertan, wie es nicht der göttliche Auftrag gewesen sein kann. Wenn fruchtbare Küstenstriche zu einer verwüsteten Landschaft geworden sind, in der das Wort Landwirtschaft nur noch ein Hohn ist, wenn Strände zu Müllabladeplätzen werden und haufenweise Plastik im Meer schwimmt, dann ist es höchste Zeit, sich zu besinnen und bei sich selbst mit der Umkehr zu beginnen. Als ich auf meiner letzten Segelreise war, die ich mit meinem Enkel Max unternahm, fuhr ich über Meere und sah Landschaften, die schon vor zweitausend Jahren von Dichtern wegen ihrer Schönheit besungen worden sind. Wir aber haben es innerhalb kurzer Zeit geschafft, sie zu zerstören. Mit unserem Jagen nach dem Phantom Fortschritt und nach Wohlstand haben wir auch Vernichtung in Kauf genommen. Diese Entwicklung wird nicht mehr rückgängig zu machen sein.

Wahrscheinlich haben sich meine Sinne auch besonders geschärft im Laufe der Jahre und sind wach geworden für den Einklang von Umwelt, Natur und Leben, den wir wieder begreifen müssen. Ich habe jedenfalls meine Konsequenzen gezogen und werde nicht mehr zum Segeln ins Mittelmeer gehen. Die Schönheit, die ich erleben durfte, habe ich gespeichert, aber ich empfinde nur noch Schmerzen, wenn ich daran denke, was wir Menschen unserer Erde antun.

Doch ich möchte weiter erzählen von meinem Beruf als Metzgermeister und Unternehmer.

Die Zeiten für ein Unternehmen laufen gar nicht so sehr verschieden von denen eines Menschenlebens ab. Ähnlich, wie wir Menschen in unserer Jugend voller Kraft und voller angespannter Lust auf Neues sind, läßt sich dies auch bei Unternehmen beobachten. Auch sie kommen in ein mittleres Alter, wo sich manche Gewohnheit einschleicht und die Kraft zu Innovativem etwas abnimmt. Das Schweisfurth-Unternehmen war zu Beginn der achtziger Jahre in eine Phase des leichten Alterns gekommen.

Ich mußte lernen, daß ich auch abhängig war von tüchtigen Mitarbeitern, daß man dabei durchaus Pech haben konnte und nicht den Richtigen fand. Dies ist zwar eine Binsenweisheit, aber wenn man es selbst erlebt, holt man sich durchaus auch mal eine blutige Nase. Meine Nase blutete damals sehr häufig.

Ich wohnte schon längere Zeit nicht mehr in dem üppigen Haus meines Vaters auf dem Paschenberg, sondern auf dem wunderschön ausgebauten Kräuterhof. Ich sollte kurz die Geschichte des Kräuterhofes erzählen, den ich mir mit Hilfe des Architekten Ruhnau ganz im Einklang mit meinen sich verändernden Bedürfnissen umgebaut hatte.

Ursprünglich hatte der Hof den Namen von meinem Vater

bekommen, der nach dem Krieg glaubte, er könne alle Kräuter, die er für seine Wurstproduktion brauchte, auch selbst anbauen, und der sich zu diesem Zweck ein Stück Land gekauft hatte. Dieses Vorhaben mißlang völlig, denn zu jener Zeit war das Ruhrgebiet noch schwarz vor Ruß, und wir konnten die Kräuter mit ihren Rußflecken keineswegs für unsere Wurst verwenden. Die Gebäude blieben jedoch erhalten und der pompöse Name »Kräuterhof« ebenso. Die Häuser wurden dann zu den verschiedensten Zwecken gebraucht; dort war die von meinem Vater aufgezogene Coca-Cola-Produktion heimisch, später wurden sie zum Verpackungsort für die Wurstwaren der aus allen Nähten platzenden Fabrik an der Feldhege. Kurzum, die Häuser, die eigentlich einmal zum großzügigen Trocknen von Kräutern gedacht waren, erfuhren im Laufe der Jahre eine ganze Menge an Bestimmungsveränderungen. Es gab auch Ställe auf dem Gelände, die in meiner Jugend tatsächlich noch zwei Pferde beherbergten, mit denen mein Vater, jenseits jeder Vernunft, an Wochenenden Wurst und Aufschnitt an die feinen Damen in Herten ausliefern ließ. Die Pferdchen hießen Pit und Pat, zogen einen Wagen hinter sich her, der so aussah wie ein Herta-Schnelldienstwagen, und der Kutscher lieferte die Bestellungen mit dem Wägelchen aus.

Auch dies war längst vorbei, meine Kinder hatten dort einen idealen Spielplatz, und als sich meine Tochter Anne mit vierzehn Jahren eines alten Pferdchens erbarmte, das keiner mehr haben wollte, da wurde der Stall wieder seiner ursprünglichen Funktion gemäß benutzt. So hatte Anne ihr erstes Pferd, sie mußte auch immer selbst dafür sorgen und war lange Zeit sehr glücklich damit.

Dann entstand der Gedanke, man könnte dieses Gebäude

mit den Stallungen für die sechs Zuchtbullen unseres Betriebes nutzen. Dazu mußte es nur ein wenig um- und ausgebaut werden. Wir hatten natürlich Mutterkühe und Bullen mit eigener Zucht auf einem Hof in Westfalen. Ich wollte eine richtige westfälische Tenne wie in einem echten Bauernhof haben. Unser begabter Schreinermeister baute dann mit altem Holz eine Tenne mit Ställen, die bald die Pferde von Tochter Anne und im Winter die Bullen beherbergten. Ich fragte meine Kinder, die damals in der Pubertät waren, ob sie die Pflege für die Bullen übernehmen wollten. Warum ich auf diese Idee gekommen bin, weiß ich nicht, ich kann mich aber gut daran erinnern, daß sie dieses Angebot, das auch honoriert werden sollte, mit Freuden angenommen haben. Manchmal denke ich, daß ich ihnen damit den frühen Keim für einen sorgfältigen Umgang mit der Natur und mit der Kreatur eingepflanzt habe. Und später, wenn ich mich gefragt habe, wie sie als Ruhrgebietskinder mit einem Unternehmervater zu ihren »grünen« Gedanken gekommen sein mögen, dann habe ich die Wurzeln dazu in dem Winter gefunden, in dem alle drei morgens um sechs Uhr jeden Tag damit begannen, daß sie für die Tiere sorgten. Im übrigen kristallisierten sich dabei bereits die verschiedenen Anlagen und Begabungen meiner Kinder heraus: Mein Sohn Karl als geschickter Jungunternehmer beschäftigte gleich Subunternehmer, und Anne, die ihre eigenen Pferde besaß, die mittlerweile alle Fohlen hatten, ging auf in der Pflege ihrer Fohlen.

Ich bin überzeugt, daß Tiere eine therapeutische Wirkung haben können, und wenn ich heute in unserem Lerngut Sonnenhausen sehe, daß damit tatsächlich gearbeitet wird, weiß ich, daß ich instinktiv den rechten Weg mit meinen Kindern gegangen bin, indem ich ihnen von früh auf diese Verantwortung übertragen habe. Tiere können etwas leisten, was Menschen nie schaffen. Ich würde dafür plädieren, daß man den Umgang mit Tieren nach Möglichkeit in Erziehungsprogramme für Jugendliche mit einbauen sollte, man bräuchte dann kaum akademisch gebildete Verhaltenstherapeuten. Ich weiß, daß das nicht für alle Jugendlichen durchführbar ist, aber ich bin überzeugt, daß man schwierige Klippen, wie Drogenkonsum, Rauchen und Alkoholprobleme, überwinden kann durch die Arbeit mit Tieren.

Als ich zusammen mit Dorothee in Herten wohnte, beschloß ich, in dem schon zum Hof ausgebauten Gebäude eine kleine Wohnung für uns einzubauen, weil uns der Gedanke gefiel, so nahe bei den Tieren zu wohnen. Der Architekt Ruhnau entwarf ein wunderschönes Domizil für uns, wir wohnten im alten Dachboden und lebten eigentlich in einem einzigen, großen Raum von unglaublicher Qualität. Der Stall mit den Tieren war unter uns, und ich habe nie wieder so eng mit Tieren zusammengelebt. Wir hörten sie, wir rochen sie, wir lebten wirklich zusammen. Auf der Tenne hatten wir einen großen Eichentisch, an dem wir gerne zum Essen und Trinken mit Freunden saßen. Es war eine ganz besondere Atmosphäre, die von dieser Nähe der Tiere ausging, der man sich schwerlich entziehen konnte.

Und so kam es auch eines Tages zum ungewöhnlichsten Konzert meines Lebens, und davon will ich noch berichten, ohne in den Verdacht zu geraten, mein Leben hätte aus einer einzigen Kette von ungewöhnlichen Begebenheiten und Veranstaltungen bestanden.

Eines Tages besuchte uns ein alter Freund, der Dirigent Karl

Anton Rickenbacher, damals Leiter des Westfälischen Symphonieorchesters Recklinghausen. Wir saßen im Stall zusammen, links waren die Bullen, rechts die Pferde, und wir ließen es uns recht gut gehen. Rickenbacher erwähnte, er müsse leider bald gehen, da er für ein Konzert am nächsten Tag mit einer jungen Geigerin noch eine Probe abhalten müsse. Kurz und gut, es gelang uns, ihn zu überreden, die Geigerin zu uns zu bitten, damit die beiden ganz entspannt und in aller Ruhe für das Violinkonzert auf unserem Kräuterhof proben könnten. Das Angebot wurde angenommen, die Geigerin kam, und wir hörten zu, während gespielt und gearbeitet wurde. Zu meinem Erstaunen bemerkte ich, daß die Tiere in deutlich sichtbarer Weise auf die Musik reagierten. Die Bullen standen bewegungslos, aber an ihren Augen konnte ich sehen, daß sich etwas bei ihnen veränderte. Die Pferde reagierten, indem sie einen immer längeren Hals machten. Es war deutlich spürbar, daß etwas vorging, während Geige gespielt wurde. Ich hatte eine derartige Veränderung an meinen Tieren zuvor noch nicht bemerkt.

Als die beiden Musiker fertig waren und wir noch etwas zusammensaßen, habe ich gewagt, meinen Freund Rickenbacher zu fragen, ob er sich vorstellen könne, im kommenden Sommer mit seinem Orchester für die zweihundert Mutterkühe auf der Weide ein richtiges Konzert zu geben. Rickenbacher stimmte zu, wenn auch mit dem lachenden Vorbehalt, daß er nicht sicher wüßte, ob alle Orchestermitglieder auch bereit wären, so etwas zu machen. Es war bis dahin noch kaum jemand auf die Idee gekommen, ein Konzert für Tiere zu veranstalten. Er versprach aber, die Idee nicht zu vergessen und sich dafür einzusetzen. Und ich versprach meinen Bullen, daß sie im nächsten Sommer auf der Weide außer fettem Gras auch noch schöne Musik serviert bekommen würden. Das war schon etwas kühn, aber ich gedachte, mein Versprechen wahr zu machen.

Die Einladung lautete: »... für Kühe, Kälber, Bullen und verwandte Seelen.« Die Musiker waren zunächst schockiert und hatten nicht vor, sich auf dieses sehr ungewöhnliche Unterfangen einzulassen, aber ich beharrte, indem ich auf das Kreatürliche hinwies, das schließlich nichts Beleidigendes für einen Musiker bedeutete. Außerdem konnte ich natürlich zusichern, daß auch Menschen zuhören würden, denn ich hatte vor, das Ganze zu einem großen Gemeinschaftserlebnis zu machen, bei dem Mensch und Tier miteinander korrespondieren würden.

Meine Idee, die 6. Symphonie, die »Pastorale«, von Beethoven zu spielen, konnte nicht realisiert werden, aber es kam tatsächlich zu dem Konzert auf der Weide. Alle hatten sich überzeugen lassen, mitzumachen. An einem schönen Junitag – die Sonne schien, die Kühe waren auf der Weide, und die eingeladenen Freunde durften als Zaungäste dabeisein – spielte das Orchester die Symphonie Nr. 8 von Beethoven und anschließend »Die Moldau« von Smetana. Die Zugabe war »Blitz und Donner« von Johann Strauß – wovon wir aber an diesem Tag gottlob verschont blieben.

Ich denke, daß viele meiner menschlichen Freunde mich damals für einen Frevler hielten und für verrückt dazu, aber damit konnte ich gut leben. Ich konnte schließlich meine Tiere beobachten und mit Sicherheit feststellen, daß sie etwas aufnahmen. Jeder Bauer hat seinen speziellen Ruf für seine Tiere, wenn er sie holen will. Mein westfälischer Bauer rief sein

»männe, männe« und holte sie damit alle herbei, bis sie im großen Rund am Zaun standen und zuhörten, und das taten sie aufmerksam, ohne sich zu rühren. Natürlich waren die kleinen Kälbchen etwas ungeduldig und zerrten an ihren Müttern herum, und bei der »Moldau« wurden die Kühe schon etwas ungeduldiger. Wahrscheinlich fanden sie, daß die Darstellung der Natur in der Musik für sie so wichtig nicht sein könnte, das kannten sie ja schließlich.

Nach dem Konzert bedankte ich mich bei Karl Anton Rikkenbacher mit einer riesengroßen Cervelatwurst mit der Bemerkung, daß Kunst gegen Wurst ein guter Tausch wäre. Sodann stürzten sich alle Anwesenden auf ein vorbereitetes Buffet, während die Tiere es sich auf der Weide wohl sein ließen. Aber innerhalb der nächsten paar Stunden kamen sechs Kälber zur Welt, und ich bin bis heute davon überzeugt, daß die Musik diese Geburtenserie angeregt hat.

Wie ich bereits geschildert habe, war die Aufgabenstellung in dem groß gewordenen Unternehmen schwierig geworden. Das Wachstum war längst abgeschwächt, und ich spürte, daß sich die Gewichte im Verhältnis Kunde – Produzent immer mehr verschoben. Unmerklich war es dazu gekommen, daß nicht mehr allein der Unternehmer die Geschäftspolitik bestimmte, sondern daß der Kunde zum bestimmenden Faktor wurde. Ich fühlte zusehends, daß ich nicht mehr alleiniger Herr meiner Entscheidungen war, sondern immer weiter in den Sog geriet, dem ich nicht entkommen konnte. Dazu kam noch, daß der wirtschaftliche Wind bedeutend kälter blies und ich als Unternehmer mehr und mehr gezwungen war, Erfüllungsgehilfe des Handels zu werden. Anderenfalls würde ich im Wettbewerb unterliegen und an entscheidender Stelle nicht mehr mitreden können. Es behagte mir nicht, daß auf diese Weise eine Kluft entstanden war, die ich schlecht überbrücken konnte: Ich war wohl nach außen hin der Unternehmer, mußte aber nach innen den Zwängen nachgeben, die mich bedrängten.

Es behagte mir auch nicht, daß ich die Grundideen meiner Unternehmerverantwortung teilweise nicht mehr so erfüllen konnte, wie ich es mir selbst verordnet hatte, daß meine Vorstellungen von Qualität und mein weit über das staatliche Erfordernis hinausreichendes Sozialsystem gefährdet schienen, daß meine Ideen von einem humanen Arbeitsplatz und vor allem auch von der Schönheit des Arbeitsplatzes weder der Konkurrenz noch dem hart gewordenen Wettbewerb würden standhalten können.

Ich kann nicht behaupten, daß dies betriebswirtschaftliche und rationale Überlegungen waren, die ich bewußt angestellt hätte. Es war viel instinktmäßiges Wissen dabei, das mich zweifeln ließ und unsicher machte. Natürlich kamen dabei Ergebnisse heraus, die mir wieder Kummer machten. Es wurde mir klar, daß ich die sehr großzügigen Zusagen zur Altersversorgung nicht würde durchhalten können und daß neue Mitarbeiter andere Verträge bekommen müßten. Ich ahnte, daß ich nach und nach mir äußerst wichtige Ideale würde aufgeben müssen – der Markt bestimmte das. Immer wieder hatten sehr spezielle Innovationen, Beteiligungen und neue Ideen unser Unternehmen an die Spitze gebracht, wir waren und blieben Marktführer auf einem heiß umkämpften Markt, aber wir waren eben auch etwas älter geworden.

Und ich selbst war inzwischen sehr nachdenklich geworden.

Kurz vor Weihnachten 1983 rief ich alle meine wichtigen Mitarbeiter und Berater zusammen und führte mit ihnen ein langes, ausführliches und manchmal auch schmerzliches Gespräch. Ich habe mich in dieser Expertenrunde sehr deutlich ausgedrückt und habe einerseits um Rat gefragt, habe andererseits aber auch festgestellt, daß ich nicht bereit sei, Kompromisse auf Gebieten zu machen, für die ich jahrelang gekämpft hatte. Dazu zählten die drei wichtigsten Grundsätze meines unternehmerischen Seins: die Qualität der Herta-Erzeugnisse, die Qualität der sozialen Systeme und die Qualität der Arbeitsplätze in meinem Unternehmen.

Mit diesen Gedanken und mit der Nachwirkung der Meinungen und Reaktionen aus der Runde fuhren Dorothee, die inzwischen auch offiziell meine Frau geworden war, und ich über Weihnachten nach Spanien zu unserem jährlichen Fasten. Wir machten das seit vielen Jahren, und es war immer eine Zäsur für uns. Das Fasten zählte zum Jahresrhythmus, es hat viel mit den Gedanken zu tun, mit denen mich Dorothee vertraut gemacht hatte. Bis heute haben wir beide das beibehalten als wichtigen Punkt im Ablauf eines Jahres. Zum einen zieht man sich zurück in die Stille, in die Einsamkeit, man rast nicht schnell irgendwo hin und ebenso schnell wieder zurück. Man muß innehalten, still werden, vielleicht ein klein wenig lesen, vielleicht etwas aufschreiben, was in den frei werdenden Kopf kommt. Denn das Fasten macht nicht nur den Bauch leer, es macht auch den Kopf leer – aber in dem wunderbaren Sinn von frei werden. Alles Gezwungene, alles Angestrengte fällt von einem ab, man kann das Leben einfach geschehen lassen und verordnet sich nicht ständig, was geschehen soll. Gedanken und Emotionen stellen sich wieder ein, die man übers Jahr verloren hat, die tausend Informationen, mit denen man seinen Kopf angefüllt hat, verfliegen erst einmal, der Beton, mit dem man den Kopf zugemauert hat, wird weich und verschwindet. Es ist diese Art von Befreiung, die Fasten so interessant macht und einen so klar werden läßt. Und nur so kann Raum entstehen für Neues, denn die wesentlichste Voraussetzung für das Umdenken ist Platz im Kopf. Nach allgemeiner Erfahrung, die ich nur bestätigen kann, stellt sich am sechsten oder siebten Fastentag ein besonders gutes Gefühl der Leichtigkeit ein, das sehr beglückend ist.

So war auch diese Fastenzeit zum Jahreswechsel 1983/84 erfüllt von neuen Erkenntnissen und großer Befreiung. Ballast wollte ich abwerfen und mich fragen, wie ich mir meine Zukunft vorstellte. Das letzte Gespräch in Herten war zwar präsent in seiner Dringlichkeit, aber es war auch weit entfernt von mir und den einsamen, aber klaren Gedanken, die mich bewegten. Es mag ein wenig großartig klingen, aber ich hatte tatsächlich eines Morgens eine Vision, die mich erfüllte und von der ich wußte, daß ich sie aufschreiben mußte. Sie war so präsent und klar in meinem Kopf, sie drängte förmlich heraus.

Ich zog mich zurück, denn ich ahnte, ich würde Zeit brauchen, ein paar Tage wohl, um alles niederzuschreiben, was in mir arbeitete. Aber ich wußte plötzlich, wohin mein Weg gehen sollte. Alles, was mir in den Sinn kam, war aus einer Intuition entstanden, es war keineswegs das Ergebnis von analytischen Denkprozessen oder rationalen Überlegungen. Die Erkenntnisse, die ich hatte, kamen von einer anderen Ebene, die sich der Rationalität zunächst verschloß. Nicht ich schrieb, *es* schrieb. Sicher flossen viele Nachwirkungen der langen Gespräche ein, die ich in Herten und anderswo mit Experten und Ratgebern geführt hatte. Aber dennoch: Das, was ich förmlich wie in Trance niederschrieb, kam nicht von der Verstandesseite her, sondern aus der reinen Erkenntnis. Ich hatte keine Zweifel an dem, was sich in mir abspielte, ich wußte, ich war mit meinen Überlegungen auf dem richtigen Weg – und der Weg führte zielgerade zu den Herrmannsdorfer Landwerkstätten.

Natürlich hatte ich damals in Spanien keine Ahnung von Herrmannsdorf, genauso wenig wie von Sonnenhausen, und an Fachwissen für ökologischen Landbau hat es mir noch gänzlich gemangelt. Aber ich hatte die Vision, alles anders zu machen, als ich es bisher als Chef des Schweisfurth-Unternehmens getan hatte. Ich wußte, daß ich ganz neu beginnen und etwas ganz anderes tun wollte. Ich wußte auch, daß ich mich auf unsere Wurzeln in der Natur rückbesinnen wollte und daß ich Lebens-Mittel – Mittel zum Leben – herstellen wollte, die diesen Namen verdienten. Das war die Geschichte, die mir widerfahren war, das war es, was ich aufschrieb, und ich wußte, daß ich ein neues Lebensziel gefunden hatte. Das Ziel war, wieder in besseren Einklang mit der Natur zu kommen, damit Menschen und Tiere auf dieser Erde überleben können.

Ich hatte keine Zweifel mehr. Nicht an mir selbst, nicht an meinen Ideen und nicht daran, daß ich nun zu völlig neuem Handeln aufgerufen war.

Aber dennoch möchte ich hier feststellen, daß es mir keineswegs wie Saulus auf dem Weg nach Damaskus ergangen ist, daß mich einfach die Erleuchtung und Einsicht überfallen hätte. Ich habe schon längst viele kleine Wurzeln und Würzelchen in mir gehabt, die mich letztlich zu dem hinführten, was mein freigewordener Kopf plötzlich hergab. Gottlob haben wir alle eine intuitive Intelligenz, die uns fähig macht, über rein rationale Entscheidungen hinaus auch mit der Seele und mit der fühlenden Einsicht Zusammenhänge zu erkennen. Ich muß daran erinnern, daß ich schon bei Herta für Qualität gesorgt habe, die zu jener Zeit noch nicht so üblich war. Ich habe versucht, den Kunden meiner Produkte mit Informationen zu versorgen, die für ihn wichtig waren und die ihm Klarheit geben sollten. Ich war der Meinung, daß Schönheit am Arbeitsplatz der Würde des einzelnen Menschen entspricht und ihn darüber hinaus erfreut. Es gab sicher kleine und größere Auslöser für meine Nachdenklichkeiten, wie die Gespräche mit meinen Kindern, die Wanderungen im Himalaja, die Rückbesinnung auf mein Handwerk während der Meisterprüfung oder die Besuche bei den Tier-»Produzenten«, die mich so stark beeindruckt hatten. Eine Fülle an Eindrücken und an Gedanken fügte sich letztlich zu einem Gesamtganzen.

Wie immer verstand mich meine Frau Dorothee sofort, und vor allem stand sie auch jetzt hinter mir, denn die Konsequenz aus dem Niedergeschriebenen war klar. Es mußte eine grundsätzliche Entscheidung getroffen werden, die auf die Trennung vom Unternehmen hinauslaufen würde. Mit diesen Gedanken und dieser inneren Entscheidung kehrten wir aus Spanien nach Hause zurück. Wir beide hatten keinerlei Zweifel und wußten, wir konnten diesen Auftrag, den wir uns selbst gegeben hatten, mit allen uns zu Gebote stehenden Mitteln in die Wirklichkeit umsetzen.

Als allererstes suchte ich nach meiner Rückkehr nach Deutschland wieder einen Experten auf, nämlich Frederic Vester, dessen Buch *Vernetztes Denken* mich beeindruckt hatte.

Ich kannte ihn noch nicht persönlich, wollte ihn aber dringend als Vertreter dieses neuen Denkens sprechen, denn er war tatsächlich ein Vordenker in jener Zeit, ein Umdenker. Ich wollte von ihm wissen, ob ich bloß ein Utopist war oder ob er unter seinen wissenschaftlichen Gesichtspunkten meinen visionären Ansatz auch für durchführbar hielt. So begann eine lange, sehr schöne Diskussion mit ihm und eine Zusammenarbeit, die mir in diesem entscheidenden Augenblick meines Lebens viel Kraft gegeben hat.

Ich gab ein Gutachten bei ihm in Auftrag, denn mir war klar, daß meine eigene Niederschrift keine ausreichende Basis für so weitreichende Entschlüsse sein konnte. Ehe Professor Vester mit seiner Arbeit begann, schlachteten wir in Dachau zusammen fünf Schweine. Vester wollte einfach die Abläufe sehen und selbst erleben, was bei einer Tötung geschieht, was übrigbleibt und welche Prozesse dabei stattfinden. Sein Gutachten, das er dann schrieb, war in zweierlei Hinsicht für mich extrem wichtig: Er hat mir bestätigt, daß wir auf dem richtigen Weg waren, daß wir nicht nur einer Utopie nachhingen, sondern daß die Zeit reif war für vernetztes Denken und Wirtschaften. Daß Ackerbau, Viehzucht, Be- und Verarbeitung von Pflanzen und Tieren und deren Vermarktung nicht mehr in unsinnigen, voneinander getrennten Einzelhandlungen stattfinden durften, die zu technischer Hochspezialisierung, aber auch zu hohen Kosten für Lagerung, Transport und Entsorgung führten, sondern daß alles wieder neu zusammengefügt werden mußte unter der Nutzung von Synergieeffekten. Denn die Synergien sind es auch, die Sinn und Zweck einer Vernetzung ausmachen.

Diese Bestätigung, daß aus der Sicht und der Erfahrung von

Vester die Zeit reif war für meine Gedanken, gab mir sehr viel innere Sicherheit. Die andere Bedeutung, die diese Begegnung und die Zusammenarbeit mit ihm für mich hatte, waren das enorme Wissen und die Kenntnisse, die mir dieser Wissenschaftler vermitteln konnte, die Anregungen, die ich durch ihn erfahren habe, das Neue, das ich durch ihn lernen konnte. Ich hörte damals zum ersten Mal von Biogasanlagen, deren Bedeutung und segensreiche Wirkung mir völlig unbekannt waren und die ich später in Herrmannsdorf selbst zu betreiben anfing. Ich lernte, wie man wirklich Energie sparen kann und sie nicht gedankenlos verplempert und verschwendet, wie wir alle es tagaus, tagein getan haben – und leider noch immer tun.

Eine neue Welt eröffnete sich mir, und ich fühlte mit jedem Tag mehr, daß ich meine künftige Lebenserfüllung nicht mehr in der Leitung eines großen Industrieunternehmens finden würde, sondern innehalten, umdenken und dann neue Wege beschreiten müßte.

Sicher liefen diese Denkprozesse nicht so reibungslos ab, wie ich sie hier beschreibe. Ich hatte auch immer wieder Selbstzweifel und stellte mir die Frage, ob ich nicht doch nur ein elender Spinner war, der sich in einen spielerischen Gedanken verliebt hatte. Bohrende Fragen bedrängten mich, denn mein ganzes bisheriges Leben stand eigentlich zur Disposition, und erhebliche unternehmerische Risiken taten sich auf.

Gleichzeitig ging ich ganz ernsthaft daran, über einen möglichen Käufer für meine Firma nachzudenken. Daß meine Kinder nicht in das Unternehmen einsteigen wollten, war ja längst geklärt, und ich hatte in meinem tiefsten Inneren auch mir selbst die Kündigung ausgesprochen. Ich wollte nicht mehr, es war nicht mehr mein Anliegen, von morgens bis abends ein guter Unternehmer zu sein und über Gewinnmaximierung, Produkterweiterung oder weitere Hochtechnisierungen nachzudenken. Vor allem war ich im Inneren nicht mehr davon überzeugt, daß richtig war, was ich tat. Und das ist die gefährlichste Form von Kündigung, die übrigens sehr viel mehr Manager im Laufe ihres Lebens befällt, als man sich vorstellen mag. Das Aussteigen ist für viele nicht möglich, es ist auch nicht jedermanns Sache, denn es ist auch eine äußerst schwierige Angelegenheit. Trotzdem – wenn man innerlich nicht mehr überzeugt ist, dann ist auch die Authentizität weg, die den guten Unternehmer ausmacht, selbst wenn er sich zur Disziplin zwingt.

Es gab vieles zu bedenken am Beginn dieses Jahres 1984, und das hielt fast bis zum Jahresende an. Es war sicher eines der aufregendsten Jahre meines Lebens. Ich war nicht mehr jung, ich war 54 Jahre alt. Ich hatte einen Betrieb geerbt von meinem Vater und Vorvater, den diese wachsen ließen und den ich dann noch weiter zu enormer Größe gebracht hatte. Ich hatte ein Gefühl, das zwischen der Verpflichtung der Familie gegenüber und meinen neuen Inspirationen schwankte, und außerdem fühlte ich mich, als ob ich mein eigenes Nest verlassen würde. Meine drei Schwestern waren zunächst entsetzt über den Gedanken, die ganze Firma zu verkaufen, und hier hat mich meine Frau in unzähligen Gesprächen wieder unermüdlich unterstützt.

Nun kann man mit einem so großen Unternehmen wie Herta nicht einfach auf den Markt gehen und das Ganze zum Verkauf anbieten. Das wäre bei der Größenordnung dieser Firma nicht mehr möglich gewesen, ohne nicht einen wahren

Sturm damit auszulösen. Wie so oft entwickeln sich die allergrößten Entscheidungen aus eher banalen, kleinen Anfängen, und solches geschah auch mit dem Verkauf von Herta. Das Schweisfurth-Unternehmen hatte neben dem Dachauer Institut für Forschung und Entwicklung auch noch ein Unternehmen gegründet, das unser enormes Know-how in der Fleischproduktion auf technischem Gebiet vermarkten sollte. Wir hatten die »Schweisfurth Anlagenbau« gegründet, eine Firma, die unser Wissen an andere Länder mit der entsprechenden Industrie weitergab. Wir hatten sehr schöne Aufträge, hatten damals gerade in Ungarn eine große Fleischwarenanlage für den Export gebaut, hatten weltweit Kontakte in Peru und Argentinien – kurzum, es war ein florierendes Unternehmen. Über diese Firma kam ich mit Nestlé ins Gespräch, die auch von unserem Wissen profitieren wollten und sehr interessiert an einer Beteiligung waren.

Wie die Dinge so laufen – fast stockt mir die Feder, aber ich möchte es der Vollständigkeit halber doch erzählen: Ich war zu einem Gespräch im Nestlé-Hauptquartier in Vevey am Genfer See, um über diesen Anlagenbau zu verhandeln, und in einem Nebensatz ließ ich einfließen, daß meine Kinder nicht an einer Fortführung der Herta-Unternehmung interessiert wären. Mehr war zunächst nicht. Später traf ich den allmächtigen Chef des Unternehmens, Helmut Maucher, an einem nur Männern vorbehaltenen Ort, und da niemand außer uns anwesend war – keine Wirtschaftspresse, kein Konkurrent, nur wir zwei –, fragte mich der mächtige Nestlé-Mann, ob es stimme, was er gerüchteweise gehört habe, ob ich tatsächlich über den Verkauf meines ganzen Unternehmens nachdächte. In dieser eher ungewöhnlichen Situation, jedenfalls was den Ort und die Fragestellung anging, gab ich zu, daß ich mir sehr wohl darüber Gedanken gemacht hätte und man darüber sprechen könnte. Es war eine groteske und, wie mir schien, auch belustigende Art, wie meine Gedanken an diesem Ort zur Sprache kamen.

In der Tat war natürlich höchste Diskretion angebracht. Wir unterhielten uns ein zweites Mal in Düsseldorf, in Anwesenheit meiner Frau, und vereinbarten, daß niemand von dem Gespräch wissen sollte, ehe nicht grundsätzliche Fragen geklärt wären. Selbstverständlich kam dann die ganze übliche Maschinerie in Gang, die in solchen Fällen notwendig ist: Es wurde ein Bewertungsgutachten angefertigt, das Grundlage für weiterreichende Verkaufsverhandlungen sein konnte, Wirtschaftsprüfer beschäftigten sich mit meinem Unternehmen, und ein neues Treffen mit Herrn Maucher in Düsseldorf wurde vereinbart.

Am 18. Oktober 1984 trafen meine Frau und ich Herrn Maucher in Düsseldorf, und am Ende des Gesprächs stand ein Handschlag mit der festen Zusage, daß ich mein Unternehmen an Nestlé abgeben würde. Ich werde diesen Tag nie vergessen. Wieder war eine Seite in meinem Lebensbuch umgeblättert worden.

Natürlich darf niemand denken, daß so ein enormer Vorgang ohne größere Vor- und Nacharbeit, ohne Anwälte und Steuerfachleute, ohne Kleinstarbeit und Bewertungsgrößen, die stimmen mußten, zu bewältigen gewesen wäre. Aber das eigentliche Angebot und die eigentliche Annahme fanden an jenem Nachmittag in Düsseldorf statt, es war eine von zwei Männern getroffene Grundvereinbarung, zu der wir beide stehen würden.

Meiner Frau kamen die Tränen, und ich war sehr nachdenklich, aber gleichzeitig sehr sicher, das Richtige getan zu haben. Da das ganze Unternehmen schon in eine Aktiengesellschaft umgewandelt worden war, konnte man die Überführung des privaten Unternehmens in den Großkonzern auch schrittweise vollziehen und damit den enormen Paukenschlag vermeiden, den ein derartiger Verkauf sonst ausgelöst hätte.

Die Wirtschaftspresse hat damals kaum darauf reagiert. Nestlé übernahm zunächst einen Minderheitsanteil von 26 Prozent. Alles ging sehr leise vonstatten und ohne große Nebenerscheinungen. Auch für die Mitarbeiter, die mir doch so am Herzen gelegen hatten und für die ich mich einfach verantwortlich fühlte, war so der Übergang erträglich. Es war von Anfang an klar, daß ich selbst nach Vollzug der einzelnen Schritte vollkommen aus jeder Funktion ausscheiden würde, eigentlich war das mit dem geschilderten Handschlag bereits klar, und es entsprach ja auch meiner Vision und den neuen Ideen, die ich für mein weiteres Leben hatte.

Zur Jahreswende 1984/85 fuhren meine Frau und ich wieder zu unserem traditionellen Fasten nach Spanien – aber wie anders waren die Umstände diesmal! Ein großes Jahr lag hinter uns, und viele neue Ideen und Aufgaben warteten auf uns.

Ich trat am 1. Januar 1985 von der Geschäftsführung des Unternehmens zurück, ich war also nicht mehr Vorstandsvorsitzender, sondern ging in den Aufsichtsrat. Dort blieb ich noch einige Zeit, bis alles so vollzogen war, daß ich auch dieses Gremium verlassen konnte. Ich sprach durchaus noch eine Empfehlung aus, der man auch nachkam, nämlich Karl Götze, den erfolgreichen, mit allen Kenntnissen ausgestatteten Mitarbeiter aus der Aufbauzeit von Herta France, zum Vorstandsvorsitzenden zu machen. Ein langes Kapitel meines Lebens war nun vorbei. Ich habe es beendet ohne Wehmut, ohne Trauer, ohne Ressentiments und ohne schlechtes Gewissen. Ich war dankbar für die hochinteressante Zeit, die ich in diesen Jahren erleben und mitgestalten durfte.

Meinen Vorsitz im Verband der deutschen Fleischwarenindustrie hatte ich schon 1979 aufgegeben. Ich war jetzt frei für die vielen Aufgaben, die auf mich und meine Familie und gute Freunde warteten.

# Stiftung und Landwerkstätten

## *Konsequenzen und Neuanfänge*

Um allen Vorhaltungen und möglichen Hinweisen auf Inkonsequenz vorzubeugen: Ich habe meine Unternehmen in Österreich, Stastnik, bis zum Jahr 1998 behalten und bin ebenso angegriffen worden, wie oft für den Besitz des Filial- und Restaurantunternehmens Casserole. Es gibt dazu nicht allzuviel zu sagen; ich habe mir schlicht eine andere Brille aufgesetzt, wenn ich zu Stastnik nach Österreich gefahren bin, und ich habe mir auch eine andere Jacke angezogen. Dessen war ich mir immer bewußt, auch der Angreifbarkeit solchen Tuns. Ich habe wiederholt mit meinen Leuten überlegt, ob sich das ganze Stastnik-Unternehmen nicht in einen ökologisch geführten Betrieb umwandeln ließe, bin aber immer wieder daran gescheitert, daß das Risiko einfach zu groß war. Darum habe ich mich jetzt, 1998, von Stastnik getrennt, wenn es auch etwas länger gedauert hat.

Man mag einwenden, daß ich mit dem Casserole-Unternehmen in Nordrhein-Westfalen meinen eigenen Grundsätzen untreu werde, nur Lebens-Mittel in ökologischer Qualität als Basis einer guten Ernährung zu verwenden. Da wird sich manch einer fragen, wieso ich diese konventionelle Bewirtschaftung beibehalte, also Wasser predige und Wein trinke. Hier kann ich ehrlich antworten, daß ich im Gegensatz zu Stastnik bei Casserole gute Möglichkeiten sehe, das Unternehmen langsam und sehr vorsichtig zu verändern und zu transformieren. Das Kernproblem ist, daß es für das große Sortiment kein entsprechendes Angebot gibt. Es ist bei Schweinefleisch sowie Würsten und Schinken völlig utopisch, alles auf ökologische Qualität umstellen zu wollen. Das Angebot ist einfach nicht da, wir benötigen viel mehr Herrmannsdorfer Landwerkstätten, um diesen Bedürfnissen gerecht werden zu können.

Und genau davon will ich nun berichten, der Entstehung von Herrmannsdorf und von ganzheitlicher Landwirtschaft, vom Einklang mit der Natur und von der Notwendigkeit, noch *tausend weitere Herrmannsdörfer* zu gründen.

In diesem Kapitel werden Erzählfluß und Chronologie häufig durch Vorgriffe und Rückblicke unterbrochen. Denn viele Dinge sind gleichzeitig geschehen, nachdem ich einen grundsätzlichen Neubeginn in Angriff genommen habe, lassen sich also kaum nacheinander berichten, sie sind oft so ineinander verschränkt.

Viele an Ökologie Interessierte wissen von den Herrmannsdorfer Landwerkstätten und von meinem Anliegen, dort Landwirtschaft als Kultur zu betreiben, die unter einem großen Dach dem Menschen die Möglichkeit wiedergibt, mit sich und der Natur eins zu sein, ohne deshalb auf jeden vernünftigen technischen Fortschritt zu verzichten.

Aber alles, was sich heute so griffig unter Herrmannsdorf und Sonnenhausen, den Stichworten Ökologie und Lebens-Mittel, Gesundheit und Wohlbefinden, Kunst und Schönheit, Lerngut und Weiterbildung subsumieren läßt, mußte erst wie ein Riesenpuzzle langsam und mit viel Mühe und Sorgfalt zusammengesetzt werden. Ja, viel mehr noch, die Puzzlesteine mußten oft erst mühsam zurechtgeschnitzt werden, ehe man überhaupt anfangen konnte, sie für ein Gesamtbild einzusetzen. Und damit bin ich nun endlich bei dem Teil meines bisherigen Lebens angelangt, der bis heute meine Bestimmung ist und hinter dem ich mit all meiner Kraft und Überzeugung stehe.

Natürlich kam durch den Einstieg von Nestlé viel Geld »in die Kasse« – und natürlich hatte ich nicht vor, mir damit einen luxuriösen Lebensstil zu leisten und verschiedene Villen an Traumstränden mit anschließendem Golfplatz zu erwerben. Außerdem war ich dagegen, daß meine Kinder im Zuge eines späteren Erbes in den Genuß eines warmen Geldregens kommen sollten, da sie doch so dezidiert nichts mit der Firma Schweisfurth zu tun haben wollten, aus der ja schließlich der Wohlstand entstanden ist.

Meine visionären Ideen und die Zweifel an der Sinnhaftigkeit meines damaligen Tuns hatten mich schon ein Jahr zuvor beim Fasten viele Gedanken fassen lassen, in denen das Wort »Werkstätten« in Verbindung mit »Land« vorkam. Diese Grundidee hatte ja zur Trennung von Herta geführt. Aber nun, eigentlich vom 1. Januar 1985 an, sollten alle Visionen Realität werden, es mußten tragfähige Konzepte erdacht werden, und es mußte hart gearbeitet werden, damit ich meinen eigenen Ansprüchen gerecht werden konnte.

Ich informierte auch meine Kinder über meine neuen Ideen der Werkstätten, in denen das mir durch den Verkauf zugeflossene Geld einer sinnvollen Verwendung zugeführt werden sollte. Ich hatte darüber hinaus den Entschluß gefaßt, eine gemeinnützige Stiftung zu gründen, die in München beheimatet sein sollte. Über Sinn und Zweck, die Zielvorgabe, wollte ich mir noch Gedanken machen. Wie immer wollte ich darüber mit mir vertrauten, nahestehenden Menschen sehr intensiv diskutieren. Ich hatte mittlerweile ohnehin meinen Lebensmittelpunkt nach München verlagert, auch wegen meiner Frau, die jahrelang dort gelebt und gearbeitet hatte, und mir schien es ein gutes Zeichen, daß ich somit in allen Bereichen meines Lebens einen Neuanfang machen konnte und durfte.

Ich lud Freunde ein, an der Konzipierung dieser neuen Stiftung mitzuwirken, auch möglicherweise nach Gründung der Stiftung in das Gründungskuratorium einzutreten. Es waren in der Hauptsache drei Freunde, denen ich schrieb, John Hormann, Professor Ludwig Kotter und Horst Nowak. Ich bat alle in das kleine Häuschen am Hallstädter See zu kommen, das ich dort noch immer hatte. Außerdem bat ich zu diesem Treffen – *Brainstorming* würde man es heute nennen – meinen Jägerfreund Ernst Reisenbichler hinzu. Er war und ist immer mein »naturwissenschaftlicher« Berater – kein akademisch Gebildeter würde mir je so naturnahes Wissen und profunde Erkenntnisse vermitteln können.

Da saßen wir also in der winzigen Stube und redeten uns die Ohren heiß, während es draußen kalt war. In dieser kleinen Stube entstand der entscheidende Satz, der heute noch als Motto für die Schweisfurth-Stiftung steht und der das verbindende Glied nach Herrmannsdorf und Sonnenhausen geworden ist – und der hoffentlich auf der Expo 2000 in Hannover auch von vielen Menschen begriffen und angenommen wird: *Die Schweisfurth-Stiftung fördert Wege zu ganzheitlichem und erfülltem Leben, indem Arbeit und Technik wieder in besseren Einklang mit der Natur gebracht werden.*

Das war ein großer Satz, voller Wohlklang und mit hohem Anspruch. Heute kann ich leichten Herzens zugeben, daß in den Augenblicken der Geburt dieses Satzes keiner so recht wußte, was sich dahinter wirklich verbergen sollte und konnte. Viel Ahnung hatten wir damals nicht. Aber dennoch, wir hatten ein Ziel, das in den nächsten Monaten dann schon sehr viel deutlicher und klarer auszumachen war.

Die Stiftung sollte sich also mit allem befassen, was das Leben ausmacht, mit den Zusammenhängen von Lebens-Mitteln, Ernährung und Gesundheit. Mit den Zusammenhängen von Bauen und Gesundheit, mit Arbeit und Gesundheit. Entscheidend war, daß am Ende unserer Zielsuche immer das Wort Gesundheit zu finden war, denn uns schien, daß wir alle vielzuwenig für unseren Körper und dessen natürliche Bedürfnisse taten und daß wir längst gegen unsere Natur lebten, die uns das eines Tages sehr übelnehmen würde. So ist der Begriff »Gesundheit« bis heute der Mittelpunkt unserer Arbeit geblieben, sowohl in der Schweisfurth-Stiftung als auch in den Landwerkstätten. Bis heute ist das Anliegen »Gesundheit« wie ein großer Schirm über allen Bemühungen zu verstehen. In diesem Sinne ist Gesundheit ein umfassender Begriff, der das Wohlbefinden als ganzheitliche Einheit von Körper, Geist und Seele versteht.

Eine Stiftung zu gründen ist eine äußerst aufwendige und mühselige Angelegenheit. Bis wir alle komplizierten Verhandlungen, Stiftungsaufsichtsbehörden und Formalien jeder Art überstanden hatten, war es Dezember 1985 geworden. Da konnten wir in unser erstes Domizil in München einziehen, in die Barerstraße, unter das Dach der Büroräume von Albrecht Graf Matuschka mit seiner Matuschka-Gruppe, die damals eine sehr erfolgreiche Finanzverwaltung war und auch eine enge Zusammenarbeit mit uns und unseren Zielen anstrebte. Uns allen war das sehr recht, denn Matuschka hatte zu Gott und der Welt Beziehungen, und wir versprachen uns davon Impulse, die wir auch tatsächlich in reichem Maß bekamen. Graf Matuschka hat uns mit vielen Menschen zusammengebracht, die wir ohne ihn wahrscheinlich nicht kennengelernt hätten.

Wir fingen also unsere Stiftungsarbeit an, wobei wir nicht die blasseste Ahnung hatten, was wir eigentlich tun sollten. Zu den Gründungsmitgliedern John Hormann, Horst Nowak und Ludwig Kotter war noch der Astrophysiker Professor Benecke mit seiner Frau Monika gestoßen, die ich über Frederic Vester kennengelernt hatte – Benecke war beim Max-Planck-Institut beschäftigt. Er hatte große Zweifel an der Nuklearforschung bekommen, insbesondere an dem Einsatz und der Nutzung von Atomenergie. Also auch ein Zweifelnder und Suchender, der gut zu unserem Team paßte.

Wir fingen zunächst eher zaghaft an. Ich entsinne mich an eine der ersten Gesprächsrunden, die wir organisierten. Wir wollten Bauern, die auf ökologischen Landbau umgestellt hatten, zusammen mit Wissenschaftlern diskutieren lassen – die Praktiker mit den Theoretikern. Daraus sollte ein länger anhaltender Dialog entstehen.

Der Stiftungsgedanke sollte natürlich auch in Form von finanzieller Unterstützung von Gleichgesinnten Niederschlag finden, und ich werde nie den ersten Antrag vergessen, den wir bearbeitet haben: Es ging um einen Zuschuß für die Entwicklung einer mechanischen Kartoffelkäfer-Sammelmaschine, die den Einsatz von Chemie auf dem Feld überflüssig machen sollte. Dies war das erste der von uns unterstützten Projekte und mit Sicherheit nicht das schlechteste.

Wir waren alle voller Elan und sicher manchmal auch etwas naiv und blauäugig. Für die tägliche Arbeit und für das Wirken von außen brauchten wir einen Geschäftsführer. Wir haben bald einen Mitarbeiter gewinnen können, der eigentlich aus einer ganz anderen Richtung kam, die zunächst nicht prädestiniert schien für unsere Stiftungsarbeit. Ich spreche vom ersten Geschäftsführer der Schweisfurth-Stiftung, Norbert Schirmer. Er hatte zusammen mit seinem Partner Dr. Franz-Theo Gottwald eine Unternehmensberatung – »Management by Natural Law« – in Worpswede, und ich hatte ihn auch in dieser Funktion kennengelernt. Wir verstanden uns, fanden heraus, daß wir eine ähnliche Sprache hatten und daß wir Gedanken und Zukunftsvisionen gemeinsam verfolgen wollten.

Meine Visionen, die mich weiterdrängten, hatten noch nicht zu einem sichtbaren Ganzen geführt. Schirmer war eigentlich Ingenieur, aber aufgeschlossen für alles, was mit der Veränderung des Bewußtseins der Menschen zu tun hatte. Was ich damals noch gar nicht realisierte, war, daß sein Partner Gottwald viele der schriftlichen Ausarbeitungen zu den einschlägigen Themen gemacht hatte, wie der harmonischen Verbindung von Natur, Ökologie, Kunst und Kultur. Als nach endlosen Gesprächen und vielen Beratungen zwischen meiner Frau und mir und den Kuratoriumsmitgliedern endlich eine Stiftungsphilosophie niedergeschrieben werden sollte, hat Gottwald schon maßgeblich daran mitgewirkt. Er war von seiner Ausbildung her Theologe, Philosoph und Indologe – ich hatte also mit den beiden und mir als ehemaligem Fleischwarenhersteller doch eine ganz originelle Mischung beisammen. Meine Frau brachte mit ordnender Hand Struktur in das anfänglich etwas krause Ganze.

Am 12. November 1985 wurde die Stiftung offiziell aus der Taufe gehoben und gegründet. Als die ersten Programme zur Wissenschaftsförderung gemacht werden sollten, vor allem in den Bereichen Landwirtschaft und Energiewirtschaft, fing Schirmer bereits an, Gottwald immer mehr einzubinden. Ich bin sehr froh, daß Franz-Theo Gottwald so bald zu uns stieß und wir uns dann auch sehr anfreundeten, denn leider erkrankte Norbert Schirmer schwer und konnte nur noch vom Krankenbett aus arbeiten. Er starb im September 1987. Die Ziele der Stiftung waren mittlerweile klar, wir wußten auch schon etwas besser, was wir wollten, und vor allem auch, was wir nicht wollten. Ich sah mir die Arbeit Gottwalds eine Weile an und war dann sehr sicher, daß er der richtige Nachfolger für Schirmer sein würde, der mir unschätzbare erste Dienste geleistet hatte. Gottwald war sehr jung, und es hat mir immer Spaß gemacht, mit jungen Menschen etwas Neues aufzubauen.

Anfang 1988 wurde Gottwald, damals 32 Jahre alt, neuer Geschäftsführer der Schweisfurth-Stiftung, und er ist es bis heute auch geblieben. Die Förderungsaktivitäten der Stiftung mußten auf Dauer etwas gebündelt werden, und das war vor allem in der parallel verlaufenden Aufbauphase von Herrmannsdorf und Sonnenhausen ein extrem wichtiges Anliegen. Es war wichtig für mich, auch ganz gegensätzliche Dinge zu fördern und zu unterstützen, aber als Ganzes gesehen machte es eben vor allem für meinen Gedanken der Landwerkstätten viel Sinn, sich sowohl mit Biogasprojekten als auch mit Lebensmittel-Qualitätsanalysen, ökologischem Landbau, Wasserbehandlungsverfahren, philosophischen Fragen zur Natur und den Tieren und esoterischen Annäherungsversuchen gleichermaßen zu beschäftigen. Alles, was sich erforschen ließ, an Fragen zu Energie, Bauen, Gestaltung, Ernährungsökologie und Agrarökologie wurde ratsuchend und beratend gleichermaßen gefördert und untersucht. Ein weites Spektrum, so wie wir es bis heute in der Stiftung durchzuhalten versuchen.

Daß mein Herz weniger bei der Theorie als im Praktischen lag, ist evident, und so hat sich dann in Zusammenarbeit mit Gottwald das für mich wichtigste Paradigma ergeben, das Leitbild »Agrarkultur«. Das sollte bedeuten, daß alle Einzelmaßnahmen gebündelt zu einem Gesamtansatz für die Entwicklung ländlicher Räume führen sollten und alle landwirtschaftliche und auf regionale Entwicklung orientierte Förderung hierin zusammengefaßt wurde.

Für mich ist dieser Begriff deswegen so ideal, weil er zusammenfaßt, was ich immer wollte und immer gedacht habe: Die Begriffe Kultur und Landwirtschaft gehören für mich zusammen, und genau das möchte ich als Botschaft weitergeben. Was das Wort Kultur umfaßt, wird schlaglichtartig deutlich, wenn wir sprachlich zum Ursprung gehen. Kultur geht auf das lateinische Wort *colere* zurück, mit seinen drei Bedeutungsebenen: pflügen, pflegen, verehren. Dieser Gedanke soll durch den Preis kommuniziert werden, den die Stiftung seit 1989 alle zwei Jahre vergibt, den Agrarkulturpreis. Diesen Preis haben wir zum ersten Mal am 9. November 1989 vergeben – am Tag, an dem die Mauer geöffnet wurde. Mit Sicherheit stand unsere Preisvergabe damals im Schatten dieses weltbewegenden Ereignisses, aber mir gefällt dieses Zusammentreffen, weil sich durchaus ein Symbolcharakter darin erkennen läßt.

Der Agrarkulturpreis soll der Öffentlichkeit bewußtmachen, daß eine andere Landwirtschaft möglich ist, daß Chemisierung, Industrialisierung, Subventionierung und Gentechnik nicht notwendig sind. Der Preis ist großzügig dotiert und soll alle wach machen: die Politiker, die Öffentlichkeit, vor allem Entscheidungsträger in Wirtschaft und Gesellschaft, denn der Landwirtschaft von morgen kommt eine überragende Bedeutung für die Überlebensfähigkeit von uns Menschen auf unserem Heimatplaneten Erde zu. Zur Debatte wird bei der Preisvergabe gestellt, wie eine Landwirtschaft aussehen kann, die gleichzeitig die Umwelt schont, die Menschheit ernährt und das Land als Kulturraum stärkt. Und ebenso wichtig scheint mir zu sein, das Bewußtsein dafür zu schärfen, daß die jahrelange Einstellung »immer mehr« und »immer billiger« eingetauscht werden sollte in die Qualitäten »immer umweltverträglicher« und »immer gesundheitsverträglicher«.

Eine moderne Landwirtschaft muß sich neben den ökonomischen Aufgaben auch ihrer sozialen Verantwortung bewußt sein und die Natur in ihrem Eigenwert erkennen. Es geht also nicht nur um eine neue Landtechnik, sondern um den behutsamen, sorgfältigen, erhaltenden und wertschätzenden Umgang mit allem Leben, das uns umfängt: dem Boden, dem Wasser, den Tieren, den Pflanzen, den Menschen und schließlich auch mit uns selbst.

Ich denke, daß wir es geschafft haben, den Begriff »Agrarkultur« eingängig zu machen. Parallel zu diesem Preis hat die Schweisfurth-Stiftung auch einen Preis für artgemäße Nutztierhaltung ausgelobt, der seit 1990 vergeben wird. Dies ist ein wissenschaftlicher Preis, der Nachwuchswissenschaftler ermutigen soll, sich im Rahmen ihrer Diplom- oder Doktorarbeiten den Fragen artgemäßer Nutztierhaltung zu widmen. Es ist der einzige Preis dieser Art in Deutschland, der Schweiz und Österreich, und er soll auch dazu beitragen, dieses Thema in den Hochschulen aufzuwerten. Dieser Preis mit seinem Anliegen hat durchaus einen etwas exotischen Charakter, hat jedoch seine ihm gemäße Resonanz gefunden.

Seit 1998 gibt es auch den Forschungspreis für Ökologische Ökonomie. Er wird ebenfalls in zweijährigem Rhythmus verliehen und dient der Förderung junger Wissenschaftler unter jeweils wechselnden Themen.

Etliche Jahre nach ihrer Gründung konnte die Stiftung im Jahre 1991 ein wunderschönes altes »Kavaliershaus« der Wittelsbacher in Nymphenburg beziehen und hat ihre Aktivitäten dort auf größerem Raum auch in den Bereichen Bildung, Kommunikation und ganzheitliches Denken neu gebündelt. Wir haben damit eine neue Zielgruppe angesprochen: Wirtschaftsleute und Manager aus dem Bereich Lebens-Mittel, mit denen über die Integration von Ökologie und Ökonomie diskutiert wurde – ein Thema, das gerade durch den Regierungswechsel im September 1998 neuen Auftrieb bekommen hat. Mittlerweile ist die Arbeit der Stiftung herausgetreten aus der reinen Förderung fremder Projekte. Mit einem eigenen Mitarbeiterstab erarbeitet die Stiftung heute selbst Projekte, die sie dann Gremien und Programmen als flankierende Maßnahmen zur Verfügung stellt. Dieser Tätigkeitsbereich umfaßt sowohl konkrete kommunale Projekte als auch die Zusammenarbeit mit der Bundesstiftung Umwelt und die Kooperation mit der Evangelischen Akademie Tutzing.

Wir erarbeiten im Haus Bewußtseinsbildungsprojekte wie das hochinteressante Projekt unseres wissenschaftlichen Geschäftsführers Dr. Manuel Schneider über die »Ökologie der Zeit«, und wir versuchen so ein Netz zu knüpfen und den ganzheitlichen Ansatz ständig im Auge zu behalten. Wir sind auch im Internet vertreten, haben eine eigene Homepage (www.zukunft.de) und bearbeiten das Thema Zukunft mit den ihm zukommenden, modernen Mitteln. Unser Anliegen ist natürlich, aus der Elitenbildung herauszukommen und eine größere Zahl von Menschen zu erreichen. Dafür gibt es auch TV-Projekte, in denen das Medium Fernsehen als Multiplikator genutzt wird, um ökologische Fragen zu transportieren und bewußtseinsfördernde Informationen weiterzugeben. Unser über zehn Jahre kumuliertes Wissen soll einer breiteren Interessengruppe zugänglich gemacht werden. Wir experimentieren dabei, aber wir sind überzeugt, daß die Veränderung des Verbraucherbewußtseins auch durch das Medium Film gefördert werden kann.

Der Stiftungsbeirat besteht satzungsgemäß aus fünf Mitgliedern; um einer möglichen Überalterung vorzubeugen, darf das Durchschnittsalter nicht über sechzig sein. Ich selbst bin Vorsitzender des Kuratoriums, für mich gilt diese Altersbeschränkung offiziell nicht, aber ich werde mich zu gegebener Zeit schon mit diesem Thema auseinandersetzen. Sehr oft wird unsere Stiftung als anthroposophisch ausgerichtet angesehen. Ich selbst habe aber keinerlei konfessionelle oder ideologische Bindung, sondern möchte für die einfachsten Grundfragen des Lebens offen sein, möchte Reformimpulse im ökologischen Bereich geben. Ich möchte Antworten suchen auf die Fragen, wie wir in Zukunft leben und arbeiten, mit Technik, mit Natur, mit uns selbst umgehen wollen, mit all den Möglichkeiten, die uns heute gegeben sind, aber auch mit der Verantwortung, die wir als kultivierte Menschen unserer Mit- und Nachwelt gegenüber haben. Und ich möchte Kunst fördern: Kunst als Lebens-Mittel und, ebenso wichtig, als Element des Schönen – womit ich angreifbar bin und worüber sich trefflich streiten läßt. Dies würde hier zu weit führen, ich habe in einem anderen Büchlein darüber ein kleines Streitgespräch veröffentlicht.

Dazu muß von einer Aktivität der Stiftung berichtet werden, die mit meinem Dasein als Fleischwarenhersteller zu tun hat und mit meiner Funktion als Chef des Herta-Unternehmens.

Im Jahr 1987 fand mit unserer Unterstützung eine Ausstellung im Wissenschaftszentrum des Stifterverbandes für die Deutsche Wissenschaft, Bonn-Bad Godesberg, statt zu dem Thema »Kunst geht in die Fabrik«. Gezeigt wurden meine Versuche, die Arbeitshallen in den Fabriken durch Kunst lebendiger zu machen und das Bewußtsein der dort Arbeitenden anzuregen. Der Untertitel dieser Ausstellung lautete darum auch »Dokumentation eines Experimentes«.

Ich konnte bei dieser Ausstellung meinen entscheidenden künstlerischen »Helfern« den ihnen zustehenden Dank ausdrücken und konnte gleichzeitig meinen Grundgedanken, der mich von Anfang an bewegt hatte, einer größeren Öffentlichkeit näherbringen. Werner Ruhnau, Wolf Vostell, Hugo Kükelhaus und Siegfried Gnichwitz waren die vier entscheidenden Namen, weil durch sie mein Denken, mein Wahrnehmen und mein Empfinden so nachhaltig beeinflußt und geprägt worden ist.

In dem zur Ausstellung erschienenen Katalog, den die Stiftung herausgab, wurden noch einmal die Urwurzeln des Ganzen erläutert und die Annahme durch die Mitarbeiter ebenso wie ihre Ablehnung und die Aussagen der betreffenden Künstler dokumentiert. Im übrigen war es eigentlich bedeutend einfacher, Kunst in die Fabrik zu bringen als die Fabrik in ein Museum.

Naturgemäß konnte die Stimmung unter den Mitarbeitern nicht eingefangen werden, aber es wurden Zitate wiedergegeben, die die gegensätzlichen Gefühle ausdrückten, als etwa Wolf Vostell 1982 eine große Wand in der Verpackungshalle gestalten sollte, um ein künstlerisches Gegengewicht zur reinen Technik zu schaffen. Vostell wählte damals als Thema und Vorlage ein kultisches Beschwörungsbild vorgeschichtlicher Menschen, das er variierte. Das Werk ist während der normalen Arbeitszeit entstanden, so daß die Arbeitenden alle Phasen des künstlerischen Prozesses miterleben konnten. Damals stellte sich auch die Frage, die später im weiteren Sinne auch ein Forschungselement in der Stiftung darstellte, wie man Kunst und Leben miteinander verbinden könne.

Die Ausstellung warf von neuem die altbekannten Fragen auf, wie man vor allem mit zeitgenössischer, also noch ungesicherter Kunst umgehen soll und wie sie sich in den normalen Arbeitsalltag von Menschen integrieren läßt. Die erwähnte berühmte Arbeit in der Verpackungshalle von Herten, Vostells »Hommage à Altamira«, ist ein Beispiel einer gelungenen Integration. Dieses Kunstwerk wurde damals nicht nur akzeptiert, sondern es wurde auch zu einem nicht mehr wegzudenkenden Bestandteil dieser Arbeitsabteilung. Möglicherweise war die große Akzeptanz das Ergebnis von miterlebter Künstlerarbeit und begreifbarer Thematik, denn beileibe nicht alle

Werke wurden so angenommen. Meine Motivation war jedenfalls bekannt, und daß ich mich nicht überall verständlich machen konnte, hat dem Experiment keineswegs geschadet. Durch diese Ausstellung ist es gelungen, noch einmal eine neue große Öffentlichkeit mit der Rezeption von moderner zeitgenössischer Kunst vertraut zu machen.

Die Arbeit in der Stiftung ist mit großer innerer Befriedigung verbunden und zugleich hochinteressant und anregend. Ich habe immer wieder und vor den Reichen der Welt gesagt, daß Reichtum alleine nicht glücklich macht und daß es keinen großen Sinn hat, aus viel Geld noch mehr Geld zu machen, das einem dann oft wie Blei an den Füßen hängt. Reichtum eröffnet hingegen viele Möglichkeiten, Gescheites zu bewirken oder anderen zu helfen. Die Form der Stiftung ist dafür eine ideale Möglichkeit. Das Geld, das man hier investiert – ich habe etwa 50 Millionen in meine Stiftung eingebracht –, ist verschenkt, ein für allemal. Aber es ist nicht weg, man bekommt alles wieder zurück, in anderer Form, wie ein Geschenk. Ich hätte nie diese Menschen kennengelernt, die Gelegenheit gehabt, mich mit all diesen interessanten Themen auseinanderzusetzen, über die Zukunft und das Leben nachzudenken, wie in der Stiftung. Ich habe oft zu Dorothee gesagt: Was war das wieder für eine Begegnung, was war das für ein Tag! Wir sind reich beschenkt – alles im Leben ist Geben und Nehmen.

Mit den Gedanken zur Arbeit in der Schweisfurth-Stiftung eng verbunden ist die Gestaltung der Herrmannsdorfer Landwerkstätten und des Lerngutes Sonnenhausen. Beide sind für mich und meine Frau, meine Kinder und viele Mitarbeiter zum eigentlichen Lebensmittelpunkt und auch zur täglichen Herausforderung geworden. In den Landwerkstätten versuche ich die vier Leitgedanken der Stiftung *langsamer – näher – weniger – schöner* umzusetzen, die zu einem ökologischen Wohlstand führen sollen, der uns das rechte Maß in zeitlicher (Zeit für Lebens-Mittel zum Reifen), räumlicher (aus der Region – für die Region), quantitativer (halb soviel, doppelt so gut) und ästhetisch-qualitativer (zweckmäßig *und* schön) Hinsicht gibt und von den rein ökonomischen Elementen zu ökologischen Rahmenbedingungen führen soll. Daß dabei vieles leichter gesagt als getan ist, muß selbstkritisch eingestanden werden und ist kein Argument gegen das Reden, sondern ein Plädoyer für das Tun.

Wie ich zu Sonnenhausen und Herrmannsdorf gekommen bin, ist in jedem Fall erzählenswert und zeigt wieder, daß sich die Dinge ineinander fügen, wenn die Zeit dafür gekommen ist. Davon bin ich zutiefst überzeugt.

Bei der Suche nach der Verwirklichung meiner beim Fasten aufnotierten Ideen von Werkstätten, die diesen Namen verdienen, gab es einige Bedingungen. Der Lebensmittelpunkt war schon nach München verlegt, nun sollte auch eine Hofstelle in einer akzeptablen Umgebung gefunden werden. Akzeptabel bedeutete, daß sie landschaftlich schön, nicht weiter als dreißig Kilometer von der Stadt entfernt liegen und sich nicht im Windschatten eines Atommeilers befinden sollte. Nach Aufnahme der Stiftungsarbeit zu Beginn des Jahres 1985 konzentrierte ich mich auf diese nicht leichte Suche nach dem rechten Standort. Dorthin sollte auch meine Herde von Angus-Rindern aus Westfalen gebracht werden.

Bei einer meiner Fahrten durch Oberbayern kam ich mit Do-

*Sonnenhausen*

rothee nach Sonnenhausen, nur wenige Kilometer von Herrmannsdorf entfernt, das ich schon kennengelernt hatte. Wir fuhren von der Hauptstraße ab durch einen sehr schönen Wald, der sich plötzlich öffnete, und wir bekamen vor lauter Staunen unseren Mund nicht mehr zu: Vor uns lag ein Gut, das von so außergewöhnlicher Schönheit war, wie wir es selten oder noch nie in unserem Leben gesehen hatten. Wie eine Insel von Wald umgeben, stand da ein Gebäudekomplex eigner Art. Nach dem ersten Staunen fuhren wir näher an den Gutshof heran, standen vor dem großen Tor und betraten dann eine so idyllische Oase der Ruhe und Schönheit, daß unsere Schritte schon wieder stockten. Wir sahen uns beide an und wußten ohne viele Worte, daß dies eine ideale Stätte der Ruhe, Besinnung und Einkehr sein könnte. Als wir endlich irgend jemanden aufgetrieben hatten, den wir nach dem Besitzer dieses Gutes befragen konnten, hörten wir mit einer gewissen Enttäuschung, daß der Hof – vor hundert Jahren als Reiterhof gebaut – gerade verkauft worden wäre und daß der Vorbesitzer der »Orden Unsere Frau in der Liebe zum guten Hirten« gewesen wäre. Es hätte eine Ausschreibung gegeben, und nun wäre der ganze Hof, der für den Orden unrentabel und nicht mehr bewirtschaftbar geworden wäre, verkauft.

Damit wollte ich mich nicht zufriedengeben, und ich wunderte mich auch, nie von der Ausschreibung gehört zu haben, obwohl ich doch überall meine Ausspäher darauf angesetzt hatte, für mich ein geeignetes Objekt zu suchen. Da das Gut so schön war, beschloß ich, mich direkt mit dem Orden in Verbindung zu setzen, und versuchte Kontakt zum Provinzialhaus zu bekommen. Vorher hatte ich mich hingesetzt und handschriftlich einen längeren Brief verfaßt, in dem ich meine Pläne schilderte. Ich beschrieb, warum ich Sonnenhausen gerne kaufen würde und welchen Preis zu zahlen ich bereit wäre. Ich dachte, daß es in keinem Fall schaden könne, wenigstens einen Versuch zu machen, um diesen Hof doch noch zu bekommen. Viele Chancen rechnete ich mir nicht aus, denn verkauft schien verkauft, aber ich habe in meinem Leben noch nie so schnell aufgegeben, wenn ich etwas wollte – und Sonnenhausen wollte ich.

Zu meinem allergrößten Staunen bekam ich schon am nächsten Tag einen Anruf vom Orden mit der Frage, ob ich bereit sei, vorbeizukommen und nähere Auskünfte zu geben, was ich vorhätte. Ich war dazu weiß Gott bereit und beeilte mich gehörig, möglichst schnell in München-Solln zu erscheinen, um mich, mein Konzept und mein Anliegen vorzustellen.

Diese Begegnung mit den Schwestern des Ordens zählt zu

meinen schönsten Erinnerungen. Ich entsinne mich einer gewissen Beklommenheit beim Erreichen des Ordenshauses, schließlich machte ich nicht jeden Tag meine Aufwartung bei einem katholischen Frauenorden, und ich war zu dieser Zeit außerdem längst aus der Kirche ausgetreten. Das mag meine Unsicherheit noch etwas verstärkt haben. An der Pforte wurde ich von einer freundlichen Schwester begrüßt, die mich bat ihr zu folgen, und da es in Strömen regnete und der Weg ins Haupthaus weit war, lud ich sie ein, in meinem Geländewagen die Strecke dorthin zu fahren. Anschließend wurde ich in einen schönen Raum mit Biedermeiermöbeln gebeten, in dem schon ein Herr saß, und die Pförtnerin nahm zu meinem Erstaunen auch Platz. Dann forderte mich die Schwester auf, meine ganze Geschichte zu erzählen, und erst als der Herr meine vermeintliche Pförtnerin immer wieder voller Ehrerbietung mit »Ehrwürdige Mutter« anredete, wurde mir klar, daß ich wohl der Oberin des Ordens gegenübersaß und nicht einer einfachen Türhüterin.

Ich erzählte also alles, was es bis zu diesem Zeitpunkt zu erzählen gab, angefangen von meinem Fastenerlebnis und dem damit verbundenen Wachwerden über den Verkauf meines Unternehmens bis zur Gründung der Schweisfurth-Stiftung. Als ich dann zum Schluß unseren Stiftungsgrundsatz von der Förderung der Wege zu einem ganzheitlichen und erfüllten Leben in besserem Einklang mit der Natur wiedergab, saß die Schwester Oberin, mit Namen Laetitia, sehr senkrecht vor mir, war hochinteressiert und bat mich, diesen wunderschönen Satz einfach für sie aufzuschreiben. Was ich natürlich gerne tat, hatte ich doch schon eine ganze Weile das Gefühl, daß alles, wovon ich berichtete, auf großes, wohlwollendes

Interesse stieß. Dann bat Schwester Laetitia mich, einen Augenblick zu warten, sie wolle noch eine Mitschwester holen, die sich sicher auch für das von mir Gesagte interessiere. Der anwesende Herr war die ganze Zeit sehr höflich und schien aufmerksam zugehört zu haben, er war der Verwaltungsleiter des Ordens. Kurze Zeit später kam sie mit Schwester Ancilla zurück, die schon vorinformiert schien und ganz angeregt den Raum betrat.

Sie erzählte, sie sei gerade von der Computermesse CeBit zurückgekehrt, denn sie müsse für den Orden ein elektronisches Datenverarbeitungssystem einführen. Nun sei sie ganz traurig und habe heute morgen in der Andacht gedacht, wenn es uns nicht gelänge, als Gegenpol zum elektronischen Kernspeicher auch geistige Kernspeicher einzurichten, dann sei die Welt, die auf uns zukomme, schlicht des Teufels. Und jetzt säße ich auf einmal da mit meinem Anliegen, Technik und Natur, Mensch und Natürlichkeit miteinander in besseren Einklang zu bringen. Das wäre genau das, was ihnen als christlicher Orden wohl gefiele.

Mitten in die aufkommende Euphorie hinein fragte die Oberin plötzlich sehr streng, welches meine wirklichen Gründe für soviel Engagement seien, ob es religiöse wären oder ob ich gar einer Sekte angehörte? Ich konnte reinen Herzens antworten, daß ich bestimmt keiner Sekte angehörte, daß ich ein neugieriger Mensch sei und gerne neue Denkansätze erproben, mein Leben auch einfach umstellen wolle und darüber hinaus überzeugt sei, daß die Menschheit einen Punkt erreicht hätte, an dem Besinnung not täte.

Dies schien die Oberin so zu überzeugen, daß sie zu ihrem Verwaltungsleiter sagte, er möge alle nötigen Papiere und Unterlagen zusammenstellen und einen Termin beim Notar machen, denn Herr Schweisfurth kaufe das Gut Sonnenhausen vom Orden. Der arme Herr war zunächst etwas verdutzt und empfahl noch eine Denkpause bis zum Besuch des Mutterhauses in Rom, wo doch eigentlich die Entscheidung getroffen werden müsse, aber Laetitia machte ihrem Namen alle Ehre – sie sagte freudig, sie nehme das auf ihre Kappe, und so verabredeten wir uns für wenige Tage später beim Notar.

So kam es im November 1985 zum Kauf von Sonnenhausen, und wieder möchte ich hier feststellen, daß es etwas Wundersames an sich hat, wie sich die Dinge fügen.

Das Gerücht, daß Sonnenhausen schon verkauft wäre, erwies sich glücklicherweise als falsch, es lagen allerdings schon mehrere Angebote vor. Schwester Laetitia traf ich beim Notartermin wieder, und als alle Unterschriften geleistet waren, meinte sie, es wäre in Bayern üblich, dies in einem Gasthaus zu besiegeln, und so gingen wir im Anschluß an den Termin in den Franziskaner in München, aßen Weißwurst und tranken Bier. Sowohl mit der Oberin als auch mit der munteren EDV-Ordensschwester Ancilla habe ich mich danach noch oft getroffen. Ancilla kam gelegentlich in die Schweisfurth-Stiftung, und ich habe manches anregende Gespräch mit ihr geführt. Ich empfahl ihr immer, ihr Orden möge das Interesse junger Menschen wecken, so bekämen sie ihre Klöster auch wieder voller. Nun bin ich zwar kein Experte für katholische Frauenorden, aber ich denke tatsächlich, daß Unternehmen wie meine Werkstätten Anreize geben könnten, auch Ordensgemeinschaften wieder mit Leben zu füllen. Beim nächsten Besuch sagte sie mir, sie habe den Gedanken den Schwestern vorgetragen. Die meinten aber, es müsse erst noch soviel anderes getan werden. Ich antwortete ihr, sie dürfe nicht aufgeben und verzagen, am Anfang wäre man immer ganz allein. Darauf sang sie mir ein Lied vor, das sie in ihrer Jugend immer gesungen hatte: »Wenn einer träumt, dann ist es nur ein Traum, wenn viele träumen, dann ist es der Beginn einer neuen Wirklichkeit.«

Nichts könnte besser zu meinen Anliegen passen als gerade dieses Lied.

Nun hatte ich das Gut Sonnenhausen in meinem Besitz, aber die Basis für den Werkstätten-Gedanken sollte Herrmannsdorf werden. Heute, da Herrmannsdorf zu einem festen Begriff geworden ist, fällt es gar nicht mehr leicht, die suchenden Anfänge zu beschreiben. Denn zuerst war die Idee da; die Ausführung, die Lokalität, die Menschen dazu, die Umsetzung – alles war im Ungewissen, im Experimentellen. Noch war der Ausgang der Geschichte, die Verwirklichungen einer Idee ganz ungewiß und unbekannt.

Der Kerngedanke war, schon mit dem Wort »Landwerkstätten« eine neue Art der Landwirtschaft und Erzeugung von Lebens-Mitteln zu definieren, die nicht Fabrikation nach industriellen Maßstäben bedeuten sollte, sondern die Hinwendung zu wirklichen Lebens-Mitteln, die auf natürliche Weise und im wesentlichen von Hand und vom einzelnen Menschen gefertigt werden. Normalerweise verbindet man mit dem Wort »Werkstätte« eher einen Handwerksbetrieb, aber ich habe mit Bedacht gerade dieses Wort gewählt, da es das handwerkliche Tun des einzelnen in den Vordergrund stellt. Die Gesamtidee umfaßte von Anfang an etwas Umfassendes und sehr Komplexes.

Aber auch hier muß ich wieder gestehen, daß sich im nachhinein die Begriffe wie von selbst ergeben haben, so daß wir heute ganz natürlich von ökologischen Grundsätzen sprechen und damit festverankerte Begriffe benutzen. Das war 1985 keineswegs der Fall, die Worte mußten erst mit Inhalt gefüllt werden, und meine Anliegen und theoretischen Überlegungen mußten sich erst auf dem Prüfstand der Realität beweisen. Zudem ist anzumerken, daß ich beileibe kein Landwirt war, wie man aus meiner Geschichte weiß. Die Befähigung zum Metzgermeister schenkte mir nicht automatisch das Talent zum Landwirt. Dies bedeutete, daß ich selbstverständlich immer auf landwirtschaftlich erfahrene Ratgeber, auf die Praktiker, angewiesen war. Bei aller Lernwilligkeit konnte ich doch nicht erwarten, alles auf einmal zu verstehen. Aber die Lust am Lernen und am Experiment sowie die Bereitschaft, Lehrgeld zu bezahlen, waren reichlich vorhanden.

Natürlich wußte ich ökologische Anliegen zu definieren, aber das bedeutete für mich damals im wesentlichen das Weglassen von chemischen Zusätzen. Daß noch viel mehr dazugehörte, mußte ich erst Schritt für Schritt lernen. Auch hatte ich durchaus Probleme zu begreifen, daß meine neue »Produktion« sehr klein war, daß ich nun diametral entgegengesetzt zu meinem Herta-Dasein leben würde.

Aber zunächst möchte ich vom Erwerb der Bauern- oder Hofstelle Herrmannsdorf berichten: Mein Sohn Georg hatte mich darauf aufmerksam gemacht, daß in der Nähe von Glonn eine Witwe ein Gut besaß, das vielleicht zu kaufen wäre, Genaueres wüßte er nicht. Ich lernte die Besitzerin mit ihrem Sohn, der den Hof bewirtschaftete, kennen, und tatsächlich bestand eine Verkaufsabsicht, die für mich eine große

Chance bedeutete. Dieses Gut Herrmannsdorf liegt eingebettet in die oberbayerische Voralpenlandschaft und war ursprünglich eine sehr große Hofstelle gewesen. Es lag auch wunderschön, hatte ein Herrenhaus und war wohl mit seinen großen Gebäuden nicht mehr rentabel zu bewirtschaften.

Auch hier mußte ich – ganz anders natürlich als mit Sonnenhausen und dem Orden – Überzeugungsarbeit leisten. Ich habe versucht, der Besitzerin, Frau Senkenberg, ihrem Sohn Rudolf und dessen Frau mein Konzept zu erläutern und dabei auch meine Überzeugung dargelegt, daß ökologischer Landbau viel mehr umfaßt, nämlich die Be- und Verarbeitung der ökologisch erzeugten Pflanzen und Tiere nach gleichen Grundsätzen und auch deren Vermarktung. Kurzum, ich habe versucht, den Besitzern ihre vorhandene Verkaufsabsicht dadurch zu erleichtern, daß ich gute und, wie mir schien, nachvollziehbare Absichten bekundete. Ich hoffte sehr, daß meine Überzeugungskraft den erwünschten Effekt erzielen würde. Zunächst konnte ich wirklich nicht erkennen, ob ich mit meinen Ideen angekommen war, und ich war unsicher, ob ich Frau Senkenberg und ihren Sohn zum Verkauf bewegt hatte. Letztendlich waren sie aber überzeugt, und so konnte im Februar 1986 der Kaufvertrag für Herrmannsdorf beim Notar unterschrieben werden. Auch Herrmannsdorf ist ein Platz, von dem ich in der ersten Minute wußte, daß es mein Ort sein würde.

Da stand ich nun: Ich hatte zwei landwirtschaftliche Güter, viel Idealismus und mußte schleunigst alles wirklich werden lassen, wovon soviel und so lange schon in der Theorie die Rede war.

Herrmannsdorf war zuletzt vom Sohn der Besitzerin bewirtschaftet worden, und da er mir gefiel, fragte ich kurzerhand, ob er nicht Lust hätte, mit mir weiterzuarbeiten. Dies war für Rudolf Senkenberg mit Sicherheit eine schwierige Entscheidung, denn vom Besitzer zum angestellten Landwirt umzusteigen, erfordert ein hohes Maß an Disziplin, an Anpassungsbereitschaft und auch an Nüchternheit, um mögliche Emotionen bekämpfen zu können. Senkenberg entschied sich für mich, worüber ich sehr glücklich bin.

Der Hof war in früheren Zeiten, noch in den dreißiger Jahren, Arbeitsplatz und Unterkunft für rund dreißig Familien gewesen. 1930 hatte es noch etwa 25 Zugtiere gegeben, 15 Prozent der landwirtschaftlichen Nutzfläche mußte für die Ernährung der Tiere aufgewendet werden, und sämtliche Leistungen wurden von Mensch oder Tier ohne Energieeintrag von außen erbracht. Die Auswirkung der Hochtechnisierung und anderer Veränderungen läßt sich am besten daran erkennen, daß am Ende des Jahrhunderts, als ich das Gut übernahm, auf dem ganzen Hof nur noch drei Menschen tätig waren – auf die deutsche Landwirtschaft übertragen, ernährte ein Bauer 1956 fünf Menschen; im Jahre 1996 waren es sechzig.

Zuletzt war der Betrieb ein nach ganz konventionellen Methoden arbeitender landwirtschaftlicher Betrieb mit Schweinemast gewesen. Es war ein Glücksfall für mich, einen Menschen zu haben, der die Böden und den Betrieb kannte und zudem auch in der Region verankert war und damit vor allem Kontinuität sicherstellen konnte. Schließlich bin ich weder Bayer noch Bauer, und außerdem hatte ich alle möglichen Pläne im Kopf, die den ortsansässigen Bauern mit Sicherheit nicht gefallen würden. Auch heute wird es noch einige geben, denen manches nicht gefällt. Senkenberg jedoch war bereit, sich völlig umzustellen und meinen Konzepten und Ideen zu folgen.

Eines meiner angestrebten Ziele war – in Verwirklichung der Niederschrift zur Jahreswende 1983/84 –, daß unter einem Dach möglichst viele verschiedene Lebens-Mittel erzeugt und möglichst nur in der nächsten und näheren Umgebung wieder verkauft werden sollten. Das andere Ziel war, daß der unvermeidliche Energieverbrauch sich auf vertretbare Größen bzw. auf die Nutzung alternativer Methoden beschränken sollte. Wahrlich große Ziele, die es in die Tat umzusetzen galt.

Die Beziehung zu Frederic Vester hatte mich schon mit manch Neuem auf dem Energiesektor vertraut gemacht, ich erwähnte bereits die Biogasanlagen. In Herrmannsdorf konnten die vielen Anregungen zum vernetzten Denken und Handeln nun zielgerichtet angewendet werden und führten zu vernetztem nachhaltigem Wirtschaften, Ackerbau, Viehzucht, Be- und Verarbeitung, Vermarktung, Abfall- und Abwasserentsorgung, Energieerzeugung und vielem mehr – kurzum, zu einem vernünftigen Betrieb unter Ausnutzung aller Synergieeffekte. Vor allem die Biogasproduktion hat mich von Anfang an interessiert und fasziniert, weil sie gerade im landwirtschaftlichen Raum soviel Sinn macht. Sie lehrt uns nicht nur, unser gestörtes Energiebewußtsein wieder gesunder zu machen, sondern zeigt auch, daß es in der Natur keine unbrauchbaren Abfälle gibt. Es geht dabei eigentlich ganz simpel um die Verwertung, das Recycling von organischen Abfällen, die sich durch einen völlig natürlichen Prozeß in Energie umwandeln lassen. Was dann übrigbleibt, ist ein hervorragender natürlicher Dünger mit wunderbarer Wirkung auf Bodenfruchtbarkeit und Pflanzengesundheit.

Später bei der Schweinezucht und bei der Käseherstellung kam die sinnvolle Verwendung von Molke als ein Beispiel vernetzten Handelns zur Anwendung. Die bei der Käseherstellung angefallene Molke konnte auf natürlichste Weise direkt an die Schweine verfüttert werden, statt sie mit hohem technischem Aufwand und viel Energie haltbar zu machen und kreuz und quer durch Europa zu transportieren. Ein Beispiel dafür, daß jedes Abfallprodukt an anderer Stelle wieder als sinnvoller Rohstoff eingesetzt werden kann. Und zusätzlich zu dieser Recycling-Praxis stand über allem der schon aus der Stiftungsarbeit vertraute Satz, daß alles im besseren Einklang mit der Natur geschehen muß.

Aber ehe es soweit war, mußte der Hof erst einmal »stehen«, und das war ein hartes Stück Arbeit. Klar war, daß Ökologie viel, viel mehr war als das einfache Weglassen chemischer Substanzen, deren Langzeit- und Aufschaukelungswirkung wir alle nicht kennen. Es bedeutete eine auf Regionalität beschränkte Produktion ebenso wie weitgehenden Verzicht auf lange Haltbarkeit und Verpackung. Wichtig waren ein enges Verhältnis von Erzeuger und Verbraucher, eine immerwährende Interaktion zwischen allen Beteiligten. Die ökologische Erzeugung von Lebens-Mitteln mußte an der Basis mit dem Landbau beginnen. Wir machten also im Herbst 1986 die erste Aussaat ohne ein Gramm synthetisierter Düngemittel und ohne ein Gramm Pestizide – irreführend und verharmlosend Pflanzenschutzmittel genannt. Nach den Regeln des ökologischen Landbaus darf nichts als ökologisch bezeichnet werden, wenn nicht der Boden drei Jahre lang Zeit gehabt hat, sich von der chemischen Belastung auf reine Natur umzustellen. Unsere gesamte Ernte diente also zunächst als Viehfutter, ehe aus anerkannt ökologisch angebautem Getreide etwa ökologisch reines Brot gebacken werden durfte.

Ich habe den Begriff Agrar-*Kultur* zu meinem zentralen Anliegen gemacht, und ich würde mich selbst auch lieber als Kulturwirt bezeichnen denn als Landwirt. Doch einschränkend muß ich vor allem ein Bekenntnis machen: Zu Beginn meines Herrmannsdorfer und Sonnenhausener Experiments war mir nicht klar, auf was ich mich mit meinen Plänen und Visionen einließ. Ich ahnte nichts von Fruchtfolgen, nichts von Untersaaten und Zwischensaaten, ich wußte auch nicht, daß es eine »geordnete Fruchtfolge« gibt. Das bedeutet nämlich, daß stickstoffsammelnde und stickstoffzehrende Pflanzen Jahr für Jahr in der richtigen Reihenfolge angebaut werden.

Mir war bald klar, daß ich kein richtiger Bauer mehr werden würde. Diesen Beruf kann man nicht erlernen wie einen technischen Beruf. Bauer ist man, man wird als solcher geboren und muß von klein auf weiter hineinwachsen, davon bin ich fest überzeugt. Wer Bauer sein will, der hat den umfassendsten Beruf auf dieser Welt.

Zu dieser Zeit, als ich versuchte, alle neuen Informationen in meinem Kopf zu speichern, Zusammenhänge zu verstehen und meine großen Ansprüche wenigstens schrittweise zu erfüllen, hatte ich noch ein ganz besonderes, prägendes Erlebnis. Meine Frau und ich fuhren auf ein landwirtschaftliches Gut in der Nähe von Bamberg, das Professor Preuschen bewohnte und lange Jahre auch konventionell bearbeitet hatte, ehe er auf ökologischen Betrieb umgestellt hatte. Er führte uns

Foto: © Emil Perauer

*Herrmannsdorf im heutigen Zustand*

ein ganz einfaches Lehrstück vor, das ich später noch oft für andere Menschen wiederholt habe. Mit einem Spaten stach er ein kleines, quadratisches Stück Erde sehr tief aus seinem Boden heraus, legte es quer vor uns hin und forderte uns auf, es genau zu betrachten. Er erklärte, daß dies guter Mutterboden sei, und bat uns, ganz genau darauf zu achten, was man alles sehen könne.

In der Tat war dieses viereckige Stück Erde durch und durch von kleinen Wurzeln durchzogen, man konnte da einen kleinen Regenwurm und dort etwas Winzigkleines krabbeln sehen. Zusätzlich bat uns unser Gastgeber, an dem Stück Erde zu riechen. Nachdem wir lange das äußerst lebendig wirkende Stück Erde betrachtet hatten, erfuhren wir aus kompetentem Mund, daß fruchtbarer Boden durchwurzelt, durchlüftet und von einer unendlichen Zahl von Kleinstlebewesen bevölkert ist. Dieses Bodenleben ist so reichhaltig, daß die Anzahl der Lebewesen in so einem kleinen Stück Erde etwa der Zahl aller Menschen auf der Erde entspricht. Boden sei Leben höherer Ordnung, sagte er, und er sprach vom Wunder des Bodenlebens, das wir wohl nie mit wissenschaftlichem Verstand in seiner ganzen Komplexität verstehen und begreifen können. Das scheint auf den ersten Blick unfaßbar, zeigt aber den ganzen vielfältigen Reichtum unserer Natur in ihrer Verletzbarkeit und ihrem empfindlichen Gleichgewicht.

Von allen ökologischen Fragen abgesehen, war es nicht ganz einfach, das »alte« Herrmannsdorf zu einem »neuen« umzubauen. Ich hatte ein dreifaches Problem zu lösen: Ich wollte den alten Vierkanthof wieder so lebendig erstehen lassen wie früher, als ein richtiges Dorf mit allem, was dazugehört; ich wollte, daß die Menschen dort leben konnten; und wollte Lebens-Mittel-Werkstätten, einen Hofmarkt und ein Wirtshaus einrichten, damit unser neuer Slogan »Aus der Region für die Region« auch in jeder Hinsicht seine Richtigkeit haben sollte. Das alles war nicht ganz einfach zu bewerkstelligen, vor allem, da Teile des Gutes auch unter Denkmalschutz standen und stehen.

Herrmannsdorf war, wie schon berichtet, einmal eine richtig große Hofstelle und hatte vielen Menschen Arbeit und Brot gegeben. Es war eben ein richtiges kleines Dorf gewesen. Es liegen noch Pläne aus der Mitte des vorigen Jahrhunderts davon vor. Zur Jahrhundertwende wurde vom damaligen Besitzer ein Vierkanthof gebaut, eine für Bayern eher untypische Bauweise. Dieser Vierkanthof bestand aus einem Herrenhaus im Süden, das mit zwei Türmen ausgestattet ist, im Westen aus einer großen Scheune, im Norden war der Kuhstall mit einer

Scheune darüber für das Stroh – heute ein großes, helles Gasthaus –, im Osten war ein weiteres landwirtschaftliches Gebäude, und darum verstreut gab es weitere Wohnhäuser, die früher einmal kleine, ganz bescheidene Hofstellen waren. Die Geschlossenheit des Hofes ist ganz ungewöhnlich, von der einmaligen Lage gar nicht zu reden. An Föhntagen meint man, die Berge mit den Händen greifen zu können.

Mir war nicht nur klar, daß vieles an meinem Konzept den gängigen wirtschaftlichen und agrarpolitischen Grundsätzen der Zeit widersprach; ich wußte auch, daß es nicht ganz einfach sein würde, die Baugenehmigungen, Änderungen von Flächennutzungsplänen, gar Neubauten oder die äußere Veränderung von Gebäuden erreichen zu können. Aber all dies wollte ich einfach probieren. Es war eine unglaubliche Stimmung, als die ersten Provisorien versuchsweise in Angriff genommen wurden, als wir mit den ersten Würsten und Schinken, Käse und Brot, Gemüse und Obst auf »den Markt« kamen, der zunächst sehr improvisiert in einem fahrbaren Marktwagen stattfand. Pionierzeit!

Ich möchte noch etwas beim Aus- und Umbau von Herrmannsdorf und Sonnenhausen verweilen. Sonnenhausen war ein unproblematischer Fall, weil wir dort nur restauriert, renoviert und umgebaut haben und im wesentlichen Wohnungen für Mitarbeiter und Ställe für Rinder hergerichtet haben. Meine Angus-Rinderherde war schon in Sonnenhausen angekommen, manche Tiere hatten noch das Konzert gehört und konnten nun unter bayerischer Sonne und auf bayerischen Wiesen herausfinden, ob es einen Unterschied gab zwischen den Weiden in Bayern und Westfalen.

Herrmannsdorf hingegen war lange eine einzige Baustelle.

Aber bis es selbst zu dieser überhaupt kommen konnte, war ein weiter Weg zurückzulegen. Unmittelbar nach dem Erwerb hatte ich mich an den Landrat Dr. Beham gewandt und erzählt, was ich vorhatte. Natürlich wurden mir große Bedenken entgegengebracht, denn ein Hof ist ein Hof und darf nach den herrschenden Baugesetzen nicht zu einem gewerblichen Betrieb umgemünzt werden. Mir war das wohl klar, aber beim Durchsetzen meiner Ziele wollte ich nicht schon an einer frühen Stelle aufgeben. Der Landrat machte deutlich, daß es sehr schwer sein würde, mein Konzept durchzubringen, schien aber meinen Ideen durchaus geneigt zu sein.

In der Zwischenzeit konnte und wollte ich natürlich nicht untätig bleiben und hatte längst begonnen, mit meinen bäuerlichen Helfern und Ratgebern eine Schweinezucht aufzubauen, die sich sehr von der herkömmlichen unterscheiden sollte, wie man sie zu jener Zeit betrieb. Sie sollte wieder artgerecht sein, das Schlüssel- und Zauberwort für Tierhaltung, das für mich bestimmend geworden war. Ich wußte, was ich nicht wollte – aber niemand konnte so recht Auskunft geben, was denn »artgerecht« alles bedeutete. Also machten wir Anfragen bei den landwirtschaftlichen Fakultäten verschiedener Universitäten, wie denn artgerechte, ökologisch zu vertretende Schweinezucht auszusehen hätte, und fügten hinzu, daß wir den Tieren einerseits ihre Würde lassen und dabei doch ein gutes Fleischergebnis erzielen wollten. Die Antwort war sehr interessant. Man beschied uns, daß man wohl Rezepte für immer mehr Rationalisierung und Automatisierung hätte und ebenso Ratschläge für die Einsparung von Arbeitskräften, aber die Frage nach der Würde und der Artgerechtheit in der Tierhaltung hätte noch keiner gestellt. Das war im Jahre 1986.

Also entschieden wir uns für einen anderen Weg: *Learning by doing.* Wenn schon die Professoren uns keine Antwort geben konnten, mußten wir eben unsere Schweine fragen. Sie würden uns schon – auf ihre Weise – ihre Antwort geben, was sie gut fänden und was nicht. Wir hatten erfahren, daß in der Schweiz gerade ein Projekt lief, bei dem Schweine in Familien gehalten wurden, was hieß, daß man den Tieren eben nicht mehr die »untierische« Intensivhaltung zumutete, sondern sie in Anlehnung an ihr natürliches Verhalten in kleinen Familiengruppen ließ. Es gab damals erste Studien über Verhaltensforschung bei Schweinen – und wer darüber lachen will, den kann ich nur auf den faden Geschmack des Fleisches von »Turbo«-gemästeten und gequälten Tieren verweisen, auf das Fehlen von Saftigkeit, Zartheit und richtigem Wohlgeschmack und immer wieder auf die Würde, die dem Tier ebenso vom Schöpfer mitgegeben ist wie jedem anderen Lebewesen. Kurzum, wir machten einfach Versuche und ernteten dabei durchaus auch Mißerfolge.

Bei der ersten Schweinerasse, mit der wir arbeiten wollten, dem veredelten Landschwein, erlebten wir nur Enttäuschungen. Viele Ferkel eines Wurfes wurden von den Sauen totgelegt – ein Fachausdruck, der besagt, daß die Muttersau nicht achtsam genug mit ihren Kindern umgeht –, und zu meinem hellen Entsetzen fraßen die Sauen auch ihre Kinder, und zwar in einem nicht zu unterschätzenden Umfang. Ich war wütend und enttäuscht – da gab man diesen Tieren die Freiheit zurück, und was taten sie? Sie wußten gar nichts damit anzufangen. Enttäuschend war das Ergebnis auch nach der Schlachtung. Denn trotz einer ungeheuren Vitalität und der freien Aufzucht mit ökologischer Wirtschaftsweise konnte man beim Fleisch kaum einen Unterschied schmecken. Eine kleine Abschweifung zur Rinderzucht: Das Fleisch der in Freiheit gehaltenen und langsam ausgemästeten Rinder war bei einem Blindtest sofort auch geschmacklich völlig verschieden von dem Fleisch konventioneller Tierhaltung.

Unsere ersten Erfahrungen mit der Schweinezucht waren ein typisches Beispiel dafür, daß man wohlmeinend handeln will, damit aber zunächst keinen Erfolg hat. Erst als wir anfingen, uns um andere Rassen zu bemühen – solche, die noch näher an der Natur und nicht zu hochgezüchtet waren, die noch ihrem Instinkt folgen konnten und nicht ihre Ferkel auffraßen –, als wir die alte und sehr berühmte Rasse des schwäbisch-hällischen Schweins in unsere Zucht aufnahmen, wurde alles besser. Diese Schweine gehören zur Obergruppe der Sattelschweine. Ururgroßeltern aus China wurden vor 150 Jahren in heimische Rassen eingekreuzt, um den armen Bauern mehr von dem hochbegehrten Speck zu bescheren. Sie haben ein schwarzes Gesicht, schwarze Ohren und ein schwarzes Hinterteil, aber in der Mitte sind sie ganz zartrosa. Im übrigen sollte diese Rasse während der Nazizeit auch irgendeinem Rassenwahn zum Opfer fallen und durfte offiziell nicht mehr gezüchtet werden. Gottlob haben sich einige wenige Bauern aber darüber hinweggesetzt und die Schweinerasse erhalten. Wir sind damit sehr glücklich, und seitdem wir diese Rasse mit einer belgischen Rasse gekreuzt haben, sind wir sehr zufrieden mit dem wunderbaren Fleisch, das wir von diesen Tieren bekommen.

Zurück zu unseren Anfängen in Herrmannsdorf: Für unser Fleisch, das wir von den Schweinen und den in Sonnenhausen stehenden Angus-Rindern erhielten, brauchten wir natürlich

*Das schwäbisch-hällische Schwein vermehrt sich fröhlich in Herrmannsdorf.*

Metzger und vor allem eine kleine Metzgerei. Die fanden wir sehr klein und einfach in nicht zu weitem Umkreis von Herrmannsdorf, dazu kam ein Metzger aus alten Dachau-Tagen, und so haben wir dort ganz bescheiden mit unserer Fleischerzeugung angefangen. Dazu hatten wir eine kleine, aber feine Abnehmerklientel in München, die unsere Ware gerne haben wollte, besonders wenn sie ihr frei Haus geliefert wurde. Dies erwies sich allerdings als eine problematische Geschichte, denn die Auslieferung war grundsätzlich mit vielen Terminschwierigkeiten verbunden und klappte häufig nicht.

Genauso einfach und bescheiden fingen wir an Käse zu machen. Wir fanden eine alte, vor langer Zeit stillgelegte Dorfkäserei zehn Kilometer entfernt. Ich fand einen Käsemeister, Hans Wöstner, der herauswollte aus der industriellen Käsemacherei und besessen war von der Idee, wieder guten alten Rohmilchkäse zu erzeugen, aus guter Milch, von guten Milchbauern aus der Nachbarschaft. Und auch die fanden wir in Toni Daxenbichler und Bernhard Stadler. Auch sie wollten heraus aus der konventionellen Landwirtschaft. Toni hat mir einmal später von seiner eigenen Wandlung erzählt und wie er bei einem sogenannten »Biologischen« erlebt hat, wie alles gut wuchs auf dem Grünland und dort eine Vielfalt an Gräsern und Kräutern vorhanden war, die er von seinen verarmten Wiesen nicht mehr kannte. Er, ein im bayerischen Katholizismus tiefverankerter Mann und Laienprediger dazu, »stellte um« und erlebte mit Freude und Verwunderung, daß seine Kühe gesünder wurden. Ein Schlüsselerlebnis für ihn war, daß einige Zeit nach der Umstellung der Tierarzt zur Trächtigkeitsuntersuchung kam und nach der Untersuchung der letzten Kuh sagte: »Toni, wenn alle Bauern so wirtschaften würden wie du, wäre ich arbeitslos. Alle deine Kühe sind tragend; das gibt es sonst nicht.« Wir führten dann zusammen weitere Neuerungen in der Haltung seiner Kühe ein, wie zum Beispiel regelmäßigen Auslauf an der frischen Luft, Wegfall von Spaltenböden, freie Haltung der Kälber statt der üblichen »Einzelhaft«.

Solche spinnerten Ideen wurden zunächst kopfschüttelnd quittiert. Heute, zehn Jahre später, sind sie Standard in den Regeln für den ökologischen Landbau, die eingehalten werden müssen. Viele konventionelle Bauern reden jetzt vollmundig mit blauen Augen von artgerechter Haltung, die sie angeblich auch betreiben, aber man schaut besser nicht hinter die verschlossenen Stalltüren. Da leben nämlich heute immer noch 95 Prozent aller Tiere, vor allem Schweine und Geflügel, in totaler Intensivhaltung nach dem Stand der Technik.

Nicht ganz so bescheiden fingen wir mit unserer Bäckerei an. Da war die Kapelle in Sonnenhausen, in der viele Jahre die Schwestern des Ordens gebetet haben und ihre Andachten hielten. Ich fand Andreas Scherpel aus einer alten Bäckerfamilie aus dem Ruhrgebiet, der aus der konventionellen Industriebäckerei seines Vaters ausbrechen, umdenken und richtiges Brot backen wollte. Man muß nämlich wissen, daß Brot heute überwiegend aus fertigen Backmischungen hergestellt wird. Da ist schon alles drin an Zusatzstoffen und Feinchemikalien, die dem Bäcker das Backen einfach machen und das Brot »schön«. Der normale Verbraucher hat keine Ahnung, was in einem so »schönen« Brot so alles drin ist – völlig legal und nach den Regeln moderner Technologien. Es ist nicht allgemein bekannt, daß viele Bäcker heute gefährliche Allergien bekommen, Bäckerallergien genannt. Sie bekommen Probleme mit der Haut an den Armen und mit der Luftröhre und können ihren Beruf nicht mehr ausüben. Wann hören wir die Signale? Andreas hat die Bäckerei selbst konzipiert, so wie der Hans die Käserei. Ich war Dialogpartner, konnte aus meiner Erfahrung kritische Fragen stellen, auf Schwachpunkte hinweisen und meine ökologischen und ästhetischen Vorstellungen einbringen.

Wir fingen an, Brot zu backen. Ich war tagelang dabei, als Lernender. Das war aufregend und spannend zu erleben, wie unser tägliches Brot entsteht. Hier muß ich eine Geschichte einblenden, die ich zur gleichen Zeit erlebte. Eines meiner Patenkinder hatte seine Konfirmation in einer kleinen Stadt im Rheingau. Es war eine heitere fröhliche Feier. Beim heiligen Abendmahl standen die Kinder und der Pfarrer um den Altar. Dort lag ein frischgebackenes, echtes Brot. Der Pfarrer brach das Brot, die Kirche duftete, und die Kinder aßen von dem Brot. Ich war wie elektrisiert und ging als einer der ersten aus der Gemeinde zum Abendmahl am Altar. Ich verweigerte die mir nunmehr angebotene Oblate und verwies auf das Brot. Der Pfarrer brach vom Brot, und auch wir aßen das Brot.

Ein gehöriges Stück hatte ich mir in die Tasche gesteckt. Ich nahm es mit nach Hause in die Bäckerei, zerdrückte es in kleine Krümel und warf es, ungesehen von meinen Bäckern, in den frischen Teig. Das war der Beginn unserer Sauerteigführung, das war der geistige und spirituelle Impuls. Und dieser Impuls, diese Information ist bis heute in unserem Brot, denn das Wesen des Sauerteiges ist, das Leben im Brot von heute in das Brot von morgen weiterzugeben als Information, immer weiter und weiter – bei sorgfältiger Pflege unendlich lange. Ich habe die Geschichte meinen Bäckern später erzählt. Was sie wohl dabei gedacht haben?

Alles lief zu jener Zeit parallel. Ich wollte das alte denkmalgeschützte Herrmannsdorf zu neuem Leben erwecken, ein Dorf entstehen lassen, das den heutigen Bedürfnissen entsprach, war aber auch durchaus bereit, das Alte und Schöne in vernünftiger Weise zu respektieren. Natürlich hatten sich im Laufe von hundert Jahren einige Voraussetzungen verändert, aber dies Ämtern und Amtsinhabern klarzumachen, war nicht einfach.

Die Bedenken waren groß. Sie reichten von der fehlenden Kläranlage bis zur baurechtlichen Verordnung, die nicht vorsah, daß auf einem Hof eine Metzgerei, Käserei, Bäckerei, Brauerei, ein Markt und ein Gasthaus stehen konnten. Natürlich war man auch mißtrauisch, was ich denn wirklich vorhätte. Schließlich war ich Großhersteller von Fleischwaren gewesen, also konnte man meiner Versicherung, ich wolle nun nur noch im kleinen und ausschließlich unter ökologischen Gesichtspunkten Fleisch, Käse, Butter, Milch und dann später auch noch Bier unter die Leute bringen, nicht so ohne weiteres Glauben schenken. Außerdem stammte ich nicht aus der Gegend – ich muß auf viele Menschen tatsächlich sehr befremdlich gewirkt haben.

Ich bin gewiß kein Bayer, das wird man ebensowenig, wie man Bauer werden kann, aber dafür bin ich als Westfale genauso dickköpfig, wie es die Bayern sein können. Und deshalb war ich mir sicher, ich würde meinen Weg gehen können und das Ziel erreichen. Der Landrat hatte wohl seine Zweifel, aber er schien ja bereits an mein Konzept zu glauben, und so vermittelte er mich weiter an die nächsthöhere Stelle in München. Es wurde viel geredet und verhandelt in dieser Zeit; jeder Beamte, dem ich begegnete, schien meine Gedanken gut zu finden. Beamte neigen zunächst dazu, Neues und Unbekanntes abzuwehren, vielleicht aus Vorsicht, um sich später keinen Ärger und keine Vorwürfe einzuhandeln. Beamte sind aber auch Väter von Kindern, Bürger, die über sich und die Zukunft ihrer Kinder nachdenken. So versuchte ich unermüdlich, an das ökologische und väterliche Gewissen meiner Gesprächspartner zu appellieren.

Selbstverständlich mußte das ganze gesetzmäßig vorgesehene Baurechtsverfahren eingehalten werden, und jede Auflage, die der Gesetzgeber für Vorhaben solcherart festgelegt hat, mußte erfüllt werden, aber ich hatte das Gefühl, daß die Menschen nach und nach meine Vorstellungen mitvollzogen und guthießen. Natürlich nutzten wir alle Möglichkeiten aus, um das Verfahren zu beschleunigen, und letzten Endes mußte hauptsächlich der Gemeinderat von Glonn allem zustimmen, was er Gott sei Dank auch tat. Für mich war besonders wichtig, daß die Gemeinde einstimmig hinter mir stand, denn isoliert konnte und wollte ich nicht an meinen Konzepten arbeiten. Man braucht eine breite Zustimmung, wenn man auf dem Land soviel grundlegend Neues beginnen will, wie ich es mit meinen Mitstreitern vorhatte.

Ich hatte zu Beginn des Verfahrens alle Nachbarn und Interessierten eingeladen und ihnen meine Pläne dargelegt. Sicher hielten mich viele für einen Spinner und sagten sich: »Der Mann hat einen Vogel.« Ich kann es niemandem übelnehmen, schließlich hatte ich zwei der schönsten Gehöfte in dieser Gegend gekauft. Niemand kannte mich wirklich, und daß man meinen Absichten entsprechend mißtraute, war nur eine logische Folge.

Nach langer, arbeitsreicher Zeit war im Dezember 1990 endlich die Baugenehmigung da, Herrmannsdorf zu dem zu machen, was es heute ist. Vier Jahre hatte es gedauert, bis schließlich alles unter Dach und Fach war. Vier Jahre, die angefüllt waren mit intensivster Arbeit und Denkprozessen, mit Lernen und Ausprobieren, mit Rückschlägen und ersten Erfolgen, mit ständiger Improvisation und viel Einfallsreichtum und Phantasie. Mit der Baugenehmigung hatten wir nun also das erste Ziel unserer Wünsche erreicht.

Das Bauen in Herrmannsdorf war eine lange und sehr schöne Erfahrung. Auch beim Bauen gilt, daß die Natur uns viele Stoffe bietet, die wir nur anzunehmen brauchen. Es ist eigentlich sehr traurig, daß man sich fragen muß, was ich mich bei meinen Kostenüberlegungen auch fragen mußte: Wieviel ökologisches Bauen verträgt sich mit den Gesetzen der Ökonomie? Wie rechnet sich ökologisches Bauen unter vordergründig wirtschaftlichen Aspekten?

Mit Sicherheit ist davon auszugehen, daß beim Bauen heute viele gesundheitsgefährdende Stoffe verwendet werden. Die Zeitungsberichte sind voll davon, daß Imprägnierungs- und Holzschutzmittel, Teppichkleber und Parkettversiegelungen, Wandfarben und viele andere Dinge derart viele Gifte enthalten, daß Menschen davon krank und manche sogar auf Dauer arbeitsunfähig werden. Wie oft erlebt man, daß es scheinbar unmöglich ist, den genormten Vorstellungen zu entkommen – aber eben nur scheinbar. Für mich war ökologisches Bauen schon lange ein großes Anliegen, weit vor der Frage des Herrmannsdorfer Umbaus. Nun hatten wir zur selben Zeit ohnehin viele verschiedene Projekte, denn auch der Umbau eines alten, aus der Barockzeit stammenden Hauses in München für die Schweisfurth-Stiftung machte Fortschritte – und Mühen, vor allem Überzeugungsmühen.

Die Häuser, die wir Menschen bewohnen, sind vergleichbar mit unserer Haut; man kann sie als unsere dritte Haut bezeichnen. Die erste ist unsere eigene, die zweite ist die Kleidung, die wir tragen, und die dritte sind die Gebäude. Gesundheit und Wohlbefinden sind nicht nur von der ersten, sondern auch von der zweiten und der dritten Haut abhängig; davon bin ich zutiefst überzeugt, und diese Erkenntnis ist inzwischen eigentlich eine Binsenweisheit. Einer der wichtigsten Punkte beim Bauen scheint mir zu sein, daß Häuser nicht ein dicht abgeschlossenes Gehäuse darstellen dürfen, sondern Atmung zulassen und selbst atmen müssen. Wie oft müssen wir alle in irgendwelchen Räumen sitzen, die einem kaum Luft lassen, die einem schon beim Betreten das Gefühl des Erstickens vermitteln und die tot sind, ohne ein Stück Natur, das Möglichkeit ließe zum Kontakt mit der Umwelt, zum Kosmos. Und jeder kennt auch das angenehme Gefühl, daß man in bestimmten Häusern verweilen möchte, weil sie so angenehme Empfindungen erzeugen. Das sind die gesunden Häuser. Ich glaube, daß wir auch auf diesem Gebiet jedes natürliche Gefühl verloren haben und viel lernen können, wenn wir uns auf den Rückweg begeben – er wird uns nach vorne bringen. Wann hören wir die Signale?

Ich hatte das Glück, zwei Architekten zu finden, die mich während der ganzen Umbauzeit in Herrmannsdorf begleiteten und die meinen Vorstellungen von gesundem und verträglichem Bauen absolut entsprachen. Der eine war Till Hölscher, der sein kleines Büro in Sonnenhausen aufgeschlagen hatte und dem ich bei seiner Arbeit auch immer über die Schulter schauen konnte.

Wir haben diskutiert, welche Bedürfnisse Menschen haben und wie man den wichtigsten gerecht werden kann. So haben wir herausgefunden, daß der beste Innenputz ganz ordinärer Lehmputz ist, wie ihn die Menschen früher auch in ihren Häusern verwendet haben. Man hat heute längst Techniken entwickelt, dieses alte Verfahren mit modernen Mitteln umzusetzen, ohne den guten, gesunden Effekt des Naturstoffes Lehm dabei zu vermindern. Wir haben weitgehend auf Heizkörper verzichtet, dafür Heizungen in Form von Kupferschlangen in die Wände verlegt – hochinteressante Versuche, die mittlerweile zum Standard beim ökologischen Bauen gehören, damals aber sehr neu waren.

In den Werkstätten haben wir weitgehend auf technische Klimatisierung verzichtet und natürliche Luftführungen vorgezogen. Klimaanlagen haben große Nachteile; sie sind schwer zu reinigen und werden so im Laufe der Zeit zu idealen Nistplätzen für Bakterien, Schimmelpilze und Hefen aller Art, von wo sie sich weiterverbreiten. Man denke nur an den »Hospitalismus« in den technisch hochgerüsteten Krankenhäusern. Immer härtere chemische Keulen werden dann notwendig.

Der andere Architekt war Herr Eble, einer der wenigen Protagonisten für ökologisches Bauen. Es gab damals wirklich nur eine Handvoll Architekten, denen diese Art des Bauens im besseren Einklang mit der Natur wirkliches Anliegen war und die auch schon Erfahrung darin hatten. Er baute das Werkstattgebäude mit dem Wirtshaus genau in der Form und Größe wie die alte Nordscheune.

Eine Zeitlang war ganz Herrmannsdorf eine Riesenbaustelle, und wichtig für alle am Bauen Beteiligten war vor allem, daß im wunderbarsten Sinn des Wortes ein Recycling stattfinden konnte, indem man das Alte nutzte und Neues daraus wieder entstehen ließ. Noch deutlicher war das an dem Münchener Haus in Nymphenburg zu sehen, das wir für die Stiftung herrichteten. Dort war es uns gelungen, an einem traumhaft schönen Ort, im Halbrund vor dem Nymphenburger Schloß, das künftige Domizil für alle unsere stifterischen Anliegen zu bekommen. Dabei hatte die Denkmalpflege ein strenges Auge auf uns. Es war ein äußerst spannender Prozeß, aus dem Haus, das längst zur Ruine geworden war, wieder eine funktionstüchtige »Behausung« für viele Menschen zu machen. Wir mußten natürlich auch mit den Behörden verhandeln und ihnen erklären, daß an einem Platz, an dem gearbeitet werden sollte – an dem viele Menschen zu Seminaren, Vorträgen und Gesprächsrunden zusammenkommen sollten –, auch ein paar Wände fallen müßten, um größeren Raum, Helligkeit und Transparenz zu schaffen. Daß man dabei aber auch sorgsam mit der guten Substanz umgehen kann, die innere, unsichtbare Qualität gleichrangig neben die äußere stellen kann, haben wir immer wieder zu beweisen versucht, in Nymphenburg wie in Herrmannsdorf. Dort sollte das ehemalige Stallgebäude zu Werkstätten umgebaut werden, und dafür mußten – an sich stilwidrig – die ursprünglich kleinen Fenster ausgetauscht werden gegen große, die viel Licht und Luft für die Arbeitenden bieten.

Wir kamen aber immer wieder zu guten Kompromissen – haben hier alte, angefaulte Balken bandagiert, dort an der Seele des Hauses nichts ändern wollen und darum die zweihundert Jahre alten Ziegelsteine in den Mauern gelassen oder ergänzt –, kurzum, wir haben uns immer bemüht, vor allem Charakter und Art des Ortes zu bewahren und dabei nie die innere Großzügigkeit zu verlieren.

Mein Leben und das meiner Frau war zerteilt zwischen den vielen verschiedenen Anforderungen, möglichst gleichzeitig an allen Orten zu sein, an denen etwas bewegt werden sollte. Überall gab es etwas zu ordnen oder zu klären, aber es war auch eine höchst anregende und interessante Zeit.

Für das immer weiter wachsende Herrmannsdorf hatten wir durch einen schieren Zufall auch die Gärtner Werner und Susanne gewinnen können. Das Paar fügte sich wunderbar bei uns ein und war wieder eine Bereicherung für uns im ökologi-

*Herrmannsdorfer Idylle*

schen Sinn. Es waren Menschen, die selbst auf der Suche waren und bei uns in Herrmannsdorf ihr Land fanden, auf dem sie arbeiten konnten, wie sie wollten. Ich selbst hatte das Buch eines Japaners gelesen, das mich sehr beeindruckt und stark beeinflußt hat, *Der große Weg hat kein Tor,* in dem der Autor Fukuoka eine sehr einleuchtende Art beschreibt, Landwirtschaft zu betreiben. Sein Hauptargument ist, daß in der Natur Pflanzen nicht in Reih und Glied auf Feldern und in Monokultur wachsen, sondern alle durcheinander. So empfiehlt er, Pflanzen miteinander zu kombinieren, die sich gegenseitig unterstützen, sich mögen und damit auch helfen, angreifende Schädlinge abzuwehren. Wobei zu beachten ist, daß es Pflanzen gibt, die sich durchaus nicht mögen – wie beruhigend, daß so etwas auch in der Pflanzenwelt vorkommt. Fukuoka konzipierte so seinen Gemüse- und Reisanbau und hatte damit wunderbare Ernten, die ihn berühmt machten. Er betrieb Landwirtschaft auf ihre natürlichste Weise, ohne allzuviel menschliches Eingreifen, Ordnen und Regeln. Auch Tiere sind in dieses Konzept der »Permakultur« einbezogen. Tiere und Pflanzen leben in Symbiose und unterstützen sich gegenseitig. Hühner picken die Schädlinge von den Pflanzen. Schweine pflügen den Boden und bereiten ihn für die Aussaat. So hat jede Tierart ihre von der Natur gegebene Rolle. Gaby und Pete, von Anfang an dabei, bewirtschaften ein gutes Stück Land als Pioniere nach diesen Grundsätzen.

Es fügte sich langsam eines nach dem anderen in Herrmannsdorf; es wuchs zusammen, was sich heute als homogenes Gebilde darstellt. Wie bei meinem eigenen Handwerk habe ich auch in der Bäckerei, der Käserei und der Brauerei mitgearbeitet und viele Tage mit Lernen verbracht. Ich wollte wenigstens eine Ahnung haben von den Abläufen und Zusammenhängen bei der Herstellung der wichtigsten Nahrungsmittel, die wir uns täglich einverleiben. Es gehört für mich zu den ganz entscheidenden Vorzügen und Freuden meines neuen Lebens, daß ich immer wieder die unselige Trennung von Kopf- und Handarbeit überwinden kann und in den Werkstätten selbst mitarbeite, was ich heute mit meinem Enkel Max immer noch gelegentlich tue. Für mich war das jedesmal ein Geschenk.

Mit dem jungen Bäcker, der bei uns das herrliche Vollkornbrot buk und der seinen kleinen Handwerksbetrieb erfolgreich von Sonnenhausen aus führte, während wir – noch im Umbaustadium – den Verkauf im Wagen in Herrmannsdorf betrieben, habe ich eine interessante Geschichte erlebt. Ich hatte immer Freude an jungen Menschen, die voller Lust und Tatendrang bereit waren, Neues anzufangen. Zu sehen und zu erleben, wie sie sich auf den Weg machten, mit ihren Aufgaben wuchsen und zu Persönlichkeiten reiften, das waren für mich die schönsten Erlebnisse und Erfahrungen. Es darf aber auch nicht verschwiegen werden, daß einige scheiterten und gehen mußten, sei es, daß sie dem Druck nicht standhielten, oder sei es, daß sie nicht bereit oder fähig waren zum Umdenken und vielleicht die »geregelte« spezialisierte Arbeitswelt der unserigen vorzogen.

Der schon erwähnte Bäcker Andreas war erfolgreich, aber er war ehrgeizig und wollte weiter, mehr, er wollte vor allem selbständig sein – kurzum, noch vor Ablauf eines Jahres hörte er wieder auf. Und ich hatte eine neue Lektion zu lernen, die mir als Chef von etlichen tausend Angestellten vorher ganz unbekannt gewesen war: In einem kleinen Gefüge gilt der einzelne Mensch viel mehr, und wenn er ausfällt, fällt ganz schnell das Gesamtgefüge zusammen. So war es mit dem jungen Bäcker. Mir blieb für eine Weile nichts anderes übrig, als einfach meiner Kundschaft zu sagen, daß es kein Brot gibt, weil es keinen Bäckermeister mehr gäbe! Das hat mir sehr zu denken gegeben, denn so ein Engpaß kann für ein kleines Geschäft absolut ruinös sein.

Ich habe in Herrmannsdorf eine ganz neue Form der Arbeit kennengelernt, die ich umfassend und ganzheitlich nennen möchte und die sich vollkommen von industrieller Arbeit unterscheidet. Letztere hat bekanntlich alle Arbeitsschritte in tausend Handgriffe und Knopfdrücke »zerteilt«. Jeder, der einen solchen Handgriff oder Knopfdruck macht, muß wissen, wenn er nachdenkt, daß seine Arbeit irgendwann mit absoluter Sicherheit von einer computergesteuerten Maschine oder einem Roboter übernommen wird. Er wird dann nicht mehr gebraucht, kann weg, wird »Wohlstandsmüll«! Dieser Prozeß wird weiter mit großer Geschwindigkeit ablaufen, solange die Diskrepanz zwischen hohen Kosten für menschliche Arbeit und niedrigen Kosten für das Betreiben von Maschinen bestehenbleibt. Menschliche Arbeit ist mit hohen Steuern und Sozialabgaben belastet, deshalb können Menschen nicht mit Maschinen konkurrieren. Dabei futtern Menschen nur Lebens-Mittel, die bekanntlich nachwachsen, während Maschinen mit Energie gefüttert werden müssen, die bekanntlich nicht nachwächst – wenn man von ökologischen Energiequellen wie Sonne, Wind und Wasser einmal absieht.

Hier greift die ökologische Steuerreform ein, die eigentlich eine soziale ist: langsam, schrittweise Energie verteuern und menschliche Arbeit preiswerter machen. Damit wird der Druck verringert, Menschen wegzurationalisieren, arbeitslos zu machen und sie dem staatlichen Unterhalt zu überlassen, was, wie wir alle wissen, wahnsinnig teuer ist und von uns allen indirekt bezahlt werden muß.

Warum ist das so schwer zu begreifen? Umdenken tut not.

Herrmannsdorfer Arbeit ist allerdings kein Rückfall in alte Zeiten, in denen Arbeit meist Plackerei war, sondern hier tut sich ein dritter Weg auf, der quantitativ und qualitativ zukunftsweisend ist. Mehr Menschen finden bei uns Arbeit, weil unsere Lebens-Mittel überwiegend handgemacht werden und Maschinen und Geräte nur sinnvolle Verlängerungen der Hände sind. Vor allem aber ist Herrmannsdorfer Arbeit für die Menschen befriedigender, weil sie umfassend ist, nicht langweilig und weil jeder das Ganze verstehen und überschauen kann. Es macht mehr Freude! Die höheren Arbeitskosten werden durch weniger Lagerung, Transport und Verpackung, durch Gewinne aus der Nutzung von Synergien, aus lokaler Abfallverwertung und Energieerzeugung mit hohen Wirkungsgraden sogar zum Teil ausgeglichen. Hier ist noch ein großes Potential für zukünftige Entwicklungen. Viele Herrmannsdörfer werden viele und gute neue Arbeitsplätze schaffen.

Allmählich wurden die Werkstätten fertig, so wie ich mir das vorgestellt hatte. In der Metzgerei war alles unter einem Dach, alle Stationen der Fertigung von der Ankunft der Tiere, dem Schlachten, Zerlegen, Wursten, Salzen, Räuchern, Kochen und Reifen wieder zusammen, so wie es sich gehört. Wir waren mit all den Maschinen und Geräten ausgerüstet, die für gute Qualität notwendig sind und den Metzgern die schwere körperliche Arbeit erleichtern, mit all den hygienischen Standards, die dem Gesetz und den heutigen Kenntnissen entsprechen. Es ist eine Werkstatt in aller Schönheit ohne Lärm und üble Gerüche.

Die Käserei ist so konzipiert, daß alle wichtigen Käsesorten erzeugt werden können, der »alte Herrmannsdorfer« nach Art des Parmigiano, Emmentaler, Bergkäse – die drei prominenteren Hartkäse –, dann die schnittfesten Raclette und Butterkäse, aber auch die wunderschönen Weichkäse, die Camemberts und Bries. Fachleute haben mich gewarnt: Das ginge nicht, das hätte noch keiner gemacht. Die verschiedenen Käse mit ihren unterschiedlichen Kulturen und Schimmeln würden sich gegenseitig negativ beeinflussen – und dann noch dazu die Schinken und Salamis gleich nebenan! Aber wir hatten ja schon Erfahrung gesammelt in unserer alten Dorfkäserei, und wir wollten doch unsere Kunden nicht mit zwei oder drei Käsen abspeisen. So entstand eine Allround-Käserei, wie es sie wohl kein zweites Mal auf dieser Welt gibt, sagen Experten, die es wissen müssen. Da strahlte nun alles im Glanz von Keramik und Edelstahl, mit dem großen Kupferkessel in der Mitte. Natürlich sollte auch gebuttert werden in einem echten Butterfaß, und es sollte wunderbare, cremige Crème fraîche erzeugt werden, Sahne- und Magerquark, kurzum alles rund um die Milch.

Ich erinnere mich noch an den ersten Morgen, als unsere stolzen Milchbauern angetuckert kamen und uns die noch vom Euter warme Milch brachten. Und daran, wie der ebenso stolze Hans Wöstner die Bauern und die Milch in Empfang nahm. Wir spürten und erlebten, das ist Nähe, das ist Unmittelbarkeit, das ist menschliches Maß. So sollte es sein. Hans nahm Proben und machte in seinem kleinen Labor seine Schnellanalysen, um zu prüfen, ob alles in Ordnung sei, ob die Bauern wirklich sauber gemolken hatten und nach einer möglichen Behandlung der Tiere mit Antibiotika auch wirklich die vorgeschriebenen und notwendigen Absetzfristen eingehalten hatten. Er würde ohnehin später beim Käsen merken, ob die Tiere ihren vorgeschriebenen Auslauf an der frischen Luft und den Weidegang im Sommer hatten. Ich lernte, daß Milch keine starken mechanischen Belastungen verträgt, wie lange Transporte oder intensives Pumpen, und daß sich dadurch die molekulare Zusammensetzung stark verändert mit negativen Auswirkungen auf die Käsequalität, die man dann wieder mit synthetischen Zusatzstoffen reparieren muß.

Ich möchte an dieser Stelle über unsere unterirdischen Reifegewölbe berichten, auf die wir besonders stolz sind. Wir wollten ja möglichst natürliche Systeme einsetzen zur Reifung von Käsen, Schinken und Salamis, so wie wir generell möglichst nah an der Natur unsere Lebens-Mittel erzeugen wollen. Hans und ich fuhren los, um im Allgäu, in der Schweiz und in Frankreich natürliche Reifesysteme zu finden, an denen wir uns orientieren konnten. Vergeblich, die alten, scheinbar unmodern gewordenen Einrichtungen waren modernen High-Tech-Systemen gewichen. Es ist ja so verführerisch, einfach Temperatur, Luftfeuchtigkeit und Luftbewegung auf Regelgeräten einzustellen oder in Regelsysteme einzuprogrammieren, und alles läuft automatisch ab – kein Mensch muß mehr hinschauen, riechen, fühlen, tasten ... Wir aber wollten anderes.

Ich erinnerte mich an die Schinkentrocknereien in Parma. Dort mußte es ein besonderes Klima geben, besonders günstige Umstände zum Trocknen von Schinken, vielleicht Strömungen und Strahlungen aus der Erde, die man nicht messen kann – sonst würde man ja nicht Schinken aus ganz Europa dorthin karren. Niemand wußte Genaues, Temperatur und Feuchtigkeit allein waren es sicherlich nicht. Aber was war es, und konnte man die Bedingungen an einem anderen Ort simulieren? Ich hatte das mein Leben lang vergeblich versucht.

So kamen wir auf die Idee der Gewölbe, fest gemauert in der Erde und aus soliden Ziegelsteinen. Wir wußten so oder so ähnlich mußte man es früher gemacht haben, und wir wußten, daß schon zwei Meter tief die Temperatur immer bei etwa 10 Grad liegt und daß dicke Ziegelsteinwände die Feuchtigkeit speichern und ausgleichen. Dazu brachten Klimaspezialisten und Geomanten, die ich nach Parma geschickt hatte, ihre Erfahrungen und Beobachtungen ein. Es entstand ein hochintelligentes, natürliches Belüftungssystem, bei dem auch geomantische Wirkungen berücksichtigt wurden.

So also wurde es gebaut, wohl wissend, daß das auch schiefgehen könnte. Wir hatten Glück. Die Reifgewölbe kosteten uns etwa ein Drittel der heute üblichen High-Tech-Edelstahlanlagen, verbrauchen nur etwa 10–20 Prozent der Energie, vor allem aber bescheren sie uns Käse, Schinken und Salamis in einer Superqualität, die schon fast ausgestorben ist.

Es gab natürlich auch Fehler, Probleme und Kinderkrankheiten. Die können nach allgemeiner Lebenserfahrung auch nicht ausbleiben, wo soviel Neues gewagt wird. Und genauso »verrückt«, das heißt anders als gewohnt, ist unsere Bäckerei gebaut. Die drei Hauptgetreidesorten Weizen, Roggen und Dinkel kommen aus den großen Silos unserer eigenen Landwirtschaft über Schneckenförderer direkt in die Tiroler Steinmühle, wo sie täglich frisch gemahlen werden.

Ich muß hier erwähnen, daß Vollkornbrot aus frischgemahlenem Getreide gebacken werden muß. Vollkornbrot heißt deshalb so, weil dafür das ganze, volle Korn verwendet wird und nicht nur der weiße Mehlkörper. Also sind die sieben Schalen des Korns noch dabei und natürlich auch der Keimling. Der Keimling ist bekanntlich der Träger des Lebens, er gibt das Leben weiter. Er ist, einmal zerdrückt und zerkleinert, hochempfindlich und verderblich. Er würde in wenigen Tagen anfangen, ranzig zu werden. Deshalb gehören Mahlen und Backen in einer Vollkornbäckerei zusammen. Fangen Sie an zu begreifen, was Brot zu echtem Brot macht, in dem noch alles enthalten ist, was die Natur in das gute Korn gelegt hat?

Dazu gehört auch der Steinofen, der mit dem Holz aus dem Herrmannsdorfer Wald beheizt wird und in dem wir unser bestes Brot backen. Warum Brot aus dem Steinofen besser schmeckt, die schönere Kruste hat, länger haltbar ist, weiß eigentlich kein Mensch, aber es gibt viele Spekulationen. Tatsache ist, daß der gleiche Teig, in gleicher Weise vorbehandelt, ganz anders aus dem Steinofen kommt als aus einem modernen Etagenofen.

Alle drei Werkstätten sind »nach allen Regeln der Kunst« so ausgestattet, daß die Handwerker sich darin wohl fühlen können. Große Fenster geben den Blick nach außen in den Hof frei, für die Bäcker nach Osten gerichtet mit dem Blick in die offene Landschaft und gegen die aufgehende Sonne. So kann das wärmende und belebende Licht sowohl den Bäckern ins Gesicht scheinen beim Aufkommen der ersten morgendlichen Müdigkeit als auch das werdende Brot auf dem großen Tisch bestrahlen. Die Südseiten hatten wir mit üppig wachsenden Rosen, Glyzinien, Clematis und Hopfen bepflanzt, weil es so schön ist, weil es im Sommer Schatten und Kühle gibt, weil es gut riecht und weil es das Klima in den Werkstätten verbessern hilft – besser als technische Klimaanlagen es vermögen. Die Natur ist manchmal der bessere Ingenieur, billiger und schöner. Und überall gibt es Kunst, leise, unmerklich, wie selbstverständlich. Wir sollten erleben, wie die Handwerker, für die das alles ja noch recht fremd war, ganz langsam zu begreifen anfingen, wie mir zum Beispiel mein zweiter Bäckermeister Martin einmal berichtete, daß er auf einer langen Zugfahrt mit Künstlern zusammen war und er ihnen schließlich sagte, er sei auch ein Künstler und seine Werkstatt sei ein Kunstwerk.

Warum nicht Schönheit als gleichwertiger Partner zur Effizienz und Zweckmäßigkeit gesetzt wird, ist mir ganz unerfindlich. Schönheit ist ein ganz wichtiger Bestandteil menschlichen Lebens, Menschen hungern und lechzen nach Schönheit. Sie sind bedürftig nach Schönheit, es ist ihnen zumeist nur nicht bewußt – oder bewußt gemacht worden. Schönheit ins Leben zu bringen ist nicht, wie immer behauptet wird, eine Frage des Geldes, sondern von Achtsamkeit und Liebe.

Nun waren sie alle unter einem Dach versammelt, der Bauer, der Käser, der Gärtner, der Bäcker und der Metzger, und der Bau nahm Gestalt an, im physischen wie im geistigen Sinne. Was noch fehlte, war ein Brauer und Gastwirt. Denn zum natürlichen Leben mit natürlichen Lebens-Mitteln gehört auch das Bier und zu alledem ein Haus, in das man einkehren kann, in dem man essen, trinken und feiern kann: ein anständiges Wirtshaus also. Im Dezember 1991 konnten wir das große Richtfest feiern, im Jahr darauf zogen wir mit dem Verkauf in den wunderschönen Hofmarkt ein, das Provisorium mit dem Verkaufswagen gehörte endgültig der Vergangenheit an.

Als letztes wurde im großen Werkstattgebäude im Juni 1993 das Wirtshaus eröffnet, und wir waren glücklich, den jungen und begabten Koch Thomas Thielemann als Chef gefunden zu haben, der das Haus bis auf den heutigen Tag mit seiner Küche zu einem kulinarischen Vergnügen für jeden Besucher macht. Zusammen mit ihm und Karl Ederer aus München, einem Witzigmann-Meisterschüler und berühmten Sterne-Koch, bei dem Dorothee und ich auch schon Kochseminare mitgemacht hatten, gründeten wir eine eigenständige Gesellschaft, die dann Pächter bei den Herrmannsdorfer Landwerkstätten wurde. Es mußte vertraglich sichergestellt sein, daß auch wirklich nur Lebens-Mittel in ökologischer Qualität und, wann immer vorhanden, die aus Herrmannsdorf verwendet werden. Schließlich geben wir ein großes Versprechen ab mit der Art, wie unsere Lebens-Mittel erzeugt werden. Darauf muß sich der Gast voll und ganz verlassen können, auch wenn kein Bereich der Landwirtschaft und Lebensmittelerzeugung durch Gesetz und Praxis so sorgfältig geprüft und kontrolliert wird wie der ökologische. Das wissen sicherlich die meisten Verbraucher nicht. Da gibt es die ökologischen Anbauverbände mit ihren Richtlinien, da gibt es Gesetze der Europäischen Union, da gibt es staatliche Kontrollstellen, deren Prüfung sich jeder Bauer und jeder Hersteller unterwerfen muß. Die Begriffe Öko und Bio können nicht einfach nur frei verwendet werden.

Drei Komponenten sind es, die den Erfolg unseres Wirtshauses begründen: die Qualität der Lebens-Mittel, die hervorragende Kunst von Thomas Thielemann und seinen Köchen und das einzigartige Ambiente. Die hohe Scheune mit ihrer alten Zimmermannskonstruktion, die zum Gasthaus umgebaut wurde, ist über hundert Jahre alt, sie wurde liebevoll restauriert, wo es dessen bedurfte. In der Mitte steht ein zehn Meter hoher, sich nach oben verjüngender Ofen, der im Winter die Gäste begrüßt und eine wohlige Wärme verbreitet und außerdem im oberen Stockwerk in einen Holzofen mündet, in dem Brot gebacken wird. Essen und Ausruhen lassen sich hier ausgezeichnet miteinander verbinden und das Ganze zu einem sinnlichen Erlebnis werden, denn man kann sehen, riechen und spüren, was um einen herum geschieht, es ist greifbar. Wir wollten die vorhandene, wunderbare Formensprache des Gebäudes nicht durch irgendeine Zutat stören und haben nichts hinzugefügt – außer Kunst.

Ich hatte in meinen Beständen Skulpturen von Lüpertz und Mack, Tierbilder von Tadeusz und Baselitz und schöne Landschaftsbilder von Bernd Zimmer, den ich gut kannte. Die Landschaftsbilder schienen mir besonders geeignet zu sein, und ich wollte ausprobieren, ob diese sehr großflächigen Bilder in die Scheune passen könnten. Bernd Zimmer kam dann selbst eines Tages mit fünfzehn seiner Bilder, und wir haben sie – jedes etwa vier mal fünf Meter groß – probeweise an Seilen wie Segel in das Gebälk des Daches hineingezogen. Wir haben ausprobiert, haben Effekte beobachtet und dabei wieder festgestellt, wie sehr Kunst in der Lage ist, eine ganz normale, höchst triviale Situation völlig zu verwandeln. Schließlich haben wir uns für zwei Bilder entschieden, die noch heute Rücken an Rücken im Wirtshaus hängen und sehr bestimmend für den Raum sind.

Auch bei der Inneneinrichtung haben wir uns sehr an die Natur gehalten – wir fanden einen Möbelschreiner, der uns Eichentische, Biertresen und Stühle von richtig schwerer, dicker Qualität machte, man könnte meinen, sie sind für die Ewigkeit gebaut.

Der Fußboden stammt von Bäumen aus einem berühmten Wald, dem Wald von Sauen, südöstlich von Berlin, in der Mark Brandenburg, der einmal dem Professor August Bier gehört hatte. August Bier war vor dem Ersten Weltkrieg Internist, hatte sich einen Wald gekauft mitten in der sogenannten »Streusandbüchse«, deren Boden nur aus Sand und Wacholder besteht, und sich intensiv der Forstwirtschaft gewidmet. Sein Leitbild und seine Lehre war die »Harmonie der Originale«. Das bedeutete, daß er viele verschiedene Baumsorten anpflanzte, einen Mischwald zog, bestehend aus alt und jung,

Foto: © Emil Perauer

*Das Wirtshaus »Zum Schweinsbräu« in Herrmannsdorf*

wie es damals ungewöhnlich war, und ein Bewässerungssystem erfand, das ebenso neu war, und dann auch noch die Waldränder begrünte.

Daß mich die frühe Beschäftigung eines Mediziners mit der Harmonie der Natur sehr anzog, ist verständlich, und die Konsequenzen, die August Bier zog, fand ich auch sehr einleuchtend. Er fällte nur einzelne Bäume, die ihm reif dafür schienen, und ließ die Stümpfe stehen, die ein ideales Objekt für Wildschweine zum Ausgraben von Würmern und Larven abgaben, daher der Name »Wald von Sauen«. Der Grundgedanke war die symbiotische Beziehung der Pflanzen untereinander, das Miteinander und Sichunterstützen von Tieren und Pflanzen, wodurch ein ungewöhnlicher Wald in einer ungewöhnlichen Umgebung entstanden war. Ich fand bei einem Besuch dort unmittelbar nach der Wende schöne, dicke Eichen, deren Holz wir in Herrmannsdorf benutzt und verarbeitet haben.

Als allerletzter Punkt in der naturnahen, ökologischen Erzeugung von Essen und Trinken wurde noch unser eigenes Bier aus der Taufe gehoben. Auch hier trennten wir uns von den allerneuesten technischen Errungenschaften und blieben unserem Grundsatz treu, »im besseren Einklang mit der Natur« zu handeln. Mein Mitstreiter in Sachen Bier, das nach althergebrachter Weise gebraut werden sollte, stammte aus einer alten, sehr traditionsreichen Brauerfamilie. Nach jahrelanger Erfahrung mit modernsten Techniken und aufkommenden Zweifeln an der modernen Braukunst wollte er nur noch Bier in handwerklicher und natürlicher Weise brauen. So hat mir ein Mann mit dem guten Biernamen Binding mit vielen Ratschlägen und langen Gesprächen geholfen, alles so einzurichten, daß ungespritzte Braugerste ebenso zur Verwendung kommt wie ungespritzter Hopfen, daß das Bier nicht in Sudkesseln aus V2A-Stahl, sondern in Kesseln aus Gußeisen gebraut wird und daß dem Trank dadurch ein einmaliges Aroma verliehen wird. Ich folgte allen diesen Ratschlägen und Grundsätzen, und bis heute wird in Herrmannsdorf unser Bier auf diese Weise gebraut. Ich lernte, daß das deutsche Reinheitsgebot, das vor allem in Bayern immer wieder beschworen wird, eigentlich eine Mär ist. Wie kann man von Reinheit sprechen, wenn Hopfen und Braugerste intensiv gespritzt und gedüngt werden und wenn dem Bier so manches beim Brauen hinzugefügt wird als sogenannte technische Hilfsstoffe, die dann später wieder herausgefiltert werden?

Das Wirtshaus nannten wir – in Zusammenhang mit dem Bier – »Zum Schweinsbräu«, und unser gutes, naturtrübes

Schweinsbräu hat sicher dazu beigetragen, daß wir von einem angesehenen kulinarischen Magazin unter die zehn besten Biere Bayerns gewählt wurden. Naturtrüb ist unser Bier deshalb, weil alle Stoffe, die beim natürlichen Brauen und Gären entstehen, erhalten bleiben und nicht weggefiltert werden, solange bis alles Leben verschwunden ist. Schweinsbräu wird auch nicht pasteurisiert, es ist ein Lebens-Mittel und keine tote »Mumie«. Es braucht auch nicht lange haltbar zu sein, denn wir wollen unser Bier weder über lange Strecken transportieren noch in der Karibik lagern; es wird nur im unmittelbaren Umkreis und im Wirtshaus selbst verkauft. Auch der berühmte Restaurantführer Gault Millau hat uns mit »Kochmützen« verwöhnt und uns als bestes und interessantestes Gasthaus in Deutschland ausgezeichnet. Diese Werbung in eigener Sache sei an dieser Stelle gestattet, denn zur Abrundung des Ganzen gehört unser Wirtshaus, und ich habe, wie man weiß, immer den Standpunkt vertreten, daß zum Leben auch das gute Essen, das Feiern und das Genießen gehören. Im Wirtshaus zum Herrmannsdorfer Schweinsbräu wird echte, ehrliche Eß-Genuß-Kultur zu neuem Leben erweckt.

Es muß aber noch erzählt werden, wie wir auf den ungewöhnlichen Namen »Schweinsbräu« gekommen sind und wieso »unser« Schwein eine Perlenkette trägt.

Als die Brauerei unmittelbar vor der Fertigstellung stand, kam der Münchner Künstler, Maler und Filmemacher Herbert Achternbusch zu Besuch, dem ich alles zeigte, was im Werden war. Als wir beide in der neu installierten Brauerei standen und zum Fenster hinausschauten, liefen nur wenige Meter entfernt die Herrmannsdorfer Ferkel und Sauen vorbei – man erinnert sich, die kurzen Wege waren ja eines unserer Grundprinzipien. Achternbusch schaute versonnen auf die Tiere und meinte dann, daß das Bier aus dieser Brauerei mit diesem Ausblick nur *Schweinsbräu* heißen könne. Ich behielt das im Kopf, und als es endlich an die Namensgebung ging, schlug ich diesen Namen vor – und erntete nur Unverständnis und Ablehnung. Die Herrmannsdorfer schrien förmlich auf: »Unmöglich! Unser Bier muß ›Hofbräu‹ heißen, da es auf einem Hof gebraut wird.« Jetzt hielten sie mich endgültig für total übergeschnappt. Nun habe ich zwar mit diesem Etikett kein Problem, aber die Widerstände gaben mir doch ein wenig zu denken. Doch ich fand, daß »Schweinsbräu« ein einzigartiger Name war, und da ich auch das Produkt für einzigartig halte, setzte ich mich letztlich durch.

Die Krönung erhielt das Ganze dann allerdings durch den Freund Kortmann, einen professionellen Werbemann: Er präsentierte mir ein Logo, auf dem ein lustiges Schwein seine beiden Vorderpfoten über eine Stalltür hängen hat und eine doppelreihige Perlenkette um den Hals trägt. Nun war der Aufschrei noch gewaltiger, denn jeder fürchtete, die Kunden könnten sich veralbert vorkommen und würden nie mehr auch nur einen Tropfen Bier von uns trinken. Die Argumente gingen hin und her, das Für und Wider wurde erörtert, bis selbst ich etwas unsicher wurde und noch andere kompetente Menschen aus der Marktforschung dazu befragte – das Ergebnis war immer negativ, wo doch schon in der Bibel steht, daß man die Perlen nicht vor die Säue werfen dürfe.

Das hätte mir zu denken geben müssen, was es auch tat. Aber für mich lag ein Widerspruchsreiz in allen diesen Unkenrufen und Beschwörungen. Wir wollten ja gar nicht die Perlen vor die Säue werfen, sondern im Gegenteil die Wertschätzung des Schweins so weit treiben, daß wir es mit kostbaren Perlen behängten. Ich habe mit meiner Entscheidung für dieses Logo auch sagen wollen, daß man schmunzelnd zur Würde des Schweines stehen soll und daß wir es für angemessen halten, das Tier mit Symbolen zu schmücken, die Wert und Würde auszudrücken vermögen. Daß dann das Wirtshaus auch »Zum Schweinsbräu« heißen mußte, war eigentlich nur noch eine logische Folge.

Unseren ersten Sud brauten wir im März 1993, und unser großes Hoffest zur Eröffnung des Wirtshauses und zur Feier des wiederauferstandenen Dorfes feierten wir im Juni 1993. Es wurde ein wunderbares Fest, das für mich einen traurigen Nachklang bekam. Ich bat meinen alten Freund und Mitstreiter Hubert Strauf, den Erfinder von »Herta – wenn's um die Wurst geht«, der sehr betagt in Essen lebte, zur Einweihung nach Bayern zu kommen. Ich versprach ihm, daß er eine ganz besondere Pflege und Behandlung von meinem alten Fahrer Schneider bekommen würde. Er wurde abgeholt und war tatsächlich dabei, als wir unser neu erstandenes Dorf und unser Gasthaus mit vielen, vielen Freunden feierten. Hubert Strauf kam den weiten Weg zu uns, und er freute sich mit mir und uns, denn auch die ersten Gehversuche in Herrmannsdorf hatte er mitverfolgt und mit Kommentaren und Ratschlägen begleitet. Er war längst ein väterlicher Freund geworden, der nun, im Alter von 88 Jahren die Freude meines Neuanfangs miterleben wollte. Er kam, feierte mit uns, fuhr nach Hause und starb unmittelbar nach seiner Heimkehr einen friedlichen Tod. Ich habe ihn sehr betrauert.

Ich möchte nun noch einmal ausführlich und zusammenhängend von meinen Vorstellungen über die Verbindung von Lebens-Mitteln, Ernährung und Gesundheit sprechen, was ja zum zentralen Anliegen in meinem Leben geworden ist. Alle meine Schritte und verästelten Wege haben offensichtlich dahin geführt. Ich bin kein Mediziner und kein Ernährungswissenschaftler, aber ich habe mein Leben mit der Herstellung von Lebens-Mitteln verbracht. Ich habe dabei alle Facetten und Möglichkeiten von Wissenschaft und Technik kennengelernt. Ich habe seit den fünfziger Jahren miterlebt, wie wir im Glauben an den Fortschritt immer mehr Technik und Chemie einsetzten, um die Lebens-Mittel »sicherer« und haltbarer zu machen, immer schöner anzuschauen und immer billiger. Sie sind in der Tat heute sicherer, was Lebensmittelvergiftungen und Übertragung von Krankheiten betrifft, sie sind länger haltbar durch Hygiene, Kühlung und Verpackung und können so kreuz und quer durch die Welt transportiert und noch wochenlang in den Regalen des Handels gelagert werden. Sie werden immer schöner verpackt, und sie schmecken auch ganz gut dank all der naturidentischen Aromen und Geschmacksverstärker.

Aber wo ist denn das Leben in den Lebens-Mitteln geblieben? Es ist durch all das Erhitzen, Hocherhitzen, Ultrahocherhitzen, durch Raffinieren, Härten, Bleichen, durch all die vielen chemischen Substanzen, die Hilfs- und Zusatzstoffe – alles in Übereinstimmung mit den Gesetzen – langsam, unmerklich und leise, wie auf Katzenpfoten aus unseren Lebens-Mitteln verschwunden. Wir haben heute überwiegend tote Nahrung vor uns auf den Tellern.

Lebens-Mittel heißen in deutscher Sprache doch offensichtlich deshalb Lebens-Mittel, weil sie mit dem Leben zu tun haben, Leben vermitteln und lebensfördernd sein sollten, nicht nur satt machen und gut schmecken. Das haben wir vergessen, darüber müssen wir nachdenken! Geprägt vom naturwissenschaftlichen Denken haben wir gelernt, nur den materiellen Teil eines Lebens-Mittels zu betrachten. Wir wissen – fast – alles über die materielle Zusammensetzung, über Eiweiße, Fette, Kohlehydrate, über Vitamine und Enzyme, über Spurenelemente und Schadstoffe, soweit wir sie messen können, und haben für alles Höchst- und Mindestwerte festgelegt, kontrollieren dies auch sehr genau. Aber nach uralter Weisheit ist das Ganze eben mehr als die Summe seiner materiellen Teile. Was aber ist dieses Mehr, das das Leben ausmacht?

Der Nobelpreisträger Schrödinger hat das etwa so gesagt: Über der materiellen Ebene liegt eine geistige Ebene, die mit ihren Kräften und Wirkungen ordnend auf die ihr zugrundeliegende Materie einwirkt. So ähnlich haben es auch Einstein und Heisenberg ausgedrückt, und so denken heute viele moderne Physiker. Das Fatale für die gängige Wissenschaft ist nur, daß sie das »Geistige«, diese ordnende Kraft oder Information, welchen Namen man immer dem Unsichtbaren geben will, nicht messen kann. Man muß daran nicht glauben, Nachdenken ist auch ein Weg zur Erkenntnis – und nicht der schlechteste!

Wenn man – wie ich – das Geistige für wahrscheinlich hält, dann muß man alles tun, diese Kräfte und Wirkungen bei der Erzeugung von Lebens-Mitteln Stufe um Stufe zu schützen und zu bewahren bis in uns hinein, bis zum Augenblick, in dem wir uns unsere Speisen einverleiben und sie in uns spüren.

Mit folgenden Erkenntnissen sind die Grundregeln und Leitlinien für unser Tun vorgegeben: Nichts unnötig hinzufügen, was die Natur so nicht kennt. Nichts wegnehmen, was von Natur aus dazugehört. Nichts unnötig verändern, was nicht verändert werden muß, um eßbar zu sein. Nichts unnötig lagern, verpacken oder transportieren. Alles wieder nahe zusammenbringen, die Landwirtschaft, die Be- und Verarbeitung von Pflanzen und Tieren und deren Vermarktung: aus der Region, für die Region.

Deshalb habe ich die alte vergessene Warmfleischtechnologie bei der Erzeugung von Würsten und Schinken zurückgeholt, die es erlaubt und ermöglicht, den reinen, feinen Geschmack guten Fleisches wieder zur Geltung zu bringen, ohne Zusatzstoffe, die im Hals kratzen, und ohne Geschmacksverstärker, die die Geschmacksnerven im Gaumen belügen und betrügen. Deshalb machen wir Rohmilchkäse, weil da noch alles drin ist, was die Natur in gute Milch von gesunden Tieren gelegt hat. Deshalb backen wir Vollkornbrot mit natürlichem Sauerteig und vollwertigem Getreide, und deshalb brauen wir natürliches Bier.

So gesehen sind unsere lebendigen, lebensfördernden Lebens-Mittel vorbeugende Medizin für Gesundheit, Wohlbefinden und ein langes Leben. Hier liegen die Chancen des Metzgerhandwerkes und des Lebensmittelgewerbes und seine Renaissance! Die Zeit ist reif dafür. Was muß noch alles passieren, zum Beispiel nach dem Skandal mit dem englischen Rinderwahnsinn?

Nun sagen mir immer wieder Kritiker: »Schweisfurth, du übertreibst, so schlecht können doch unsere ›Nahrungsmittel‹ nicht sein. Schau dir die Statistik an, die Menschen werden immer älter.« Meine oft wiederholte Antwort ist: »Ja, statistisch gesehen werden die Menschen immer älter. Aber *leben* sie denn wirklich, oder ist es für viele ein langes und jämmerliches Warten auf das Ende, um es einmal kraß zu formulieren?«

Dabei haben Menschen, die jetzt alt sind, den größeren Teil ihres Lebens noch natürliche Lebens-Mittel gegessen. Was ist mit den Jüngeren, unseren Kindern und Enkeln, die sich immer mehr und immer länger von modernen Nahrungsmitteln ernähren, von Fast food, Design food und Functional food und demnächst immer mehr von Novel food, das gentechnologisch verändert ist? Wie werden die nächsten Generationen altern? Wie geht der Langzeit-Großversuch mit uns allen aus? Wir können doch gar nicht all die Akkumulations- und Aufschaukelungswirkungen kennen von allem, was wir tun und hinzufügen.

Immer mehr Wissenschaftler sagen, daß etwa ein Drittel aller Krankheiten ernährungsbedingt seien. Gesundheitspolitiker haben errechnet, daß 80 Prozent aller Gesundheitskosten im letzten Lebensjahr entstehen. Man sollte besser von Krankheitskosten sprechen. Und dann gibt es die alte indianische Weissagung, die da besagt, daß der weiße Mann, das sind wir, vor vollen Tellern verhungern wird. Was doch wohl übersetzt heißt: zuviel Nahrung und zuviel tote Nahrung. Wir ahnen eigentlich alle, daß der Körper keinen Tag seines Lebens vergißt. Wir wissen ganz genau, daß wir achtsam mit ihm umgehen müssen, denn wir haben ja nur einen. Speisen wir ihn also mit guten, lebendigen Lebens-Mitteln und nicht mit Schrott – er wird es uns danken, wenn wir älter werden. Und bewegen wir uns – körperlich und geistig.

Dann kommen wieder andere Kritiker – Zweifler, die sagen, so könne man doch nicht die wachsende Weltbevölkerung ernähren. Meine oft wiederholte Antwort: So wie jetzt auch nicht. Alle Bauern dieser Welt geraten nur immer mehr in die Abhängigkeit der großen Agrobusiness-Companys dieser Welt.

Immer und immer wieder höre ich das Argument, das Ganze sei doch nur etwas für die Reichen. Normale Bürger könnten sich den Luxus nicht leisten. Auch hier meine Antwort, immer wieder mit Geduld vorgetragen: Der normale Durchschnittshaushalt gibt nur noch etwa 16 Prozent seines verfügbaren Haushaltseinkommens für Lebensmittel und das Essen aus – Tendenz fallend – und schon etwa 20 Prozent für Unterhaltung und Freizeit – Tendenz steigend. Da stimmt doch etwas nicht mit dem Argument »zu teuer«. Ich schätze das etwa so ein: Ein Viertel der Deutschen sind so wohlhabend, daß sie 200 bis 400 Mark pro Monat mehr für ökologische Lebens-Mittel locker ausgeben können, ohne mit der Wimper zu zucken – das entsprechende Bewußtsein vorausgesetzt. Etwa zwei weitere Viertel sind finanziell so situiert, daß sie den Mehraufwand leicht verkraften könnten, wenn sie ihr Ausgabenbudget leicht umstellen würden, hier und da auf Dinge verzichten würden, bei denen man ohnehin bald merkt, daß man sie eigentlich gar nicht braucht, und wenn sie ihren Fleischverbrauch reduzieren würden nach dem Motto: Lieber halb soviel, aber doppelt so gut. Das restliche Viertel ist wirklich arm und kann sich das nicht leisten. Hier habe ich keine Antwort.

Die Kunden von Lebens-Mitteln in ökologischer Qualität bestehen nach meiner Erfahrung aus zwei Gruppen. Die eine schätzt diese Lebens-Mittel, weil sie besonders gut schmecken und weil sie sich noch erinnern, wie gut Lebens-Mittel früher geschmeckt haben. Die andere, weil sie über sich und die Welt nachgedacht haben. Sie wollen etwas für ihre Gesundheit und für ihr Wohlbefinden tun, für Gesundheit und Wohlbefinden ihrer Kinder und für Gesundheit und Wohlbefinden des Heimatplaneten Erde, unserer Umwelt.

Die Herrmannsdorfer Landwerkstätten könnte man also auch als Gesundheitsprojekt bezeichnen. Hier geht es um Gesundheit in einem ganzheitlichen Sinn, verstanden als Wohlbefinden von Körper, Geist und Seele, denn die Gesundheit von uns Menschen ist das Spiegelbild der Gesundheit der tierischen und pflanzlichen Lebens-Mittel, die wir zu uns nehmen. Deren Gesundheit ist wieder abhängig von gesundem Wasser und Boden und den entsprechenden Lebensbedingungen. Gesundheit ist unteilbar; Spiegelbild unserer Gesundheit ist die Gesundheit unserer Umwelt. In diesem Sinne ist meine Aussage über Herrmannsdorf zu verstehen. Dies ist die Quintessenz – der rote Faden.

In diesem Zusammenhang möchte ich zur Gentechnologie Stellung nehmen, weil dieses Thema so hochbrisant ist, weil es mit Gesundheit und Ernährung zu tun hat und weil es dabei um Ethik und ganz grundsätzliche Fragen dieser Art geht: Dürfen wir wirklich alles tun, was wir dank Wissenschaft und Technik tun können? Ich füge hier die »Herrmannsdorfer Erklärung zur Gentechnologie« im Originaltext ein, wie sie im Januar 1998 entstanden und von den »alten« Herrmannsdorfern unterschrieben ist (siehe folgende Doppelseite).

Herrmannsdorf stand nunmehr – meine Vision hatte sich wirklich erfüllt und war Realität geworden. Seitdem muß sich diese Realität jeden Tag aufs neue beweisen, die Solidarge-

## Die Herrmannsdorfer Erklärung zur Gentechnologie

Die Gentechnologie ist unaufhaltsam auf dem Vormarsch. »Novel Food« ist schon jetzt jeden Tag auf unserem Tisch. Viele Bürger halten die Gentechnologie für die innovative Technologie der Zukunft. Bei dem Widerstreit der Argumente ist es schwer, persönlich zu einem eigenen Urteil zu gelangen. Wer vermag schon die langfristigen Auswirkungen auf Mensch und Natur vorauszuschauen? Für die Medizin mag es gute Gründe geben, gentechnologisch manipulierte Medikamente zu entwickeln, um bisher unheilbare Krankheiten zu heilen. Für die Lebensmittelerzeugung sieht das anders aus: Brauchen wir die Gentechnologie wirklich?

Wir Herrmannsdorfer haben, wie der gesamte Bereich der ökologischen Lebensmittelerzeugung, eine klare Position: Wir wollen keinen Gen-Weizen für unser Brot, wir wollen kein Gen-Lab in unserem Käse, wir wollen keine Gen-Hefe, um unsere Bierreifung zu beschleunigen, wir wollen keine geklonten Schweine für unsere Salami, wir wollen keine Anti-Matsch-Tomate und auch keine Kühe, die mit Hilfe von gentechnologischen Präparaten noch mehr Milch geben.

Brauchen wir die Gentechnologie wirklich, um die wachsende Menschheit zu ernähren, wie so oft argumentiert wird? Können die Armen und die Hungernden dieser Welt sich diese neue Technologie leisten? Brauchen Bauern nicht vielmehr Agrartechnik, die sie selbst beherrschen können, ohne abhängig zu werden?

Unsere Vorstellung von Fortschritt ist eine ganz andere: Anstatt immer mehr High-Tech, High-Chem und nun auch »High-Gen« möchten wir eine Entwicklung fördern für eine Agrar-Kultur in besserem Einklang mit der Natur, die behutsam mit unseren Ressourcen Boden und Wasser umgeht, die in der Verbindung von gutem alten und gutem neuen Wissen gute Erträge erwirtschaftet und dabei natürliche, reine, frische und lebendige Lebens-Mittel erzeugt, die das Leben und die Gesundheit fördern.

Wir setzen uns mit aller Kraft dafür ein, die Würde der Tiere zu respektieren und dafür, daß natürliches Zucht- und Saatgut für die Erzeugung von Tieren und den Anbau von Pflanzen erhalten bleibt, die unter natürlichen Lebens- und Ernährungsbedingungen lebens- und leistungsfähig bleiben.

Neben alldem gibt es für uns vor allem auch ethische Gründe für unsere Ablehnung: Wir meinen, daß wir nicht alles tun dürfen, was wir tun könnten. Es gibt für uns Grenzen, die nicht überschritten werden sollten aus Respekt und Achtung vor der Würde der Kreatur und der artspezifischen Vielfalt des Lebens. Religiöse Menschen würden sagen: aus Respekt und Achtung vor der Schöpfung und vor dem Heiligen des Lebens. Eine solche Grenze ist für uns der gentechnische Eingriff in die Erbsubstanz des Lebens eines pflanzlichen, tierischen und auch menschlichen Organismus.

Wir wollen den Menschen, die ebenso denken und fühlen, eine Alternative bieten zu dem, was unaufhaltsam und unbemerkt immer mehr Realität um uns herum wird. Wer sicher sein will, Lebens-Mittel ohne all diese technischen Eingriffe und Manipulationen an der Natur zu verzehren, muß sich konsequenterweise für Lebens-Mittel in ökologischer Qualität entscheiden.

Unser Anliegen ist es, eine naturgemäße Landwirtschaft und Lebens-Mittel-Erzeugung wie eine Arche in einer sich rapide fortentwickelnden technischen Welt zu bewahren und dadurch die Zukunft für uns alle offenzuhalten. Nur so können unsere Kinder und Enkel entscheiden, welcher der Wege richtig und segensreich für Mensch und Natur ist.

meinschaft, die dieses neue Dorf darstellt, ist ein Netzwerk von Gleichgesinnten und schließt Ärger und Mißverständnisse keineswegs aus.

Aus heutiger Sicht denke ich, daß viel Optimismus und manchmal auch eine Portion Blauäugigkeit dazu gehörten, Herrmannsdorf zu kreieren, und mir war von Anfang an klar, daß es kein Paradies auf Erden gibt, das von Menschen bewohnt wird. Denn solange Menschen miteinander zu tun haben, wird es Spannungen und Krach geben, meistens ausgelöst durch Kleinigkeiten, die Reibungen verursachen. Wir hatten ihn ganz heftig, diesen Krach, und haben ihn gelegentlich noch immer; oft ist er wohltuend, häufig meint man aber auch, es würde nun alles zu Bruch gehen, weil gar so viele Scherben herumliegen.

Ich weiß nicht, ob das daran liegt, daß wir alle in unserer Gemeinschaft so hohe Ansprüche stellen. Das dürfte jedenfalls nie ein Grund sein, sie niedriger zu halten und klein beizugeben. Und doch kommen auch immer wieder Selbstzweifel auf, denn wir wissen, daß wir alle oft recht vollmundig Dinge sagen und uns Ziele stecken, die groß und hehr klingen und sind. So sprechen wir beispielsweise von der Form, wie man miteinander in gegenseitiger Unterstützung umgehen muß, und zerstreiten uns dabei. Die Spannung zwischen Anspruch und Wirklichkeit ist häufig so groß, daß man es knistern hört.

Aber bei allem Ärger sind wir nie wirklich entmutigt. Wir reden miteinander und wissen, daß das Wir ein Muß für uns ist, daß wir dieses Gefühl auch nach Konflikten und Ärger wiederherstellen müssen und können. Diese Solidargemeinschaft wollen wir immer wieder neu begründen, wenn sie gefährdet scheint. Man kann sie zwar nicht verordnen, aber man kann sich selbst immer wieder ins Gedächtnis rufen, was getan werden muß, um sie lebendig zu erhalten.

Ich möchte hier noch einmal von den Tieren sprechen, mit denen wir leben. Wir bemühen uns, ihnen ein würdevolles Leben zu geben, so wie sie es verdienen und wie es sich für verantwortungsbewußte Menschen gehört. Wir werden sie dann aber auch töten, wenn die Zeit dazu gekommen ist. Es ist mir wichtig, hier meine Grundsätze zu vertreten und mich auch dazu zu äußern, wie ich zum Töten stehe.

Irgendwann ist mir einmal der Satz begegnet, daß die Tragik unseres Lebens darin liegt, daß unsere Nahrung aus lauter getöteten Seelen besteht. Diese Aussage hat mich so berührt, daß ich damals etliche Künstler gebeten habe, zu versuchen, diesen komplexen Gedanken in Kunst umzusetzen. Daraus ist eine Serie von Kunstwerken entstanden, die in Form einer Edition jedes Jahr an gute Freunde verschickt worden ist.

Was diese »getöteten Seelen« sein mögen, die wir essen, wissen wir nicht. Aber ganz nüchtern bleibt festzustellen: Wir essen das Fleisch von Tieren, die wir getötet haben. Dürfen wir das eigentlich? Der industrielle Hersteller muß Tiere in Massen töten; er muß das Töten automatisieren; er muß inzwischen auch Roboter einsetzen, die das Töten für ihn übernehmen. Roboter machen sich die Hände blutig, während die wenigen Menschen, die als Maschinenaufseher übriggeblieben sind, zuschauen und sich langweilen. Die vielen anderen werden nicht mehr gebraucht. Der Preis für den Fortschritt ist die stetig wachsende Arbeitslosigkeit – das ist die innere Logik von Technik und Rationalisierung. Ich selbst habe das jahrelang getan.

Der Metzger, so wie ich mein Handwerk heute verstehe, tötet das einzelne Tier. Schon in meinen alten Zeiten hatte ich angefangen, einmal im Jahr mit allen meinen Meistern ein Schwein in Form eines Rituals zu töten, als bewußter Vorgang, um dann hinterher das geschlachtete Schwein in einem großen Fest gemeinsam zu verwursten und sodann aufzuessen. Ich brauchte das für mein eigenes Bewußtsein und wollte, daß auch die anderen daran teilhatten. Es sollte uns ein Gefühl dafür geben, was Schlachten und Töten bedeuten. Denn die meisten von uns sahen nur noch Teilabschnitte und hatten den Bezug zum einzelnen Tier längst verloren.

Ich selbst bin als Metzger zu folgender Meinung gekommen: Wir Menschen sind Fleischesser. Nur ein geringer Anteil der Weltbevölkerung ist Vegetarier, und viele davon erzwungenermaßen. Sie würden gerne Fleisch essen, wenn sie doch nur etwas bekämen. Alles deutet darauf hin, daß mit der Entwicklung vom Affen zum aufrecht gehenden Menschen die Entwicklung vom überwiegenden Pflanzenesser zum überwiegenden Fleischesser verbunden ist. Der Mensch hat sich ursprünglich schon über die Jagd von Fleisch ernährt, hat dann gelernt, außer Beeren, Wurzeln und eßbaren Pflanzen auch aus Tierzucht gewonnenes Fleisch als Nahrung aufzunehmen. Als erstes wichtiges Tier wurde das Rind domestiziert; die Entwicklung zum seßhaften Menschen ist ohne diese Domestizierung gar nicht denkbar. Mensch und Rind sind eine symbiotische Beziehung eingegangen; der Mensch brauchte sowohl die Zugkraft des Rindes als auch sein Fleisch und sein Fell.

So meine ich, wenn schon Tiere getötet werden müssen, um den Hunger des Menschen zu befriedigen, dann müssen sie auch mit der ihnen zustehenden Würde leben dürfen. Uns

Menschen kann dabei die Rolle des guten Hirten zukommen, wenn wir es richtig machen. Der Hirte sorgt für seine Herde, gemäß ihren Lebensbedürfnissen. Wenn das Tier in Not ist, wird es der Hirte schützen und verteidigen, aber eines Tages wird er es auch töten, um selbst vom Fleisch dieses Tieres zu leben. Das ist der Kreislauf unseres Daseins, das einer höheren Ordnung unterliegt.

Ich bin Metzger und wandle Tiere um in Fleisch, Schinken und Würste, es ist eine Umwandlung im tieferen Sinn. Früher habe ich produziert, in großen Mengen, heute »erzeuge« ich. Darin liegt ein Riesenunterschied, so wie ich heute Lebens-Mittel erzeuge, die zum Leben taugen und nicht zur bloßen Sättigung. Ich habe mein Wachsen und Werden als größter Fleischwarenproduzent geschildert, habe erzählt von den enormen technischen Möglichkeiten, die man industriell hatte und die mich zeitweise in meinem Leben auch begeistert haben.

Bei allem Sturm und Drang im Glauben an den Fortschritt haben wir alle Fehler gemacht und manche wichtigen Grundlagen nicht beachtet, unwissend und im guten Glauben. Fehler sind da, um korrigiert zu werden, wenn man sie erkennt. Das ist das Wesen von »Trial and Error«, das Grundprinzip der Wissenschaft. Das ist aber auch höchst unbequem, wie wir ja allgemein wissen.

Von Anfang an war in den Herrmannsdorfer Landwerkstätten immer die Kunst mit dabei. Ich hatte schon in Herten als Großhersteller von Fleischwaren die Kunst zu den Menschen bringen wollen, die Kunst, die für mich so wichtig und längst unverzichtbarer Teil meines Lebens geworden war. Ich war auch dort der Meinung, daß Kunst in den trivialen Alltag gehört und nicht ins Museum. Die zeitgenössische Kunst, die in Verpackungshallen Platz gefunden und kontroverse Diskussionen in Herten ausgelöst hatte, sollte in jedem Fall auch in Herrmannsdorf, in Sonnenhausen und in der Stiftung dabeisein und Teil des dortigen Lebens werden.

Kunst ist ein Medium jenseits des Wortes und tut ihre Arbeit an Menschen auf eigene Art. Ganz leise, auf Samtpfoten kommt sie als Botschaft daher und trifft zunächst oft auf Ablehnung, nach einem Gewöhnungsprozeß dann auf Verständnis. Wenn Künstler gut sind, dann setzen sie sich auseinander mit dem, was kommt, nicht mit dem, was ist.

Ich habe festgestellt: Kunst wirkt, wenn sie nicht mehr da ist. Diese Erfahrung habe ich oft gemacht, da ich immer wieder Kunst zu den Menschen, direkt in ihre Arbeitswelt, geschickt habe. Wenn die Kunst dann wieder weg war, war der Aufschrei heftig, man hatte sich nicht nur daran gewöhnt, man hatte die Werte oft auch wirklich verstanden und wollte sie nun behalten.

Wie ich die Ausstellung mit dem Titel »Kunst geht in die Fabrik« gemacht hatte, so sollte es nun ein Projekt geben, das »Kunst geht in die Natur« hieß, eine zwangsläufige Entwicklung. Ich lud eine Gruppe Künstler ein, in Herrmannsdorf eine sogenannte Bauhütte zu errichten. Dies war in Anspielung an die mittelalterliche Bauhütte gedacht, wo Baumeister, Künstler und Handwerker an großen Kirchenprojekten zusammenarbeiteten. Ich hatte fünfzehn Künstler zum Gespräch bei mir, und Pessimisten sagten mir von Anfang an ein Scheitern meiner Pläne voraus, da alle Künstler bekanntermaßen Egomanen seien, die sich im alleinigen Besitz der absoluten Wahrheit wähnten und deshalb nie unter einem Projekt zu vereinen wären.

Das war Unsinn, denn die Zusammenarbeit verlief sehr kreativ und anregend. Ich denke, daß ich zusammen mit einem künstlerischen Beirat doch zu schönen künstlerischen Ergebnissen gekommen bin, die zum Teil in langen Gesprächen und Diskussionen entstanden sind. Da wäre vor allem der »Labyrinthberg« von Peter Strauss zu nennen, der aus dem nicht abtransportierten Aushub der Gebäude und der Kläranlage entstanden ist. Aus dem anfänglichen Haufen Dreck ist ein dreidimensionaler Labyrinthberg entstanden. Am Fuße des Labyrinthes steht der Satz von Lao Tse: »Wenn du schnell dein Ziel erreichen willst, dann mache einen großen Umweg.« Es gibt nur zwei Labyrinthberge auf der Welt, der eine steht in Südengland und ist fünftausend Jahre alt. Der zweite in Herrmannsdorf ist fünf Jahre alt.

Als Hommage an Heinrich von Ofterdingen ist – ebenfalls aus dem Aushub – die »Blaue Blume« von Nils-Udo entstanden. Im Inneren eines Ringwalls von etwa vierzig Metern Durchmesser, der wie ein Krater aussieht, gibt es einen Teich, und im Sommer blühen dort zehntausend blaue Blumen, die hier in der Region zu Hause sind. Das Kunstwerk soll an die blaue Blume der Romantik erinnern, einer Zeit, in der Menschen wie Novalis und Adalbert Stifter so tief über die Natur und das Verhältnis der Menschen zur Natur nachgedacht und geschrieben haben, daß wir heutigen nur staunen können.

Besonders zu erwähnen ist die »Arche« von Hansjörg Voth, eine Ansammlung von 26 riesengroßen Findlingen aus dem Raum Passau, die wie Schiffsgräber der Bronzezeit aufgebaut sind und in Form einer Arche auf einen Hügel gesetzt wurden.

Foto: © Emil Perauer

*Die »Arche« in Herrmannsdorf*

In die Innenflächen der Findlinge sind 406 Namen der rund 10 000 Tierarten eingraviert, die in Bayern bereits ausgestorben oder vom Aussterben bedroht sind. Dieses Werk zeigt besonders, was Kunst vermag, nämlich Menschen spontan zu berühren, was lange und sorgfältig geschriebene Abhandlungen über den Verlust von Artenvielfalt und das unwiederbringliche Aussterben von Pflanzen und Tieren nicht können. Ich habe Menschen mit Tränen in den Augen in der Arche stehen sehen.

Kunstwerke fanden natürlich Eingang in die Werkstätten, in den Markt, in das Wirtshaus, aber im Laufe der Jahre ging die Kunst auch in die Außenräume. So entstanden künstlerisch gestaltete Wegweiser wie der berühmte »Rinderwagen« und der »Schweinewagen«, die jeweils aus verschiedenen Richtungen den Weg nach Herrmannsdorf weisen, und vieles andere mehr.

Ich bin oft davor gewarnt worden, Kunst so unvermittelt und damit auch ungeschützt der Öffentlichkeit zugänglich zu machen, es bestünde doch die enorme Gefahr der Beschädigung oder gar der Vernichtung des Kunstwerkes. Ich halte dem immer entgegen, daß meiner Meinung nach viel weniger Vandalismus herrscht, wenn man auch die Kunst als einen Teil des öffentlichen Lebens miteinbezieht. Ich habe nie erlebt, daß mir etwas gestohlen oder beschädigt worden wäre, und das allein spricht gegen das museale Aufbewahren von Kunst. Im übrigen vertrete ich die Ansicht, daß die meiste Kunst für hier und heute geschaffen ist, für eine begrenzte Zeit, dann soll wieder neue, andere Kunst entstehen und betrachtet werden. Man muß sich darüber im klaren sein, daß nur ein sehr kleiner Prozentsatz aller Kunstwerke für die Ewigkeit geschaffen ist und damit zum Menschheitserbe gehört. Erst mit der Zeit kann sich erweisen, was überdauernde Kunst sein wird, die dann allerdings zum Schutz in Museen gehört. Davor sollte alle Kunst Teil des Alltäglichen sein und dem lebendigen Austausch dienen.

Ich habe im Laufe der Erzählung meines Werdeganges schon davon gesprochen, daß es meiner Meinung nach noch tausend Herrmannsdörfer geben sollte. Dies ist natürlich so zu verstehen, daß es zu wenig ist, wenn nur 2,3 Prozent der landwirtschaftlichen Betriebe in Deutschland ökologisch bewirtschaftet werden. So möchte ich mir selbst eine gewisse Unermüdlichkeit attestieren bei der Suche nach weiteren neuen »Herrmannsdörfern«. Einer Neugründung schien ich schon ganz nahe zu sein. Das war, als ich Karl Heinrich Müller kennenlernte, den genialen Begründer der Kunstinsel Hombroich. Müller kommt aus der Welt der Kunst und hat in Hombroich, das am Stadtrand von Neuss an der Erft liegt, Natur auf einzigartige Weise mit Kunst zusammengebracht und eine Insel für Kunstwerke geschaffen. Müller hat seine bedeutende Kunstsammlung in eigens von Prof. Heerich konzipierte Gebäude eingebracht, die ihrerseits große Kunstwerke darstellen. Für mich ist das ein idealer Ort, ein »Herrmannsdorf II« zu gründen, in geringer Entfernung zum Stadtkern von Düsseldorf gelegen, ein Zukunftsprojekt am Schnittpunkt von Stadt und Land. Die ersten Maßnahmen wurden bereits ergriffen, für Baugenehmigungen gesorgt, ein Prozeß in Gang gesetzt. Aber er mußte verschoben werden, als mir im Januar 1997 ein Projekt in den Schoß gefallen ist, an dem ich sofort und mit größter Begeisterung Gefallen gefunden habe.

Vor den Toren von Hannover wurde mir ein Grundstück angeboten, auf dem die Stadt Hannover und die Landwirtschaftskammer Niedersachsen in Zusammenhang mit der Weltausstellung 2000 einen ökologischen Bauernhof zu errichten gedachten, als Beitrag zum Thema der Expo – »Mensch, Natur, Technik«. Es ist wohl schon lange an dieser Idee herumlaboriert worden, aber die rechten »Macher« dafür fehlten einfach. Als ich davon hörte, war ich wie elektrisiert, denn das schien mir eine wunderbare Gelegenheit zu sein, vor einer Weltöffentlichkeit zu zeigen, wie real unsere Herrmannsdorfer Visionen sind und wie man Träume in Wirklichkeit umsetzen und damit leben kann.

Denn das ist die andere Seite dieser Ideen, die ich verfolge und für die ich kämpfe: So viele Freunde, Besucher und Interessierte zeigen sich beeindruckt, wenn sie von meinen Anliegen hören, wenn sie nach Herrmannsdorf kommen oder wenn sie die Erzeugnisse schmecken können – alle beneiden mich und werden nachdenklich. Aber das Grundmuster bleibt immer dasselbe: Wenn der unmittelbare Eindruck verwischt ist, wenn der normale Alltag die Menschen wieder hat, dann wird mein Anliegen gerne dem märchenhaften Bereich zugeordnet und überdies ein wenig meiner persönlichen Leidenschaft und Spinnerei.

Die breite Streuungsmöglichkeit, die durch eine Weltausstellung gegeben ist, hat mich also um so mehr begeistert. So habe ich zusammen mit einem unserer Preisträger des Agrarkultur-Preises der Stiftung im Februar 1997 das Gelände und die Gegebenheiten besichtigt. Wir sind ganz stumm geworden, und ich wußte, daß dies ein einmaliger Ort ist.

Wohin man auch sah, in alle Himmelsrichtungen tat sich eine Offenheit und die günstige Möglichkeit für ein zweites Herrmannsdorf auf: in Sicht- und Steinwurfweite die Expo 2000 und die Stadt Hannover in der einen Richtung, offenes Land und alle landwirtschaftlichen Gegebenheiten, wie man sie sich wünscht, in der anderen Richtung.

Ich trug den zuständigen Menschen mein Konzept vor und gewann als diejenigen, die das Konzept umsetzen könnten, das Preisträgerpaar Antonio und Ulrike Merz. Es war klar, daß so ein Angebot nicht wiederkommen würde, daß wir das zweite Herrmannsdorf dort vor den Toren von Hannover machen wollten und daß wir die Möglichkeiten dazu schaffen würden. Und wir wußten, daß wir unsere Idee nie wieder so weltweit verbreiten und an eine so riesige Öffentlichkeit bringen könnten. Zusätzlich nahmen wir an, daß wir – ganz realistisch – auch gute Umsatzmöglichkeiten für die Zukunft haben würden, denn Hannover mit seiner ganzen Bevölkerung bildet die mögliche wirtschaftliche Basis für das Ganze, die Weltausstellung ist in dieser Beziehung nur das Sahnehäubchen – allerdings ein beachtliches, denn schließlich werden ja Millionen von Besuchern erwartet. In jedem Fall aber können wir mit »Herrmannsdorf II« der virtuellen Welt der Ausstellung die reale Welt zum Schmecken, Riechen, Fühlen gegenüberstellen.

Die Zeit war knapp, die Uhr tickte. Obwohl Planung, Genehmigung und Finanzierung längst nicht in trockenen Tüchern waren, mußten wir einen Beschluß fassen, um rechtzeitig fertig zu sein. So habe ich nach einem der Gespräche im März 1997 entschieden: Wir machen das, wir springen ins kalte Wasser.

Uns wurde bald klar: Wir bauen hier ein ganzes Dorf. Das war seit vielen hundert Jahren in Mitteleuropa kaum mehr geschehen. Ein komplettes Dorf mit dem Bauern – und anderen Bauern in der Nachbarschaft –, dem Dorfmetzger, dem Dorfkäser, dem Dorfbäcker, dem Dorfwirt mit der Brauerei, dem Dorfladen, der Schule und den Wohnungen. Das alles hatten die alten Dörfer auch, aber was sie nicht hatten, ist die neue Form der Vernetzung von Abfallverwertung und lokaler Energieerzeugung mit einem ausgeklügelten Energiemanagement für einen sparsamen Umgang mit Energie und Wasser. Neu ist auch die bewußte und vertraglich geregelte Solidargemeinschaft, die in den heutigen Dörfern verlorengegangen ist. Bauern, Handwerker und Händler des Dorfes arbeiten wieder zusammen, verkaufen und kaufen voneinander und treten nach außen gemeinsam auf, mit einem gemeinsamen Konzept für ökologische Qualität unter dem Dach der Marke »Herrmannsdorfer Landwerkstätten«.

*Das Modell für Kronsberg auf der Expo 2000 in Hannover*

Nur die Kirche gibt es nicht im neuen Herrmannsdorf, die viele Jahrhunderte der geistige und spirituelle Mittelpunkt eines jeden Dorfes war. Wir denken noch darüber nach, wie das geistige und spirituelle Zentrum heute aussehen könnte. Könnte Kunst dieses Zentrum sein?

Als am Anfang des Jahres 1998 die Zahlen ziemlich genau vorlagen, beschloß ich, mit dem Hut in der Hand zu den reichen Menschen in dieser Gegend zu gehen und um Mithilfe für »Herrmannsdorf II« zu bitten. Ich habe mir den Mund zerredet und dargelegt, worum es geht und daß ich eine gute Antwort für sie hätte, wenn ihre Kinder eines Tages fragen würden: »Vater, was hast du getan? Du hast doch gewußt, was auf uns zukommt!« Ich könne nicht maximale Zinsen bieten, aber dafür maximale Sinnhaftigkeit. Ich habe erklärt, daß ich nicht noch einmal imstande wäre, alles aus meiner Tasche zu finanzieren, aber daß wir uns dringend besinnen müßten, da ökologische Fragen zu den wichtigsten Fragen der Zukunft gehören. Ich habe mein Projekt in Hannover vorgestellt, ich habe Interessierte nach Herrmannsdorf eingeladen, ich habe sorgfältige Information betrieben – und ich habe viele Absagen bekommen. Wie das oft so geht: Jeder fand das Projekt schön, aber jeder hatte dummerweise gerade etwas anderes zu tun, eine andere Sache zu unterstützen.

Natürlich habe ich auch Mitstreiter und Unterstützer gefunden, die von den Ideen begeistert sind. Das Projekt ist auf dem Weg, wir werden es schaffen. Ich habe die Menschen beisammen, die die Sache machen werden. Ich selbst bin nicht mehr in dem Alter eines Machers, ich kann nur noch Ideengeber sein, mit meinem Namen und dem Vorbild Herrmannsdorf einstehen, kann Antreiber, geistige Stütze sein und zur Verfügung stehen, wenn man sich reiben muß. – Alles hat seine Zeit im Leben, und jede Stunde hat ihre Berufung, sagt der Prediger Salomon.

Ich wünsche mir, daß dies ein Weltexportschlager wird. Wenn Millionen von Besuchern nach Hannover kommen, können ebensoviele mit der Idee vertraut werden, und wir können die gelebte Vision verkaufen, das Wissen, das man dazu braucht. Der übergeordnete Name ist Herrmannsdorf, die übergeordnete Idee sind ökologische Landwerkstätten und ein neugegründetes Dorf: ein Dorf am Kronsberg in Hannover, das im Blickfeld der Welt liegen wird. Wir werden es schaffen, mit den Mitteln und Möglichkeiten unserer Zeit ein Netzwerk von Gleichgesinnten aufzuziehen, auf der Basis einer Kultur der gegenseitigen Unterstützung.

Die Stiftung hat in ihrer letzten Sitzung des Jahres 1998 beschlossen, einen Lehrstuhl für Agrar-Kultur an der berühmten und altehrwürdigen Humboldt-Universität Berlin ins Leben zu rufen, die ja bekanntlich mitten in der Stadt an der Prachtstraße Unter den Linden steht. Im Zentrum also der neu erwachenden Hauptstadt Deutschlands, nur ein paar Schritte vom Reichstag und dem neuen Regierungsviertel entfernt, gibt es nun auch einen Lehrstuhl für Agrar-Kultur! Dort werden – auch im Studium fundamentale – als Teil der landwirtschaftlichen und gärtnerischen Fakultät Vorlesungen gehalten von Professor Heinrichs, einem gelernten Philosophen, über die Natur, über Naturverständnis und unser Verhältnis zur Natur. Fragen der Agrar- und Umweltethik werden einen Schwerpunkt bilden. Wenn es für andere Kulturbereiche einer Kulturtheorie bedarf, dann braucht es auch und gerade eine Philosophie der Agrar-Kultur als Grundlage unseres menschlichen Handelns in diesem für unser Leben so wichtigen Bereich. Heinrichs möchte anknüpfen an die Philosophen des deutschen Idealismus am Anfang des vorigen Jahrhunderts, an Fichte, Hegel und andere. Ich empfinde das als einen gewissen Höhepunkt in unserem Bemühen um Agrar-Kultur und finde es aufregend, an dieser Universität einen Keimling einzupflanzen für einen anderen achtsamen Umgang mit allem Lebendigen.

So habe ich mich im Dezember 1998 nach Berlin aufgemacht, mich ehrfurchtsvoll und langsam der Universität genähert und sie erkundet. Ich bin zwischen den Statuen der beiden Brüder Humboldt in den Vorhof geschritten, durchs Hauptportal langsam in die Eingangshalle, durch die auch die berühmten Philosophen Fichte und Hegel geschritten sind, und stand am Treppenaufgang vor dem Spruch von Karl Marx: »Die Philosophen haben die Welt nur verschieden interpretiert, es kommt aber darauf an, sie zu verändern.« Oben die Galerie der berühmten Nobelpreisträger, wie Einstein, Heisenberg und Schrödinger, die hier gelehrt haben. – Das alles hat mich tief beeindruckt. Ich weiß gar nicht einmal genau, warum. Nüchtern betrachtet: Was kann man denn schon mit einem einzigen kleinen Lehrstuhl in dieser Welt der vielen Meinungen und der schrillen Töne bewirken?

Aber vielleicht gibt es doch ein Zeichen, ein unüberhörbares Signal, an diesem Ort, zu dieser Zeit des Umbruches und des Umdenkens. Alles Neue beginnt schließlich ganz klein und mit wenigen Menschen. Sie erinnern sich noch an das Lied von Schwester Ancilla vom Orden unserer lieben Frau? »Wenn einer träumt, dann ist es nur ein Traum, wenn viele träumen, dann ist es der Beginn einer neuen Wirklichkeit!«

Im letzten Jahr verweilte oft der deutsch-amerikanische Professor Bergmann in der Stiftung. Als Philosoph hat er sich in Amerika intensiv mit Fragen auseinandergesetzt, was oder wie neue Arbeit sein könnte. Dabei hat er mit hoffnungslosen Arbeitslosen in Detroit gearbeitet. Seine erste Frage an die Menschen, denen er helfen wollte, war immer: »What do you really, really want in your life?« Erst wenn Menschen anfangen darüber nachzudenken, was sie wirklich, wirklich in ihrem Leben wollen, wenn sie anfangen zu suchen, wo ihre Berufung ist, und aufspüren, wo ihre wirkliche Sehnsucht ist, ist ein Neuanfang möglich.

Sich solche Fragen zu stellen haben die meisten von uns nie gelernt. Saint-Exupéry meinte wohl dies, wenn er sagte: »Willst du ein Schiff bauen, dann suche nicht Zimmerleute und Segelmacher, sondern Leute, die Sehnsucht haben nach dem großen, weiten Meer.«

Am Anfang stehen Fragen; wenn die Fragen bohrend und zweifelnd werden, beginnt das Nachdenken. Wenn wir lange genug nachgedacht haben, folgt vielleicht das Umdenken. Und wenn wir neugierig und mutig genug sind, machen wir vielleicht den Sprung und wagen einen neuen Anfang im Tun. Dann finden wir auch das, was wir immer schon wirklich wollten, und dann werden wir auch wirklich Erfolg damit haben. In der schönen, bildreichen Sprache des Alten Testaments im Buch Hiob heißt es: »Beschließt du etwas, so tritt es ein, und Licht bescheint deine Wege.« Noch nie hatten wir solche Möglichkeiten und Chancen. Noch nie soviel Freiheit.

Ich weiß, wie schwer Umdenken ist. Gelerntes Denken sitzt wie Beton in unseren Köpfen. Beton ist hart und dauerhaft; Beton kann man bekanntlich aber auch knacken. Es ist nie zu spät. Wir sind nie zu alt. Neue Herausforderungen halten jung und sind das beste Elixier gegen vorzeitiges Altern.

Als ich jünger war, hatte ich einen Traum. Ich wollte einmal später eine richtig schöne Ochsenmetzgerei haben in einer großen Stadt, mit richtig gutem Fleisch, fein marmoriert, gut abgehangen und mit exzellenten Zuschnitten. Und ich sah mich mit einer großen weißen Schürze zu den Hauptzeiten hinter dem Tresen, um feine Damen zu bedienen und Herren, die etwas vom guten Fleisch und vom Kochen verstehen. Heute würde ich hinzufügen: im Dienst einer neuen Fleisch-Kultur, für eine wiederbelebte Eß-Genuß-Kultur.

Nun, aus der Ochsenmetzgerei ist Herrmannsdorf geworden und die Stiftung.

*Familientreffen am Chiemsee mit meinen drei Kindern*

Es mag mich der eine oder andere Mensch belächeln ob meines missionarischen Eifers. Ich bin nicht von Haus aus zu solchem Tun berufen, aber ich glaube an meine Ideen, an meine Visionen, und sehe die unbedingte Notwendigkeit für ein Umdenken. Ich möchte jedoch beileibe nicht in den Verdacht kommen, geradlinige, einfache Wege zu Glück und Erkenntnis zu kennen und alleinseligmachend zu wissen, was zu tun ist.

Ich habe viele Umwege gemacht, bin selbst Irrwege gegangen und stelle meine Überlegungen immer und zu jeder Zeit zur Disposition. Aber ich glaube an das, was ich erreichen will, ich glaube vor allem an die Kraft der Natur und daran, daß es noch nicht zu spät ist, sich darauf zu besinnen, was wir der Natur schulden – und nicht umgekehrt.

Es bleibt noch zu berichten, daß meine Kinder neben meiner Frau meine wichtigsten Mitarbeiter aus der Familie geworden sind. Mein Sohn Georg hat seinen ersten großen Bio-Supermarkt in München mit gutem Erfolg eröffnet und leitet Sonnenhausen, das ein Lerngut ist, ein Ort an dem Menschen sich bilden und gedanklich ausruhen können. Dort dürfen sie erfahren, welche Zukunftsmodelle und Perspektiven es gibt für ein Leben im Einklang mit der Natur. Mein Sohn Karl ist verantwortlich für Herrmannsdorf.

Ich habe, so wie es sich für einen guten Bauern und Landmann gehört, die Verantwortung an die jüngere Generation übergeben. Alles hat seine Zeit im Leben. Ich regiere nicht mehr in die geschäftlichen Angelegenheiten hinein. Ich bin da, wenn mein Rat und meine Hilfe gebraucht werden. Tochter Anne macht ihr Examen in politischen Wissenschaften. Sie wird sicherlich später etwas tun, was im Geiste des Familienclans liegt, etwas, was ihre handwerklichen Kenntnisse als Bäckerin und Käserin verbindet mit ihren sozialen und pädagogischen Anliegen.

Ich versuche den zweiten Teil des Spruches zu beherzigen, der am Fuße des Labyrinthberges in Herrmannsdorf steht:

*Das Labyrinth ist das Gleichnis des Lebens, denn der schnellste Weg führt nicht unmittelbar zum Ziel.*

Ich weiß natürlich ganz genau, daß die Technisierung der Landwirtschaft und Lebensmittel-Erzeugung ungehemmt weitergeht, immer mehr, immer schneller, immer größer. Die

Karawane zieht auf ihren breiten Straßen weiter und vergißt die Natur immer mehr. Um so wichtiger ist es, Archen zu bauen, Archen im biblischen Sinne für das Überleben, in denen es natürlich zugeht, für die immer größere Zahl von Menschen, denen es unbehaglich wird mit der modernen Entwicklung und die nach vernünftigen Alternativen suchen.

Vielleicht sind wir eines Tages glücklich und dankbar, auf die natürlichen Inseln zurückgreifen zu können, wenn sich der breite Weg als Irrweg erweist, wenn wir erfahren müssen, daß wir uns doch zu weit von der Natur entfernt haben, vielleicht dann, wenn's wirklich »um die Wurst geht«.

*Es gibt noch viel zu tun …*

# GOLDMANN

## Herausforderung Zukunft

Edward O. Wilson
Die Einheit des Wissens 15079

Jeremy Rifkin
Das biotechnische Zeitalter 15090

Nicholas Negroponte
Total Digital 12721

Gero von Boehm
Odyssee 3000 15060

Goldmann • Der Taschenbuch-Verlag